HANDBUCH DER GASTECHNIK

UNTER MITARBEIT
ZAHLREICHER HERVORRAGENDER FACHMÄNNER

HERAUSGEGEBEN VON

DR. E. SCHILLING   DR. H. BUNTE

NEUBEARBEITUNG UND ERWEITERUNG DES ZULETZT IM JAHRE 1879
IN 3. AUFLAGE ERSCHIENENEN HANDBUCHES DER STEINKOHLEN-
GASBELEUCHTUNG VON DR. N. H. SCHILLING

BAND X

ORGANISATION UND VERWALTUNG VON GASWERKEN

MÜNCHEN UND BERLIN 1914
DRUCK UND VERLAG VON R. OLDENBOURG

ORGANISATION UND VERWALTUNG VON GASWERKEN

BEARBEITET VON

J. ENGLÄNDER, FR. GREINEDER, E. KOBBERT
O. MEYER, K. LEMPELIUS

MIT 29 TEXTABBILDUNGEN

MÜNCHEN UND BERLIN 1914
DRUCK UND VERLAG VON R. OLDENBOURG

Vorwort.

Seit der letzten dritten Auflage des klassischen Handbuches der Steinkohlen-gasbeleuchtung von Dr. N. H. Schilling vom Jahre 1879 ist ein ähnlich umfassendes Werk über Gasindustrie und Gastechnik nicht mehr erschienen. Die Bedeutung der inzwischen mächtig entwickelten Gastechnik machte es für einen einzelnen unmöglich, dieses Gebiet allein zu bearbeiten, und so mußte ich mich auf die Hilfe und Mitarbeit zahlreicher Fachgenossen stützen. Die Beteiligung meines väterlichen Freundes, Herrn Geheimrat Professor Dr. H. Bunte, an der Herausgabe des Werkes war für das Gelingen des Unternehmens gleichfalls von unschätzbarem Wert.

Um die Anschaffung des Werkes zu erleichtern und um auch die Möglichkeit zu gewähren, einzelne Teilgebiete getrennt beziehen zu können, ist das Gesamtwerk in 10 Bände geteilt, deren jeder ein besonderes, in sich möglichst geschlossenes Feld behandelt. Die zur Zeit besonders wichtigen Fragen der Organisation und Buch-führung, der Tarifgestaltung, des Abrechnungswesens und der Propaganda ließen es zweckmäßig erscheinen, den X. Band, der diese Teile enthält, als ersten herauszubringen.

So lege ich als ersten den X. Band über die Organisation und Verwaltung von Gaswerken auf den Tisch der Literaturgruppe der Deutschen Ausstellung »Das Gas« mit Gefühlen aufrichtigen Dankes den Herren Mitarbeitern, Herrn Geheimrat Prof. H. Bunte, sowie auch dem Verlag R. Oldenbourg für das opferwillige und wie ich hoffe erfolgreiche Zusammenwirken.

München, den 1. Juli 1914.

Dr. E. Schilling
Dipl.-Ingenieur.

Gesamt-Inhaltsverzeichnis des X. Bandes.

I. Die privaten Gaswerksunternehmungen

von Direktor **J. Engländer**, Köln a. Rh.

Insgesamt arbeiten im Gebiete des Deutschen Reiches etwa 1290 Gaswerke; von ihnen werden etwas über 400 von Privaten betrieben. Die gesamte jährliche Gaserzeugung kann zurzeit auf etwa 2500 Mill. cbm angenommen werden. Von dieser Menge entfallen etwa 500 Mill. cbm, also etwa $^1/_5$, auf Privatbetriebe.

Die weitaus größte Zahl der von Privaten betriebenen Werke versorgt mittlere und hauptsächlich kleinere Gemeinwesen. Von Städten mit über 100 000 Einwohnern haben nur fünf Städte Gaswerke, die von Privatgesellschaften verwaltet werden. Es sind folgende:

1. Berlin, 2. Hannover (Eigentümerin beider Werke die Imperial Continental Gas-Association), 3. Frankfurt a. Main (Eigentümerin die Frankfurter Gasgesellschaft, A.-G.) Frankfurt), 4. Dortmund (Eigentümerin die Dortmunder A.-G. für Gasbeleuchtung), und 5. Straßburg (Eigentümerin die Co. l'Union des Gaz in Paris).

Die Mehrzahl der von Privaten betriebenen Werke steht auch im Eigentum Privater. Eine Reihe von Werken ist aber auch Eigentum der Stadt oder Gemeinde, die sie versorgt, und von dieser an eine Privatgesellschaft verpachtet. Bei einigen Anstalten, z. B. bei denjenigen in Frankfurt a. Main, Rheydt und Stolberg im Rheinland, sind die Städte an der Gasgesellschaft mit Kapital beteiligt und dementsprechend auch in der Verwaltung vertreten.

Von im Deutschen Reich domizilierten Firmen kommen als Eigentümer oder Pächter von Gaswerken im wesentlichen folgende in Betracht:

Deutsche Continental-Gas-Gesellschaft Dessau, 14 Gaswerke (2 in Warschau) mit insgesamt 92 883 805 cbm Abgabe.

Thüringer Gas-Gesellschaft in Leipzig, 32 Werke mit zusammen 32 603 190 cbm Abgabe.

Aktien-Gesellschaft für Gas und Elektrizität, Köln, 25 Gaswerke (davon 2 in Rußland) mit insgesamt 22 338 808 cbm Abgabe.

Vereinigte Gaswerke Augsburg, 26 Werke (20 im Ausland), insgesamt 12 687 156 cbm Abgabe.

Allgemeine Gas-Aktien-Gesellschaft, Magdeburg, 14 Gaswerke mit zusammen 7 163 467 cbm Abgabe.

Aktien-Gesellschaft für Gas-, Wasser- und Elektrizitätsanlagen, Berlin, 11 Gaswerke (davon 3 im Ausland) mit insgesamt 6 616 583 cbm Abgabe.

Gesellschaft für Gasindustrie, Augsburg, 6 Werke (1 in Österreich).

Gasanstalt-Betriebs-Gesellschaft m. b. H., Berlin, 78 Gaswerke (davon 20 im Eigentum, 58 in Pacht).

Zentralverwaltung für Gas-, Wasser- und Elektrizitätswerke, G. m. b. H., Bremen, 43 Werke.

Pachtgesellschaft für Gas- und Wasserwerke, G. m. b. H. in Bremen, 14 Werke.

Joh. Brandt, Zentralverwaltung von Gas-, Wasser- und Elektrizitätswerken in Bremen, 15 Werke in Verwaltung.

Gas- und Elektrizitäts-Aktien-Gesellschaft Brema in Bremen und Gas-Elektrizitätswerke A.-G. Bremen, 29 Werke (davon 3 in Norwegen).

Bremer Gaswerke, Verwaltungs- und Pachtgesellschaft in Bremen, 5 Werke.

Kaum war die Bedeutung der Gasindustrie für unser ganzes Wirtschaftsleben erkannt, so entbrannte auch schon ein Streit, ob der städtische Regiebetrieb oder der Privatbetrieb die richtigere Unternehmungsform sei. Je mehr unsere Stadtverwaltungen ihren Wirkungskreis ausdehnten, um so mehr haben sie sich ihrerseits für den Regiebetrieb schlüssig gemacht, und immer mehr Gaswerke sind in Kommunalbesitz übergegangen. Entschieden ist damit die alte Streitfrage aber nicht, sie wird von Fall zu Fall immer wieder auftauchen und stets nur auf Grund der besonderen Umstände zutreffend beantwortet werden können. Die zentrale Licht-, Wärme- und Kraftversorgung hat zweifellos ein erhebliches öffentliches Interesse. Dieses Interesse erfordert aber noch nicht den Regiebetrieb, es kann auch durch zweckdienliche Verträge mit einem Privatunternehmer befriedigt werden. Die Gaswerke sind aber weiter wirtschaftliche Unternehmen, deren Zweck der Gewinn ist. Letzteres ist zwar von Vertretern des Gemeindesozialismus angezweifelt worden. In die Praxis ist aber der Satz, daß Licht- und Kraftzentralen am richtigsten auf jeden Gewinn verzichteten, wohl noch nirgends durchgeführt worden und wird es auch in absehbarer Zeit nicht werden. Die Frage, ob Regie- oder Privatbetrieb angezeigt ist, wird im Einzelfalle demnach zugunsten des letzteren zu entscheiden sein, wenn der Privatunternehmer gewillt und in der Lage ist, vertraglich diejenigen Garantien zu leisten und diejenigen Verpflichtungen zu übernehmen, die im öffentlichen Interesse gefordert werden müssen, und wenn er der Gemeinde größere wirtschaftliche Vorteile bietet, als sie im Regiebetrieb nach den jeweiligen Verhältnissen zu erreichen in der Lage ist.

Der Unternehmerbetrieb hat gegenüber dem Regiebetrieb manche Vorzüge. Dem letzteren wird leicht durch die bureaukratische Verwaltungsorganisation und durch die Abhängigkeit von vielköpfigen Kollegien eine gewisse Schwerfälligkeit anhaften; bei ihm wird sich ferner sehr oft der Mangel an kaufmännisch und technisch vorgebildeten Beamten hemmend geltend machen. Diese Mängel treten insbesondere in mittleren und vor allem in kleineren Gemeinwesen hervor. Während sich große Städte eine verhältnismäßig selbständige Verwaltung für ihre rein wirtschaftlichen Betriebe schaffen und dieser hervorragend geschulte Kräfte an die Spitze stellen können, denen wieder alle Hilfsmittel, die die neuzeitliche Entwicklung geschaffen hat, zur Verfügung stehen, sind kleineren Werken allein schon mit Rücksicht auf die hohen Kosten, die in keinem Verhältnis zur Größe des Werkes stehen würden, Grenzen gezogen. Das Privatunternehmen ist von den Fesseln, die dem kommunalen Betrieb anhängen müssen, frei; es ist beweglicher und damit anpassungsfähiger. Eine große Gesellschaft, die eine Anzahl kleinerer Werke verwaltet, kann die Vorteile der jeweiligen Wirtschaftskonjunktur besser ausnutzen, als das einzelne Werk dazu imstande sein würde. Sie kann durch wohlorganisierten, gemeinschaftlichen Einkauf und durch die Vergemeinschaftlichung der Verwaltung, für die sie gut bezahlte tüchtige Kräfte heranzuziehen vermag, bessere Arbeits- und Betriebsverhältnisse schaffen, als dies einem kleineren, für sich dastehenden Werke möglich ist. Endlich ist ein privates Unternehmen in der Lage, manches Risiko einzugehen, das eine vorsichtige Gemeindeverwaltung unbedingt ablehnen muß.

Je unaufhaltsamer die Elektrizität vorwärtsschreitet und je mehr sie dem Gase die Beleuchtung streitig macht, um so größere Anforderungen werden an die Leiter der Gaswerke sowohl in technischer als in kaufmännischer Hinsicht gestellt. Die Notwendig-

keit wird immer dringender, die Herstellungskosten herabzudrücken, um dadurch in der
Lage zu sein, neue Absatzgebiete zu erobern. Es genügt nicht mehr, daß der Gaswerksdirektor auf seinem speziellen Gebiete der Gasfabrikation zu Hause ist, sondern er muß
auch darüber hinaus so weit allgemeintechnisch und kaufmännisch gebildet sein, daß er
beurteilen kann, in welchen Wirtschaftsbetrieben und unter welchen Voraussetzungen
die Verwendung des Gases gegenüber der bisherigen Arbeitsmethode überlegen ist. Die
fortschreitende Entwicklung bringt damit in das Gasgeschäft auch wieder ein speku-
latives Element, das weiter zur Heranziehung privater Unternehmer beitragen wird.

In besonders gearteten Fällen können noch besondere Umstände hinzutreten, die
die Entscheidung zugunsten des Konzessionsbetriebes beeinflussen müssen. Zu nennen
ist vor allem der Ablauf alter Verträge, die eine für die Gemeinde ungünstige Heimfall-
klausel enthalten, oder die dem Unternehmer auch noch über den Vertrag hinaus Rechte
einräumen, die, wenn die Stadt auf Erzielung von Gewinnen aus dem von ihr zu über-
nehmenden Werke hoffen will, abgefunden werden müssen. Hier wird sehr häufig durch
den Abschluß eines neuen Vertrages ein Ausgleich geschaffen werden können, der den
Interessen beider Teile Rechnung trägt, und der wesentlich dadurch erleichtert wird, daß
der Unternehmer das Bestreben hat, seine Anlagen, auf die er schon wesentliche Abschreibungen gemacht haben wird, möglichst lange noch auszunutzen. Denkbar ist es
auch, daß der Abschluß eines Konzessionsvertrages einem einzelnen Unternehmer Vorteile
gewährt, an denen er die Gemeinde teilnehmen lassen kann, die letztere für sich gar nicht
in Ansatz zu bringen vermag, z. B. Schaffung eines sicheren Absatzgebietes oder Gewinnung eines Stützpunktes für weitere Unternehmungen.

Jedenfalls wird dem Unternehmertum auch trotz der immer weiter fortschreitenden
Kommunalisierung der zentralen Licht- und Kraftwerke in Zukunft noch ein reiches
Betätigungsfeld bleiben. Im Interesse unserer allgemeinen Volkswirtschaft kann dies
nur begrüßt werden; denn das Streben nach Gewinn, das zweifellos beim freien Unternehmertum stärker hervortritt als beim Regiebetrieb, und das, wenn es in geordneten
Bahnen bleibt, durchaus gerechtfertigt ist, ist der stärkste Ansporn zum Fortschritt,
sowohl was die Vervollkommnung der Gastechnik als auch was die Ausbreitung
des Gasabsatzes anbelangt; es schützt am wirksamsten vor der Gefahr des Ein-
rostens. Einem schrankenlosen Individualismus sind durch die Verhältnisse selbst
Grenzen gezogen. Dem öffentlichen Interesse kann durch den Abschluß zweckentspre-
chender Verträge und durch die Schaffung einer dem Einzelfalle angepaßten Organisation
voll und ganz Rechnung getragen werden.

Der Betrieb eines Gaswerkes durch einen Unternehmer ist in verschiedener Weise
denkbar. Wie schon erwähnt, stehen die meisten von Privatgesellschaften verwalteten
Anstalten auch in deren Eigentum. Der Unternehmerin gehören das Gaswerk, die in den
Straßen verlegte Rohrleitung sowie die sämtlichen anderen dem Geschäftsbetrieb
dienenden Sachen. Das Verhältnis zur Gemeinde ist durch einen Vertrag geregelt, in
dem die Rechte und Pflichten beider Teile genau umschrieben sind

In einer Reihe von Fällen ist aber nicht die Privatgesellschaft Eigentümer der Gaswerksanlage, sondern die Gemeinde, die zu versorgen das Werk bestimmt ist. Dem Unternehmer sind diese Anlagen von der Stadt zur Bewirtschaftung übergeben worden, und
er zahlt hierfür einen bestimmten Pachtzins. Im einzelnen kann das Verhältnis sehr
verschiedenartig geregelt sein, es kann sich mehr dem Regiebetrieb oder dem selbständigen Unternehmerbetrieb nähern.

Möglich ist aber auch ein dritter Fall, daß die Stadt und der Unternehmer sich zu
einem neuen Rechtssubjekt zusammengeschlossen haben, das dann wieder Eigentümer
oder Pächter des zu betreibenden Werkes ist (gemischtwirtschaftliche Unternehmung).
Diejenigen Fälle, in denen zwar eine Handelsgesellschaft den Betrieb hat, in denen aber
an dieser Handelsgesellschaft Privatkapital nicht erheblich beteiligt ist, scheiden für die

vorliegende Betrachtung aus; denn bei ihnen handelt es sich der Sache nach um einen Regiebetrieb, für den man nur eine handelsrechtliche Gesellschaftsform gewählt hat.

Alle Licht-, Wärme- und Kraftzentralen, die den hergestellten Stoff oder die erzeugte Energie über einen weiteren Bezirk verteilen, bedürfen der öffentlichen Straßen und Wege, die nicht nur dem öffentlichen Verkehr dienen, sondern auch dazu bestimmt sind, alle diejenigen Anlagen aufzunehmen, deren eine neuzeitliche Wohnung bedarf. Hierzu gehört die Kanalisation, die Wasser-, Gas- und Elektrizitätsleitung.

Der private Gasanstaltsunternehmer muß also für ein bestimmtes Gebiet das Recht erwerben, die öffentlichen Wege und Straßen zur Rohrverlegung benutzen zu dürfen. Des weiteren muß er sich aber auch die Sicherheit verschaffen, daß ihm innerhalb dieses Gebietes keine Konkurrenz erwächst, oder mit anderen Worten, daß dieselben Straßen nicht auch von irgend einem anderen zu dem gleichen Zwecke benutzt werden. Das Gaswerksunternehmen unterscheidet sich nämlich von fast allen sonstigen Industrien dadurch, daß es mehr als beinahe alle anderen die fortlaufende Festlegung großer Kapitalien erforderlich macht, trotzdem aber beim Absatz seines Haupterzeugnisses, des Gases, auf einen verhältnismäßig kleinen Bezirk beschränkt ist. Das hat zur Folge, daß ein fruchtbringendes Arbeiten nur möglich ist, wenn in gewissem Umfang für das in Frage kommende Absatzgebiet der freie Wettbewerb ausgeschlossen ist. Durch das Zusammenarbeiten mehrerer Werke, die denselben Bezirk versorgen, werden die insgesamt investierten Kapitalien noch weiter erhöht, ohne daß dem eine größere Absatzmöglichkeit gegenübersteht. Da außerdem an sich schon der Ausnutzungsgrad bei größeren Werken verhältnismäßig größer ist als bei kleineren, gibt es nur zwei Möglichkeiten. Entweder es kommt zu einer Verständigung zwischen den beiden konkurrierenden Werken über die zu erhebenden Preise, oder aber jedes Werk sucht durch Unterbieten der Konkurrenzpreise einen möglichst großen Teil des Absatzes an sich zu reißen. Im ersteren Falle, der aber sehr selten eintreten wird, würde eine Existenzmöglichkeit für beide Werke geschaffen sein. Die Folge aber würde sein, daß das Gas sehr teuer ist, und der Absatz verhältnismäßig gering bleibt. Trotz der hohen Preise würde der von beiden Werken zusammen erzielte Gewinn nicht so hoch sein, als ihn ein einzelnes Werk bei bedeutend niedrigeren Preisen erreichen würde. Im zweiten Falle würde der Wettbewerb preisdrückend wirken, aber damit auch für jedes Werk jede Gewinnmöglichkeit ausschließen. Die Versuche, die bei Gaswerken mit Konkurrenzbetrieben gemacht worden sind, haben bis jetzt noch keinerlei Erfolg gehabt und sind nach kurzer Zeit wieder eingestellt worden. Daß dadurch, daß mehrere konkurrierende Werke die öffentlichen Straßen benutzen, die Unannehmlichkeiten verdoppelt und vervielfacht werden, möge nur nebenbei gestreift werden. Der großzügigste Versuch, die Gasbeleuchtung der freien Konkurrenz zu überlassen, ist seinerzeit in London unternommen worden. Wenn irgendwo, so würde gerade in der größten Stadt Europas der konkurrierende Betrieb mehrerer Werke möglich gewesen sein. Aber »ein teurer, planloser, lästiger und konfuser Betrieb war die Frucht gewesen, welche die Gasbeleuchtung in London aus der Konkurrenz geerntet hat. Nach einer sehr umfassenden, heftigen und kostspieligen Agitation hob das Parlament durch ein Gesetz von 1860 die freie Konkurrenz auf.« (Dritte Auflage dieses Handbuches, Seite 601.)

Der Erwerb von Rechten auf Benutzung öffentlicher Straßen erfolgt in Deutschland durch Abschluß privatrechtlicher Verträge. Die öffentlichen Straßen sind bei uns Gegenstand des Privatrechts. Nur soweit der öffentliche Gebrauch der Straßen zum Gehen, Fahren, Reiten, der jedermann freisteht, berührt wird, unterstehen sie dem öffentlichen Rechte. Die Widmung eines Grundstückes zum Gemeingebrauch und die Aufhebung der öffentlichen Zweckbestimmung können nur durch einen Akt der Staatshoheit erfolgen; aber die Begründung oder Aufhebung eines Rechts auf eine Art von Benutzung, die weder von dem Begriff des öffentlichen Gebrauchs mitumfaßt wird, noch der Bestimmung der Straße, dem öffentlichen Zwecke zu dienen, zuwider läuft, erfolgt durch privatrechtliche Titel. Eine nur vorübergehende Beeinträchtigung der öffentlichen Zweckerfüllung kommt nicht in Betracht. Die Benutzung einer Straße zur Rohrverlegung fällt weder unter den Gemeingebrauch, noch widerstreitet sie dem Gemeingebrauch. In Preußen stehen die Straßen zum größten Teil im Eigentum kommunaler Verbände, also der Provinzen, der Kreise und Gemeinden. Einige wenige Chausseen, nämlich diejenigen, deren Unterhaltung aus berg- und forstfiskalischen Fonds bestritten werden, gehören dem Staatsfiskus. Eine Anzahl sog. Provinzialstraßen steht trotz dieser offiziellen Bezeichnung teilweise im Eigentum der Gemeinden, durch deren Bezirk sie gehen. Es sind dies diejenigen Chausseen, auf die sich die Königliche Verordnung vom 16. Juni 1838 (Gesetzsammlung S. 353) bezieht, und deren Verzeichnis 1841 durch die Amtsblätter bekanntgemacht worden ist. (Im Amtsblatt der Königlichen Regierung zu Köln in der 2. Beilage zum 7. Stück. Vgl. Dr. ten Doornkaat, Koolman, Das Eigentum an den Provinzialstraßen im Preußischen Verwaltungsblatt 1911, S. 269, und das dort angezogene Urteil des Obertribunals vom 9. September 1848.)

Durch die erwähnte Königliche Verordnung wurde die Unterhaltungspflicht für die bezeichneten Straßenstrecken auf den Staat übertragen, während der Straßengrund im Eigentum der betreffenden Stadtgemeinde verblieben ist. An dieser Rechtslage ist auch durch das Dotationsausführungsgesetz vom 8. Juli 1875, in dem der Staat die Unterhaltung der bisherigen Staatschausseen auf die Provinzen übertrug, nichts geändert worden. An den erwähnten Straßen und Straßenteilen steht also den Gemeinden das Eigentumsrecht insoweit zu, als sie im Jahre 1838 Eigentümer waren.

Der Titel, auf den der Gaswerksunternehmer die Befugnis gründet, öffentliche Wege und Straßen zur Rohrverlegung benutzen zu dürfen, ist demnach ein privatrechtlicher Vertrag mit dem Eigentümer des Straßengeländes. Hierzu wird, falls die Unterhaltungspflicht einem anderen als dem Eigentümer obliegt, noch eine Einigung mit dem letzteren hinzukommen. Falls dem Unterhaltungspflichtigen Sicherheit dafür geboten wird, daß er durch die Benutzung der Straße nicht geschädigt wird, steht ihm ein Widerspruchsrecht nicht zu. Die Möglichkeit, daß bezüglich der Gewährung von Benutzungsrechten der fraglichen Art an öffentlichen Straßen öffentlich-rechtliche Bestimmungen Platz greifen, besteht nur in zweifacher Hinsicht. § 55 des Zuständigkeitsgesetzes vom 1. August 1833 lautet: »Die Aufsicht über die öffentlichen Wege und deren Zubehörungen sowie die Sorge dafür, daß dem Bedürfnisse des öffentlichen Verkehrs in bezug auf das Wegewesen Genüge geschieht, verbleibt in dem bisherigen Umfang den für die Wahrnehmung der Wegepolizei zuständigen Behörden.« Die Prüfung der Wegepolizeibehörde hat sich also darauf zu beschränken, daß der Wegeeigentümer nicht Verfügungen getroffen hat, die die Bedürfnisse des öffentlichen Verkehrs in bezug auf das Wegerecht verletzen, Fälle, die jedenfalls, soweit die Wegeeigentümer öffentliche Verbände sind, praktisch außer Betracht bleiben können. Ein weiterer Fall der Notwendigkeit einer rein behördlichen, also öffentlich-rechtlichen Mitwirkung würde gegeben sein, falls und soweit die Erteilung des Rechtes, Rohre in öffentliche Straßen zu verlegen, eine Verfügung über ein der Gemeinde gehöriges Grundstück darstellt. Letzteres ist aber nur dann der Fall, wenn das dem Unternehmer verliehene Recht dinglichen Charakter hat, was, wie wir sehen werden, aber nur in den seltensten Fällen zutrifft.

Ob die dem Unternehmer verliehenen Rechte dinglich oder persönlich sind, d. h. ob sie Beziehungen des Berechtigten zum Grundstück als solchem schaffen ohne Rücksicht auf einen Wechsel in der Person des Eigentümers, oder ob die Berechtigung sich in dem Anspruch des Unternehmers auf Duldung und Unterlassung gegenüber der Person des Vertragsgegners erschöpft, kann außer für die Entscheidung der Frage, ob die Gültigkeit des Vertrages von der Genehmigung des Kreis- oder Bezirksausschusses abhängig ist, auch noch anderweitig von Bedeutung sein, z. B. für die Verstempelung.

Als dingliches Recht, das dem Unternehmer verliehen werden könnte, kommt nur die beschränkte persönliche Dienstbarkeit in Betracht. Eine Grunddienstbarkeit ist ausgeschlossen, weil es an einem herrschenden Grundstück fehlt. Eine beschränkte persönliche Dienstbarkeit des Inhalts, daß der Eigentümer die Verlegung von Gasröhren in seinem Grundstück durch den Berechtigten dulden muß und anderseits das Grundstück zu dem gleichen Zwecke selbst nicht gebrauchen darf, ist möglich. (§§ 1090, 1018 BGB. Vgl. auch Entscheidung des Kammergerichts vom 16. VI. 02.) Praktisch wird sie aber nur in den allerseltensten Fällen vorkommen. Da sie nach § 1091 BGB. nicht vererblich und nicht übertragbar ist, ist sie für den Unternehmer, trotzdem sie diesem ein stärkeres Recht gibt, in den meisten Fällen nicht empfehlenswert. Auch die Gemeinden werden wenig Neigung haben, ein dingliches Recht für den Unternehmer einzuräumen. Die Provinzen und Kreise pflegen ein solches sogar formularmäßig auszuschließen. In Preußen bedarf es ferner zur Begründung einer beschränkten persönlichen Dienstbarkeit, sowohl im Gebiete des allgemeinen Landrechts als auch in demjenigen französischen Rechts, trotzdem die öffentlichen Wege dem Grundbuchzwang nicht unterliegen, der Eintragung ins Grundbuch. (Artikel 128 EG. BGB., Artikel 89 Nr. 1 und 2 AG. BGB.; §§ 873, 875 BGB.) Es wird sich aber wohl kaum eine Gemeinde finden, die dem Gasanstaltsunternehmer zuliebe ihre sämtlichen Straßen ins Grundbuch eintragen lassen wird. Gegen die Begründung eines dinglichen Rechts spricht aber weiter noch folgende Erwägung: Das dem Unternehmer einzuräumende Recht wird sich im Regelfalle auf die sämtlichen öffentlichen Straßen einer Stadt oder Gemeinde beziehen, und zwar nicht nur auf die zur Zeit des Vertragsabschlusses bestehenden öffentlichen Straßen sondern auch auf diejenigen Grundstücke, die späterhin öffentliche Straßen werden und dann im Eigentum der vertragsschließenden Stadt oder Gemeinde stehen. Das Recht des Unternehmers soll anderseits meistens dann endigen, wenn ein Grundstück den Charakter als öffentliche Straße verliert, allerdings mit der Einschränkung, daß Einrichtungen, die bereits getroffen sind, weiter bestehen bleiben und unterhalten werden dürfen. Die einzelnen Grundstücke, an denen die Dienstbarkeit zu bestellen wäre, sind zur Zeit des Vertragsabschlusses also teilweise weder bestimmt noch bestimmbar. Ein praktisches Bedürfnis zur Begründung eines dinglichen Rechtes besteht auch aus dem Grunde nicht, weil eine Eigentumsübertragung des Geländes eines öffentlichen Weges äußerst selten ist, und wenn sie einmal vorkommt, dem Unternehmer jedenfalls in allen denjenigen Fällen, in denen der Eigentümer eine öffentlich-rechtliche Person war, keinen Schaden bringt. Rechtlich stellt sich daher der Vertrag, durch den einem Gaswerksunternehmer das Recht auf Benutzung der öffentlichen Straße und Wege eingeräumt wird, fast immer als ein Miet- oder Leihvertrag dar, je nachdem für das Benutzungsrecht ein Entgelt bezahlt wird oder nicht.

Gerichtliche oder notarielle Beurkundung ist seit dem Inkrafttreten des BGB. notwendig, wenn sie entweder von den Parteien vereinbart wird, oder wenn der Vertrag die Bestimmung enthält, daß sich die eine oder die andere Partei zur Übertragung des Eigentums an einem Grundstück verpflichtet.

Gehen wir auf die weiteren Bestimmungen des Vertrages näher ein, so müssen diese zunächst das Recht des Gasanstaltsunternehmers zur Benutzung der öffentlichen Straßen genau umschreiben, und zwar unter Berücksichtigung folgender Gesichtspunkte: Die an sich unvermeidlichen Verkehrsstörungen, die durch Straßenaufbrüche entstehen, müssen auf das mögliche Mindestmaß beschränkt bleiben. Der bauliche Zustand der Straßen darf durch die Rohrverlegungen nicht verschlechtert werden. Die öffentlichen Straßen sind dazu bestimmt, Anlagen der verschiedensten Art aufzunehmen; die Interessen der einzelnen Nutzungsberechtigten müssen dabei als gleichberechtigt gelten. In § 4 des unten folgenden Vertragsschemas ist der Versuch gemacht, entsprechende

Bestimmungen zu formulieren, die eventuell noch durch weitere Vorschriften zu ergänzen wären, die sich aus den speziellen örtlichen Verhältnissen ergeben.

Aus der Monopolstellung des Unternehmers ergibt sich folgerichtig dessen Verpflichtung zur Gaslieferung. Die Gemeinde wird für sich das Recht ausbedingen, die Beleuchtung ihrer Straßen verlangen zu können, und wird zugunsten ihrer Bewohner vereinbaren, daß diese Gas in jeder gewünschten Menge zu beziehen berechtigt sein sollen. Zu diesen Vorschriften treten dann ergänzend noch Bestimmungen hinzu über die räumliche Ausdehnung der Straßenbeleuchtung und der Gasversorgung und über die Beschaffenheit des zu liefernden Gases.

Mit Rücksicht auf das große Interesse, das die Gemeinde an einer einwandfreien Straßenbeleuchtung hat, und zur Vermeidung aller späteren Meinungsverschiedenheiten werden sehr eingehende Vorschriften notwendig. Der Vertrag muß genau die Anzahl der Laternen festsetzen und Bestimmungen darüber enthalten, unter welchen Voraussetzungen von der Gemeinde eine Vermehrung oder Versetzung gefordert werden kann. Weiter ist die Unterhaltung und Bedienung, die Lichtstärke, die die einzelne Laternenflamme haben muß, die tägliche Brenndauer der Laternen sowie das für die öffentliche Beleuchtung zu zahlende Entgelt zu regeln. Die genaue Erfüllung der von dem Unternehmer übernommenen Verpflichtungen, wird meistens dann noch durch Vertragsstrafen sichergestellt. (Vgl. § 9 des nachfolgenden Vertragsschemas.)

Was die Gaslieferung an Private anbelangt, so wird die Meinung der Vertragschließenden dahin aufgefaßt werden müssen, daß jeder einzelne Bewohner, für den die bestimmten Voraussetzungen zutreffen, einen unmittelbaren Anspruch gegen den Unternehmer auf Abschluß eines Gaslieferungsvertrages haben soll, dessen wesentliche Bedingungen festgelegt sind. Letztere beziehen sich auf die zu zahlenden Gaspreise, auf die Herstellung der Zuleitung von dem in den Straßen verlegten Hauptleitungsrohr ab und auf die Kosten der Messung.

Die Umgrenzung des Bezirkes, auf den sich die Verpflichtungen des Unternehmers zur Straßenbeleuchtung und zur Gasversorgung erstrecken sollen, kann bei ausgedehnten Gemeinden mit sehr weit verstreuter Bebauung auf Schwierigkeiten stoßen. Die Bestimmung dahin zu treffen, daß eine Verlängerung der Gashauptleitung auf Verlangen immer dann stattfinden muß, wenn dem Unternehmer eine mäßige Verzinsung der entstehenden Anlagekosten zugesichert wird, dürfte am richtigsten sein. Bei dieser Regelung wird unter Wahrung des Verkehrsinteresses der Ausgleich zwischen den beiderseitigen Geschäftsinteressen dadurch herbeigeführt, daß sich beide Parteien in die Lasten teilen.

Was die Beschaffenheit des zu liefernden Gases anbelangt, so muß dieses technisch frei von Teer, Schwefel, Ammoniak und sonstigen schädigenden Bestandteilen sein und einen bestimmten Heizwert haben. Bezüglich der Reinigung die erwähnte kurze Formulierung zu wählen ist auch für die Gemeinden insofern empfehlenswerter, als damit deutlich die Pflicht des Unternehmers zum Ausdruck kommt, verbesserte Verfahren, die die Zukunft bringen wird, bei sich einzuführen. Falls nicht besonders lokale Verhältnisse vorliegen, ist es ausreichend, wenn nur die unterste Grenze, die der Heizwert nicht unterschreiten darf, vorgeschrieben wird. Einer Festsetzung der Leuchtkraft bedarf es praktisch nicht mehr.

Weitere Bestimmungen, die der Vertrag enthalten muß, betreffen die Pflicht des Unternehmers, seine gesamten Anlagen stets dem steigenden Bedürfnisse und dem jeweiligen Stande der Technik anzupassen, die eventuelle Gewinnbeteiligung der Gemeinde, die Dauer des Vertrages und die Regelung, die bei dessen Ablauf Platz greifen soll. Diese letzteren Bestimmungen stehen in einem inneren Zusammenhang. Die Versorgung der öffentlichen privaten Wirtschaften mit Gas wird, soweit wir heute beurteilen können, dauernd notwendig bleiben. Die dazu geschaffenen Anlagen müssen daher, wer auch der Eigentümer sein mag, auf einen dauernden Bestand berechnet sein. Es ist möglich, daß bestehende Einrichtungen dem Fortschritt weichen müssen. Ausgeschlossen aber muß es sein, daß lediglich der Übergang vom Unternehmerbetrieb zum kommunalen Regiebetrieb die Zerstörung vorhandener Werte zur Folge hat. Das öffentliche Interesse an einer allen zugänglichen, billigen Gasversorgung fordert die rationelle Ausnutzung der einmal geschaffenen Anlage. Keine Gemeinde, die einen Konzessionsvertrag mit einem Unternehmer abschließt, wird damit dauernd auf den eigenen Betrieb verzichten wollen und deshalb daran denken müssen, sich die Möglichkeit offenzuhalten, später die zur Gasversorgung geschaffenen Anlagen einmal selbst erwerben zu können. Ihr Interesse fordert es also, beim Abschluß des Vertrages auf diesen möglichen Erwerb Rücksicht zu nehmen und dafür Sorge zu tragen, daß die Anlagen, die sie dereinst vielleicht übernehmen wird, dann auch auf der Höhe stehen. Gaswerke, die ihrer Aufgabe gerecht werden sollen, machen aber die ständige Erweiterung und Vergrößerung und damit fortlaufend die Investierung erheblicher Kapitalien notwendig. Dies hat zur Folge, daß es damit, daß die Gemeinde im Vertrage die Verpflichtung des Unternehmers, seine Anlagen auf der Höhe der Zeit zu erhalten und die dazu erforderlichen Mittel aufzuwenden, festlegt, nicht genug ist. Der Unternehmer muß vielmehr selbst dauernd ein Interesse daran behalten, eine Musteranstalt zu haben, und darf jedenfalls nicht durch die Regelung, die bei Ablauf seines Konzessionsvertrages eintreten wird, abgeschreckt werden, Mittel aufzuwenden. Dieser Gesichtspunkt ist bei Tätigung vieler zurzeit bestehenden Abkommen völlig außer acht gelassen worden.

Die Gewinnmöglichkeit, die die Gemeinde dem Unternehmer durch die Zurverfügungstellung der Straßen und durch die Sicherstellung vor schädigender Konkurrenz bietet, fordert eine Gegenleistung. Diese besteht zunächst in der Verpflichtung zur Straßenbeleuchtung und zur Gasversorgung an Private. Übersteigt der sich hieraus ergebende Gewinn diejenige Höhe, die unter Berücksichtigung aller Umstände, namentlich auch des einzugehenden Risikos, als normaler Unternehmergewinn gelten kann, so wird sich die Gemeinde außer der bereits erwähnten Verpflichtung des Unternehmers noch weitere, besondere Leistungen ausbedingen, die in der Regel in einer Beteiligung am Ertrag des Werkes bestehen werden. Je größer der letztere ist, um so mehr kann der Unternehmer an die Gemeinde abgeben. Der jährliche Reinertrag ist aber wieder abhängig von der Höhe der vorzunehmenden Abschreibungen, und diese werden wieder wesentlich durch die Dauer des Vertrages und durch dessen Ablaufbestimmungen beeinflußt. Es wird sich also hauptsächlich darum handeln, eine praktisch richtige Regelung, die bei Beendigung des Vertrages Platz greifen soll, zu finden. Die Bestimmung, die sich in manchen Verträgen findet, daß nach Ablauf der Kontraktzeit die sämtlichen Anlagen unentgeltlich in das Eigentum der Gemeinde übergehen, ist unbedingt zu verwerfen. Der Unternehmer ist gezwungen, das gesamte Anlagekapital, das er im Laufe der Vertragszeit aufgewendet hat, völlig zu tilgen. Um dies zu ermöglichen, muß er Gewinne für sich in Anspruch nehmen, die er andernfalls der Gemeinde oder den Konsumenten könnte zugute kommen lassen. Der Vertrag belastet vom Standpunkt der Gemeinde aus die Gegenwart zugunsten der Zukunft; er zwingt, wie es in der 3. Auflage dieses Handbuches heißt: »die Eltern, für ihre Kinder eine Gasanstalt zu kaufen«. Das unentgeltliche Heimfallrecht läßt aber auch ferner Verbesserungen und Erweiterungen, die in den letzten Vertragsjahren notwendig werden, als eine drückende Last erscheinen und steht damit allen Maßnahmen entgegen, die, wie z. B. eine allgemeine Herabsetzung der Preise, die Gasabgabe so steigern könnten, daß solche Erweiterungen erforderlich werden. Eine solche Ablaufbestimmung schädigt also auch insofern unmittelbar die Gemeinde, weil sie den Fortschritt hemmt, an dem letztere sowohl für ihre Bürger als auch für sich selbst als dereinstige Eigentümerin des Werkes das größte Interesse hat. Die gleichen Bedenken, wenn auch eventuell gemindert, sind gegenüber allen Bestimmungen zu erheben, nach denen der Unternehmer mit der Möglichkeit rechnen muß, daß die geschaffenen Werte mit der Beendigung des Vertrages für ihn verloren sind oder er gezwungen werden kann, die Gasanstalt zu einem geringeren als dem vollen Werte abzugeben. Verkehrt ist also auch die Bestimmung, daß vom Unternehmer verlangt werden kann, die bestehenden Anlagen bei Vertragsablauf zu entfernen. Auch in diesem Falle ist er zu einer völligen Tilgung seiner Anlagewerte und noch dazu zu einer Rückstellung für die eventuellen Kosten des Abbruches gezwungen.

Weniger bedenklich, aber auch nicht empfehlenswert ist die Vereinbarung, daß die Gemeinde, falls sie den Vertrag nicht verlängern will, verpflichtet sein soll, die Gasanstalt zu einem Preise zu erwerben, der lediglich nach dem Ertrage, ohne Rücksicht auf den Sachwert der Anlagen, errechnet wird. In vielen bestehenden Verträgen findet sich die Bestimmung, daß bei Ablauf zwar die Monopolstellung des Unternehmers in Wegfall kommt, daß dieser aber dauernd berechtigt sein soll, die Straßen weiter zu benutzen. Sie ist in allen denjenigen Fällen nicht zu beanstanden, in denen nach Lage der Sache die Gemeinde nicht mit der Möglichkeit einer Übernahme der Anlagen rechnet, in denen sie aber auch nicht gewillt ist, ein Monopol zu gewähren, das mangels einer Übernahmemöglichkeit für alle Zeiten gegeben sein würde. Für den Regelfall empfiehlt es sich, zu vereinbaren, daß nach Ablauf einer bestimmten Zeit die Gemeinde das Recht haben soll, sämtliche Gasversorgungsanlagen mit allem, was dazu gehört, käuflich zu übernehmen, und daß, falls sie von diesem Recht keinen Gebrauch machen will, der Vertrag auf eine bestimmte Zeit weiter läuft. Als Kaufpreis gelten die tatsächlichen und durch die ordnungsmäßig geführten Bücher nachzuweisenden Anlagekosten, von denen ein bestimmt festzusetzender, der tatsächlichen Abnutzung entsprechender Prozentsatz für jedes Jahr abzusetzen ist. Das Werk muß den Bedürfnissen entsprechend ausgebaut und nach dem jeweiligen Stande der Technik eingerichtet sein. Um es dem Unternehmer zu erleichtern, das Werk auf der vollen Höhe seiner Leistungsfähigkeit zu erhalten, ohne Rücksicht darauf, ob die aufgewandten Kosten sich gegen Ende der Vertragszeit auch noch lohnen, möchte ich empfehlen, daß die Gemeinde im Falle der Übernahme die in den letzten Jahren für Erweiterung und Neuanschaffungen aufgewandten Kosten mit einem mäßigen Satze, etwa mit 4%, verzinst. Diese Mehraufwendung würde sich meines Erachtens reichlich lohnen, während für den Unternehmer eine 4 proz. Verzinsung keinerlei Ansporn ist, unnütze Aufwendungen zu machen. Daß bei Festsetzung des Kaufpreises der Ertrag mitberücksichtigt wird, ist namentlich in denjenigen Fällen, in denen der Abschluß des Vertrages für den Unternehmer mit einem mehr oder minder großen Risiko verbunden ist, nicht zu beanstanden. Die Gemeinde wird von ihrem Übernahmerecht nur dann Gebrauch machen, wenn kein Verlust bei dem Betrieb des Werkes mehr zu befürchten ist. War dies aber der Fall, so ist ein besonderes Entgelt dafür, daß der Unternehmer die bestandene Verlustgefahr auf sich genommen hat, auch gerechtfertigt. In manchen Fällen wird es Schwierigkeiten machen, für die Bestimmung des Kaufpreises die Bücher zugrunde zu legen. Ich denke daran, daß ein alter Vertrag, der auf ganz anderen Grundsätzen aufgebaut war, durch einen neuen ersetzt werden soll. Hier wird die Festsetzung des Übernahmepreises durch Sachverständige ermittelt werden müssen, die den Wert der Anstalt zur Zeit des Überganges abzuschätzen haben.

Die Höhe der eventuell an die Gemeinde zu zahlenden besonderen Abgabe muß von der Höhe des Gewinnes abhängen. Es dürfte daher am richtigsten sein, sie nach Prozentsätzen vom Reingewinn festzusetzen. Diese Normierung ist am gerechtesten. Sie schafft aber auch völlig gleichlaufende Interessen und ist dann, wenn die Übernahmebestimmungen wie vorstehend geregelt werden, mit Leichtigkeit durchzuführen. Da diese Art der Festsetzung für den Unternehmer auch keinerlei Gefahrenmoment in sich schließt, läßt sie auch die größtmögliche Steigerung zu. Notwendig ist nur — das ist aber auch schon für die empfohlene Festsetzung des Übernahmewertes der Fall —, daß die Höhe der Abschreibungen von vornherein festgelegt wird. Eine weitere Möglichkeit, die Höhe der Abgabe zu normieren, ist entweder die Festsetzung nach der Menge des verkauften Gases oder nach dem Erlös aus dem verkauften Gas oder nach dem Bruttoertrag (ohne Berücksichtigung der Abschreibungen).

In vielen Verträgen findet sich die Klausel, daß auftauchende Streitigkeiten vor einem Schiedsgericht ausgetragen werden sollen. Wenn auch das Schiedsgericht in den meisten Fällen schneller arbeitet als das ordentliche Gericht, so fehlen ihm aber doch diejenigen Rechtsgarantien, die das letztere namentlich durch die mehreren Instanzen hat. Ich möchte namentlich bei schwierigen Rechtsfragen und komplizierten Vertragsauslegungen dem ordentlichen Gericht, das die völlige Aufrollung des Sach- und Streitverhältnisses vor einer zweiten Instanz ermöglicht, unbedingt den Vorzug geben. Für einzelne, besonders vorzusehende Fragen, bei deren Entscheidung es sich hauptsächlich um eine schnelle Erledigung handelt, kann ja immerhin ein Schiedsverfahren vorgesehen werden. Ich habe dieser Möglichkeit in dem beigefügten Schema eines Pachtvertrages Rechnung getragen.

Schema eines Konzessionsvertrages.

§ 1. Der Unternehmer verpflichtet sich, für die Dauer dieses Vertrages die Gemeinde und deren Bewohner mit Leuchtgas zu versorgen und die Beleuchtung der öffentlichen Straßen und Plätze auszuführen. Alle zu diesem Zwecke erforderlichen Anlagen und Einrichtungen hat er auf seine Kosten zu beschaffen und zu unterhalten.

§ 2. Die Gemeinde erteilt dem Unternehmer das Recht, in sämtlichen öffentlichen Straßen, Plätzen und etwaigen anderen dem öffentlichen Gebrauch gewidmeten Grundstücken, über die sie das Verfügungsrecht hat, Gasrohre zu verlegen, zu unterhalten und auszuwechseln. Die Gemeinde gibt dem Unternehmer die Zusicherung, daß sie innerhalb ihres Gebietes weder selbst Gasrohre verlegen noch einem Dritten gestatten wird, dies zu tun.

§ 3. Die öffentliche Beleuchtung kann für alle Straßen und Straßenteile verlangt werden, in denen Hauptrohre liegen. Ebenso ist der Unternehmer verpflichtet, für alle Grundstücke, die an Straßen grenzen, in denen Hauptrohre liegen, gegen Bezahlung Gas zu jeglichem Zwecke und in jeder verlangten Menge zu liefern, an Mieter jedoch nur dann, wenn die schriftliche Einwilligung des Grundstückseigentümers vorgelegt wird.

Die Hauptrohrleitung hat sich zunächst auf diejenigen Straßen zu erstrecken, die in dem einen Bestandteil dieses Vertrages bildenden Plane bezeichnet sind. Die Ausdehnung der Hauptrohrleitung steht dem Unternehmer jederzeit frei; sie kann von der Gemeinde verlangt werden, wenn diese auf das neu zu verlegende Hauptrohr für ... Jahre eine Abgabe garantiert, die einem jährlichen Durchschnittskonsum von ..... cbm pro ...... m Hauptrohr entspricht.

§ 4. Sämtliche in den Straßen vorzunehmenden Arbeiten, wie Aufbrüche, Absperrungen usw., dürfen nur nach vorheriger Anzeige bei der Polizeibehörde erfolgen. Der Unternehmer ist verpflichtet, sich den Anordnungen zu unterwerfen, die diese mit Rücksicht auf die öffentliche Sicherheit und die ungesäumte Wiederherstellung des unterbrochenen oder beschränkten Verkehrs erläßt.

Alle Arbeiten an dem Straßenpflaster erfolgen unter der Aufsicht der Gemeindebehörde, deren Anweisung Folge zu leisten ist. Der Unternehmer ist verpflichtet, nach jedem Aufbruch die Straße auf seine Kosten wieder in den Zustand zu versetzen, in dem sie sich vorher befunden hat. Kommt er hiermit in Verzug, so ist die Gemeindebehörde berechtigt, die Wiederherstellung auf seine Kosten vornehmen zu lassen.

Bezüglich der für die Herstellung, Unterhaltung und Auswechselung der Rohrleitungen und der für die Aufstellung der Kandelaber erforderlichen Aufgrabungen stehen dem Unternehmer die gleichen Rechte zu, wie sie die Gemeinde selbst besitzt. Der Unternehmer hat aber auch in allen denjenigen Fällen, in welchem die Gemeinde Schadenersatz zu leisten haben würde, solchen für seine Rechnung zu übernehmen. Arbeiten, die an Kanälen, Wasserleitungen und sonstigen Bauwerken, die dem Unternehmer nicht gehören, erforderlich sind, darf dieser nur unter Aufsicht der Gemeindebehörde ausführen. Dieser steht es aber auch frei, diese Arbeiten selbst auf Kosten des Unternehmers vornehmen zu lassen.

Der Gemeindebehörde bleibt die Befugnis, jederzeit Straßen, Wege, Plätze usw., in welchen sich Gasleitungsröhren befinden, unbeschadet letzterer und nur mit den sich aus § 2 ergebenden Einschränkungen nach Belieben zu benutzen oder benutzen zu lassen. Sie ist aber verpflichtet, vor Beginn aller Arbeiten, durch die die Gasröhren bloßgelegt oder sonstwie gefährdet werden, dem Unternehmer schriftliche Anzeige zu machen, damit dieser rechtzeitig Maßregeln zur Sicherung seines Eigentums treffen kann. Ist die Anzeige unterlassen worden, so haftet die Gemeinde für allen etwa entstehenden Schaden. Wird durch Arbeiten der vorgedachten Art notwendig, daß die Gasrohrleitung zeitweilig unterbrochen oder umgelegt wird, so darf dies nur durch Beauftragte des Unternehmers geschehen, geht aber zu Lasten der Gemeinde.

Die Gemeindebehörde ist auch befugt, im öffentlichen Interesse eine teilweise oder gänzliche, zeitweise oder bleibende Änderung der Gasleitung gegen Entschädigung zu verlangen.

§ 5. Ist bei Ausführungen der Rohrleitungen die Zustimmung von Privaten oder anderer Behörden als der Gemeindebehörde erforderlich, so wird sich letztere bemühen, die Genehmigung für den Unternehmer zu erlangen. Erweist sich dies als unmöglich oder nur mit unverhältnismäßig hohen Aufwendungen als möglich, so hört die Verpflichtung des Unternehmers, die betreffenden Straßen mit Gas zu versorgen, so lange auf, bis das Hindernis beseitigt ist.

§ 6. Der Unternehmer ist verpflichtet, seine gesamten Anlagen dauernd in gutem, betriebsfähigem Zustande zu erhalten sowie den fortschreitenden Bedürfnissen und dem jeweiligen Stande der Technik entsprechend zu erweitern und auszubauen. Er hat nach Ablauf eines jeden Vertragsjahres der Gemeinde eine vollständige Beschreibung und die dazu gehörigen Pläne der während des Jahres ausgeführten Anlagen, Veränderungen und Erweiterungen zu überreichen.

§ 7. Der Unternehmer ist verpflichtet, über die Geschäftsführung der Gasanstalt nach kaufmännischen Grundsätzen Buch zu führen. Jede Auswechslung eines im Betriebe abgenutzten Teiles der Anlage ist als Unterhaltung zu betrachten. Nur wenn durch die Auswechslung zugleich die Leistungsfähigkeit des betreffenden Teiles im Zusammenhang mit der übrigen Anlage wesentlich erhöht wird, sind die Mehrkosten gegenüber der früheren Anschaffung nicht auf Unterhaltungskonto, sondern auf Baukonto zu buchen.

Für Abnutzung der Anlagen sind für jedes Betriebsjahr... % des gesamten Anlagekapitals (ohne Berücksichtigung der in den Vorjahren bewirkten Abschreibungen) abzusetzen.

Die Gemeinde hat das Recht, sich in jedem Jahre einmal durch einen Beauftragten von der Richtigkeit der Bücher zu überzeugen. Der Unternehmer ist verpflichtet, spätestens 3 Monate nach Ablauf eines jeden Geschäftsjahres der Gemeinde eine mit seiner Unterschrift versehene Bilanz nebst Gewinn- und Verlustrechnung einzusenden.

§ 8. Das zu liefernde Gas muß technisch frei von Teer, Ammoniak, Naphthalin und Schwefelwasserstoff sein. Der obere Heizwert des Gases soll in der Regel im Tagesmittel

... WE je cbm betragen und darf nicht unter ... WE sinken. Der Heizwert wird mittels des Junkersschen Kalorimeters ermittelt und auf das Normalvolumen des Gases bei 0° C und 760 Barometerstand umgerechnet. Sinkt der Heizwert unter ....WE, so ist spätestens innerhalb 24 Stunden nach erfolgter Anzeige seitens der Gemeinde wieder Gas von ... WE zu liefern. Kommt der Unternehmer dieser letzteren Verpflichtung nicht nach, so hat er für jede angefangenen 24 Stunden, in denen noch weiter Gas unter ... WE geliefert wird, eine Vertragsstrafe von M. ...... zu zahlen.

Die Nachprüfung des Gases auf seine vertragsmäßige Beschaffenheit geschieht unmittelbar hinter dem Gasbehälter. Der Gemeinde steht das Recht zu, nach vorhergegangener Benachrichtigung jederzeit Untersuchungen an der Untersuchungsstelle auch mit eigenen Apparaten vornehmen zu lassen. Stellen sich hierbei Meinungsverschiedenheiten darüber, ob das Gas die vertragsmäßige Beschaffenheit hat oder nicht, heraus, so soll das chemisch-technische Institut der Technischen Hochschule zu .... entscheiden.

§ 9. Die Straßenbeleuchtung soll grundsätzlich durch Gas erfolgen. Eine Ausnahme soll nur insofern zulässig sein, als es der Gemeinde freisteht, für diejenigen Straßen, die an die Gasleitung nicht angeschlossen sind, eine andere Beleuchtung einzurichten, und als es ferner zulässig sein soll, daß innerhalb des Bereichs der Gasrohrleitung insgesamt ...... elektrische Lampen angebracht werden. Die Zahl der öffentlichen Laternen beträgt vorerst .... Eine Verminderung unter diese Zahl ist ausgeschlossen, eine Vermehrung kann die Gemeinde jederzeit verlangen. Die Gemeinde bestimmt den Standort und die Mindestlichtstärke der einzelnen Laternen und kann auch jederzeit eine Versetzung oder Änderung verlangen, wenn sie sich zur Tragung der entstehenden Kosten erbietet. Die Laternenständer und Laternenträger müssen von tunlichst gleicher Farbe sein und stets in gutem Anstrich gehalten werden, auch mit deutlichen, fortlaufenden Nummern versehen sein. Über die zur Verwendung kommenden Muster ist eine Einigung erzielt. Die Verwendung anderer Muster ist nur mit Zustimmung der Gemeinde gestattet. Die Bedienung der Laternen ist Sache des Unternehmers, der auch verpflichtet ist, schadhaft gewordene Teile sofort zu ersetzen.

Die öffentliche Beleuchtung muß nach einem von dem Unternehmer zu entwerfenden und von der Gemeindeverwaltung zu genehmigenden Beleuchtungskalender ausgeführt werden. Bei Aufstellung des Beleuchtungskalenders ist davon auszugehen, daß sämtliche Laternen stets unmittelbar nach Sonnenuntergang angezündet werden und bis ... Uhr abends brennen müssen. Die Nachtbeleuchtung beginnt bei Schluß der Abendbeleuchtung und dauert bis Sonnenaufgang. Mindestens ... der Abendlaternen ist zur Nachtbeleuchtung zu bestimmen. Weniger als 2 Stunden tägliche Brennzeit darf weder für eine Abendlaterne noch für eine Nachtlaterne vorgeschrieben werden. Jede Abendlaterne soll mindestens .... Stunden und jede Nachtlaterne mindestens .... Stunden jährlich brennen. Der Unternehmer hat dafür zu sorgen, daß die Laternen mindestens ... Minuten nach der im Brennkalender bestimmten Zeit angezündet sind. Frühestens ¼ Stunde vor der im Brennkalender festgesetzten Zeit darf mit dem Löschen begonnen werden.

Wünscht die Gemeinde für besondere Fälle eine ausgedehntere Beleuchtung, als der Brennkalender vorsieht, so ist der Unternehmer hierzu verpflichtet, wenn er mindestens ..... vorher Mitteilung erhalten hat.

Der Preis der Straßenbeleuchtung wird wie folgt festgesetzt (abgestuft nach der Lichtstärke, die mindestens vorhanden sein muß):

In diesen Preisen ist das Entgelt für Bedienung und Unterhaltung der Laternen mitenthalten.

Der Unternehmer unterwirft sich bei Zuwiderhandlung gegen vorstehende Vertragsbestimmungen folgenden an die Gemeindekasse zu zahlenden Vertragsstrafen:

a) Wenn die Beleuchtung ganz oder größtenteils unterbleibt oder die Laternen sämtlich oder größtenteils erlöschen, einer Strafe von M. . . . . .

b) Wenn die Straßenlaternen nicht rechtzeitig angezündet oder zu früh gelöscht werden, für jede zu spät angezündete oder zu früh gelöschte Laterne jedesmal einer Strafe von . . . Pf.

c) Wenn einzelne Laternen gar nicht angezündet sind, einer Strafe von . . . Pf. pro Laterne und Tag, welche Strafe verdoppelt wird, wenn trotz erhaltener schriftlicher Meldung dieselbe Laterne auch am folgenden Abend nicht angezündet wird.

d) Wenn einzelne Flammen ganz ausgehen oder nicht die vorgeschriebene Mindestlichtstärke haben und derselbe Mangel, trotzdem er dem Unternehmer gemeldet ist, am folgenden Abend sich wiederholt, einer Strafe von . . . Pf. pro Laterne, welche Strafe jeden Tag so lange verdoppelt wird, bis die betreffenden Laternen vertragsmäßig brennen.

e) Vorstehende Strafbestimmungen treten nicht in Kraft, wenn ihre Voraussetzungen durch unabweisbaren Zufall oder höhere Gewalt eingetreten sind.

Sollte die Beleuchtung, ob mit oder ohne Verschulden des Unternehmers, mehr als . . . Tage gar nicht stattfinden können, so hat dieser vom . . . Tage ab bis zur Wiederherstellung der Gasbeleuchtung auf seine Kosten die Straßenbeleuchtung in anderer Weise zu bewirken. Er erhält dafür die für die Gasbeleuchtung festgesetzte Vergütung, wenn er nachweist, daß er die Wiederherstellung mit allen ihm zu Gebote stehenden Mitteln betrieben hat.

§ 10. Der Unternehmer behält sich vor, mit Privatabnehmern in jedem einzelnen Falle besondere Vereinbarungen zu treffen. Er ist aber an folgende Festsetzungen gebunden:

a) Er ist nicht berechtigt, höhere Preise zu erheben, als für Gas zu Leuchtzwecken . . . Pf. pro cbm, für Gas zu Kochzwecken . . . Pf., für Gas zu Heizzwecken . . . Pf., für Gas zu Kraftzwecken . . . Pf. Bei einem jährlichen Verbrauch über . . . . . . sind folgende Rabatte zu gewähren: . . . .

b) Die Kosten der Gaszuführungsleitungen trägt bis zu einer Länge von . . . . . m ab Hauptrohr der Unternehmer. Die Rohrleitung vom Hauptrohr bis zur Gasuhr darf nur durch Beauftragte des Unternehmers ausgeführt werden und bleibt dessen Eigentum.

c) Der Unternehmer beschafft die Gasuhren; er ist nicht berechtigt, von dem Abnehmer eine höhere Miete pro Jahr zu erheben als . . . . % des Anschaffungspreises. Er hat die Verpflichtung, die Reparaturen unentgeltlich zu besorgen, sofern die etwaigen Schäden nicht durch Verschulden des Mieters herbeigeführt sind. Jedem Mieter einer Gasuhr steht es frei, jederzeit eine amtliche Prüfung der Gasuhr zu verlangen. Die Untersuchungskosten fallen, wenn die Gasuhr als richtig oder zum Nachteil der Gasanstalt zählend befunden wird, dem Mieter, anderenfalls dem Unternehmer zur Last, welcher auch die unrichtig zählenden Gasuhren sofort zurückzunehmen und durch richtig gehende zu ersetzen hat.

d) Der Unternehmer ist zur Unterbrechung der Gaslieferung nur berechtigt, wenn ein Abnehmer entweder mit Bezahlung des Gaspreises oder der Messermiete trotz zweimaliger Vorzeigung der Rechnung im Rückstand bleibt oder dem Beauftragten des Unternehmers den Zutritt zu der Gasuhr und den Gasverbrauchsstellen verweigert.

§ 11. Der Unternehmer zahlt nach Ablauf eines jeden Geschäftsjahres, das mit dem . . . . . . beginnt, an die Gemeinde eine Abgabe, die sich nach der Höhe des erzielten Reingewinnes (Einnahme nach Abzug sämtlicher Ausgaben und der in § 8 vorgesehenen Abschreibungen) richtet. Übersteigt der Reingewinn . . . . % des gesamten Anlagekapitals, so erhält die Gemeinde von dem übersteigenden Betrage . . . . %. Die Zahlung der Abgabe erfolgt spätestens . . . . Monate nach Schluß des Geschäftsjahres.

§ 12. Die Gemeinde ist nicht berechtigt, die Herstellung, den Vertrieb oder den Verbrauch des Gases mit einer Gemeindesteuer zu belegen.

§ 13. Dieser Vertrag tritt mit dem .... in Kraft, bis zu welchem Tage die vertragsmäßig von dem Unternehmer herzustellenden Anlagen betriebsfähig sein müssen, und dauert so lange, bis er von einer Seite gekündigt wird. Die Kündigung ist zum ersten Male zum ...... und dann immer nach .... Jahren zulässig und muß durch eingeschriebenen Brief erfolgen. Die Kündigungsfrist beträgt für die Gemeinde .... Jahre, für den Unternehmer .... Jahre. Endigt der Vertrag auf Grund einer Kündigung der Gemeinde, so ist diese berechtigt und verpflichtet, die gesamten in ihrem Weichbild befindlichen, dem Unternehmer gehörigen Anlagen zum Buchwert (§ 8) zuzüglich 4% Jahreszinsen der in den letzten 5 Jahren vor Ablauf des Vertrages für Neuaufwendungen und Erweiterungen aufgewandten Anlagekosten zu übernehmen. Endigt der Vertrag durch eine Kündigung des Unternehmers, so ist dieser berechtigt, aber nicht verpflichtet, die verlegten Rohrleitungen herauszunehmen, muß aber dann unverzüglich die Straße in den früheren Zustand zurückversetzen.

§ 13. Die Kosten, Stempel und Gebühren, die durch den Abschluß dieses Vertrages entstehen, trägt ....

Der Pachtvertrag.

Die Verpachtung kommunaler Werke an einen Unternehmer ist gerade in letzter Zeit häufiger geworden; zum Teil handelte es sich dabei um Anstalten, die bereits längere Zeit von der Gemeinde selbst bewirtschaftet worden waren, zum Teil um Anstalten, die neu in Betrieb kamen. Im ersteren Falle fiel die Verpachtung sehr oft mit der Vornahme größerer Erweiterungen oder mit wesentlichen Betriebsänderungen zusammen. Dadurch, daß der Pächter sich zur Zahlung einer bestimmten Pachtsumme verpflichtet, nimmt er der Gemeinde das Risiko dafür ab, daß die in dem Unternehmen angelegten Kapitalien auch eine Rente abwerfen, oder daß durch die für Erweiterung oder Betriebsänderung verausgabten Beträge auch die erwartete Steigerung der Einkünfte erreicht wird. Die Gemeinde hat also den Vorteil, daß sie von vornherein mit festen Einnahmeziffern rechnen kann, die sich entsprechend der Entwicklung des Werkes in Zukunft wohl erhöhen aber nicht verringern werden. Pächterin ist sehr häufig die ausführende Baufirma oder eine Gesellschaft, die mit dieser in engem Zusammenhange steht. Durch den Abschluß des Pachtvertrages wird in diesen Fällen der Bauauftrag gesichert und für eine bestimmte Zeit ein sicherer Abnehmer gewonnen.

Der Pachtvertrag beruht auf demselben Grundgedanken, der für den Abschluß jedes Konzessionsvertrages mit einem Privatunternehmer maßgebend ist, daß letzterer nämlich vermöge seiner besser ausgebildeten geschäftlichen Organisation und seiner größeren Beweglichkeit wirtschaftlicher arbeitet als eine Gemeindeverwaltung. Er hat aber den Vorzug, daß er anpassungsfähiger ist als die vorher besprochenen Verträge. Da die Gemeinde Eigentümerin der gesamten Anlage ist, nimmt sie einen größeren Anteil an dem Wohl und Wehe des Unternehmers, als wenn die Gasanstalt einem Privaten gehörte. Ein Ausgleich der rein geschäftlichen Interessen des Pächters und der öffentlichen Interessen der Kommune ist deshalb leichter herbeizuführen. Der erstere kann der Gemeinde ein weitgehendes Mitbestimmungsrecht einräumen, denn er braucht weniger besorgt zu sein, daß an ihn verlustbringende Anforderungen gestellt werden, weil letzten Endes die Gemeinde selbst die notwendigen Aufwendungen zu tragen hat und mehr als

beim reinen Konzessionsvertrage darauf bedacht sein wird, daß das Werk, als dessen
Geschäftsherr sie sich betrachtet, auch gewinnbringend arbeitet. Für den Unternehmer
hat der Pachtvertrag den nicht zu unterschätzenden Vorteil, daß er für ihn keine oder
doch nur bedeutend geringere Kapitalaufwendungen notwendig macht als die reinen
Konzessionsverträge.

Dem jeweiligen Zweck, der durch den Abschluß des Pachtvertrages erreicht werden
soll, müssen die einzelnen Bestimmungen angepaßt sein. Sie werden verschieden sein,
je nachdem es der Gemeinde hauptsächlich auf die Abwälzung des Risikos oder auf die
Steigerung des Ertrages ankommt. Im ersteren Falle wird dem Pächter eine größere
Bewegungsfreiheit zugestanden und eine höhere Gewinnmöglichkeit gelassen werden
müssen. Je größere Beschränkungen dem Pächter auferlegt werden, je größer der Einfluß der Gemeinde auf die Geschäftsführung ist, um so mehr muß der Unternehmer
natürlich darauf bedacht sein, daß ihm eine angemessene Entschädigung für seine Mühewaltung sichergestellt ist. Von Wichtigkeit ist, wer die während der Pachtzeit für Neuanschaffungen und Erweiterungen erforderlichen Kapitalien aufzuwenden hat. Hat es
die Gemeinde, so ist die Geldbeschaffung billiger; den Organen der Gemeinde wird
dann aber ein weitgehendes Mitbestimmungsrecht, auch was die rein geschäftliche Seite
des Unternehmens anbelangt, zugestanden werden müssen. Dadurch kann dann wieder
leicht eine gewisse Schwerfälligkeit in die Geschäftsführung hineinkommen. Aus diesem
Grunde dürfte es jetzt die Regel bilden, daß der Pächter die Erweiterungen zu bezahlen
hat, und daß ihm bei Beendigung des Pachtverhältnisses die verauslagten Beträge abzüglich einer bestimmten jährlichen Abschreibungsquote von der Gemeinde zurück-
zuerstatten sind. Der Pächter muß dann während des bestehenden Vertrages die Verzinsung und entsprechende Tilgung der vorgelegten Summen bewirken. Bei dieser
Regelung dürften die Interessen der Gemeinde hinreichend gewahrt sein, wenn noch weiter
festgelegt wird, daß der Pächter verpflichtet ist, das Werk den fortschreitenden Bedürfnissen entsprechend zu erweitern und auf der dem jeweiligen Stande der Technik entsprechenden Höhe zu halten, daß er nur seine Selbstkosten und, falls Pächterin die ausführende Baufirma ist, nur die üblichen Preise in Anrechnung bringen darf, und daß er
endlich zu Neuaufwendungen, die in den letzten Vertragsjahren vorgenommen werden
sollen, die Genehmigung der Gemeinde einholen muß. Eine Umgestaltung des ganzen
Betriebes, durch die wesentliche Teile der vorhandenen Anlagen entwertet werden, z. B.
eine Einstellung der Fabrikation und Gasbezug von dritter Seite, ist nur nach erfolgter
Einwilligung der Gemeinde zulässig, die aber dann nicht versagt werden darf, wenn die
dauernde Wirtschaftlichkeit der geplanten Maßnahmen nachgewiesen wird. Für den
Streitfall wird die Entscheidung einer schiedsrichterlichen Instanz übertragen werden
können. Das Eigentum an den vom Pächter bewirkten Erweiterungen und Neuanschaffungen muß ohne Rücksicht darauf, ob es sich um Ersatz in Abgang kommender Gegen-
stände handelt oder nicht, sofort mit der Inbetriebstellung auf die Gemeinde übergehen.
Eine Ausnahme hiervon bilden nur die Vorräte an Gas, Kohlen, Koks, Teer, Ammoniak,
Installationsmaterialien usw., deren Eigentümer während der Dauer des Vertrages der
Pächter ist.

Als Pachtzins kann entweder eine feste Summe oder ein bestimmter Teil des Gewinnes
vereinbart werden. Im ersteren Falle wird sich die Gemeinde wohl stets ausbedingen,
daß sie an der fortschreitenden Entwicklung des Werkes dadurch interessiert wird, daß
sie entweder von dem eine bestimmte Summe übersteigenden Gewinn noch eine besondere Abgabe erhält, oder daß sich der Pachtzins entsprechend erhöht mit der Steigerung
des Gasabsatzes. Im zweiten Falle wird der Unternehmer die Garantie übernehmen
müssen, daß der Gewinn eine festgesetzte Summe nicht unterschreitet. Bei Errechnung
des Gewinnes muß der Pächter selbstverständlich die von ihm für Verzinsung und Tilgung
der für Neuanschaffungen und Erweiterungen verauslagten Summen aufzubringenden

Beträge als Unkosten einsetzen. Zur Vermeidung von Weiterungen sowohl bei Ermittlung der Höhe des Pachtzinses, falls dieser nach dem Reingewinn errechnet wird, als auch bei Ablauf des Vertragsverhältnisses ist es notwendig, daß genau umgrenzt wird, was als Neuinvestierung und was als Ersatzanschaffung und Reparatur zu betrachten ist.

Bezüglich der Bestimmungen über die Straßenbenutzung, über die Monopolstellung, über die öffentliche Beleuchtung und die Lieferung an Private unterscheidet sich der Pachtvertrag nicht von den übrigen Konzessionsverträgen. Hier folgt ein Schema, das als Ergänzung zu den obigen Ausführungen dienen möge.

Schema eines Pachtvertrages.

§ 1. Die Gemeinde X verpachtet an ...., im folgenden Pächter genannt, die sämtlichen ihr gehörigen, der Gasversorgung von X dienenden Gegenstände, sowohl diejenigen, die zur Zeit des Vertragsabschlusses vorhanden sind, als auch diejenigen, die während der Dauer des Pachtvertrages hinzukommen. Der Pächter bekennt, daß ihm die Beschaffenheit der zu übergebenden Gegenstände bekannt ist, und daß er aus etwaigen Mängeln keine Ansprüche oder Forderungen herleiten wird. Der unmittelbare Besitz der verpachteten Gegenstände geht am ...... auf den Pächter über.

Der Pächter tritt auf die Dauer des Pachtvertrages in sämtliche von der Gemeinde eingegangenen, die Gasversorgung betreffenden Verträge ein und übernimmt sämtliche der Gemeinde aus diesen Verträgen zustehenden Rechte und Pflichten.

§ 2. Entsprechend § 2 des Konzessionsvertrages.

§ 3. Entsprechend § 4 und § 5 des Konzessionsvertrages.

§ 4. Zu einer Verlängerung der bestehenden Gashauptleitung ist der Pächter jederzeit berechtigt; sie kann von der Gemeinde verlangt werden, wenn diese auf das neuzuverlegende Hauptrohr für .... Jahre eine Abgabe garantiert, die einem jährlichen Durchschnittskonsum von .... cbm pro .... m Hauptrohr entspricht.

§ 5. Der Pächter ist verpflichtet, innerhalb des Bereiches der jeweils verlegten Hauptleitung allen Behörden und Privaten Gas zu den jeweils gültigen Gaslieferungsbedingungen zu liefern, und zwar sobald als möglich nach ergangener Bestellung und so lange, als der Abnehmer seine Zahlungsverpflichtungen pünktlich erfüllt. Die zunächst gültigen Gaslieferungsbedingungen sind diesem Vertrage als Anhang beigeheftet. Der Pächter ist nur im Einverständnis mit dem Gemeindevorstand zu einer Änderung berechtigt.

§ 6. Der Pächter ist verpflichtet, im Bereiche der jeweils vorhandenen Hauptrohrleitungen die Straßenbeleuchtung auszuführen. Die Gemeinde kann jederzeit eine Vermehrung der Zahl der zurzeit vorhandenen Straßenlaternen verlangen. Sie weist den neu aufzustellenden Laternen den Standort an und kann eine Versetzung der Laternen verlangen. wenn sie sich zur Tragung der entstehenden Kosten erbietet. Sollten andere Kandelaber und Laternenmuster als bisher zur Verwendung kommen, so ist hierüber eine Einigung zwischen den Parteien zu treffen.

Dann weiter über die öffentliche Beleuchtung, wie § 9 des Konzessionsvertrages

§ 7. Über die Beschaffenheit des Gases, wie § 8 des Konzessionsvertrages.

§ 8. Der Pächter ist verpflichtet, die ihm verpachteten Anlagen dauernd in gutem, betriebsfähigem Zustande zu erhalten sowie den fortschreitenden Bedürfnissen und dem jeweiligen Stande der Technik entsprechend zu erweitern und auszubauen. Das Leitungsnetz hat der Pächter so instand zu halten, daß es mit keinem größeren als dem unter Berücksichtigung der gegebenen Verhältnisse normalen Verlust arbeitet.

Erweiterungen und Neuanschaffungen hat der Pächter auf seine Kosten für die Gemeinde auszuführen. Zu allen Neuanschaffungen und Erweiterungen innerhalb der letzten ...... Vertragsjahre und zum Ankauf von Grundstücken während der ganzen Vertragsdauer ist die Genehmigung der Gemeinde erforderlich.

Eine Umgestaltung des Betriebes, durch die wesentliche Teile der vorhandenen Anlagen entwertet werden, ist nur mit Genehmigung der Gemeinde zulässig. Die Genehmigung zu der beabsichtigten Umgestaltung darf nicht versagt werden, wenn deren dauernde Wirtschaftlichkeit nachgewiesen wird. Im Streitfalle entscheidet das Schiedsgericht.

Das Eigentum an allen Anschaffungen, mit Ausnahme der unter § 12 fallenden, geht mit dem Zeitpunkt der Inbetriebnahme der betreffenden Gegenstände auf die Gemeinde über. Ist nach den jeweils gültigen gesetzlichen Vorschriften zum Eigentumserwerb der Gemeinde eine Rechtshandlung des Pächters erforderlich, so ist dieser zu deren Vornahme verpflichtet. Die Kosten fallen dem Pächter zur Last.

Die Gemeinde wird sich alljährlich einmal durch Beauftragte davon überzeugen, daß der Pächter der in diesen Paragraphen übernommenen Pflicht nachkommt. Bei dieser Gelegenheit soll auch festgestellt werden, ob alle dem Pächter übergebenen oder als Ersatz oder zu Erweiterungszwecken angeschafften Gegenstände vollzählig vorhanden und in ordnungsmäßigem Zustande sind. Zu diesem Zwecke wird ein genaues Verzeichnis aller von dem Pächter übernommenen Gegenstände dem Vertrage beigefügt. Es ist durch Streichung aller abgängig gewordenen Gegenstände und durch Nachtragung aller Neuanschaffungen, Verbesserungen und Erweiterungen von dem Pächter stets auf dem Laufenden zu halten und dem Beauftragten der Gemeinde vorzulegen.

§ 9. Der Pächter ist verpflichtet, über die Geschäftsführung der Gasanstalt nach kaufmännischen Grundsätzen Buch zu führen. Neuanschaffungen und Erweiterungen sind auf ein besonderes Konto (Baukonto) zu verbuchen. Auswechslungen im Betriebe abgenutzter oder aus anderem Grunde zu ersetzender Teile der Anlagen dürfen nur insoweit auf Baukonto verbucht werden, als bei Abgang von Teilen, die bereits zur Zeit des Vertragsabschlusses vorhanden waren, die Erstehungskosten des Ersatzteiles den Wert der in Abgang kommenden Sachen, und zwar als Teil der Gesamtanlage, und bei Abgang von Teilen, die während der Vertragszeit neu beschafft worden sind, die Erstehungskosten des Ersatzteiles den Buchwert der in Abgang kommenden Sache zur Zeit der Außerbetriebsetzung übersteigen. Streitigkeiten darüber, ob und inwieweit eine Sache auf Baukonto zu verbuchen ist, entscheidet das Schiedsgericht.

Auf dem Baukonto sind jährliche Abschreibungen vorzunehmen, und zwar auf Gebäude .....%, auf Rohrleitungen .....%, auf Kandelaber und Laternen .....% usw. Der vorgeschriebene Prozentsatz wird stets auf die Anfangsbuchung bezogen.

§ 10. Der Pächter ist verpflichtet, dem Beauftragten der Gemeinde wenigstens ... mal im Jahr die Einsichtnahme in alle den Geschäftsbetrieb betreffenden Bücher zu gestatten. Spätestens .... Monate nach Ablauf eines jeden Geschäftsjahres, als solches gilt die Zeit vom ...... bis ......, hat der Pächter der Gemeinde die Bilanz sowie die Gewinn- und Verlustrechnung vorzulegen, für deren Aufstellung im besonderen folgende Sätze maßgebend sind. Auf der Sollseite der Gewinn- und Verlustrechnung sind u. a. einzusetzen:

die an die Gemeinde zu zahlende feste Pachtsumme von M. .....;
die Kosten der Unterhaltung der Anlagen und von Ersatzanschaffungen, soweit sie nicht auf Baukonto zu buchen sind;
die gemäß § 9 letzter Absatz vorzunehmenden Abschreibungen;
...% Jahreszinsen der von dem Pächter verauslagten Kapitalien, soweit deren Verbuchung auf Baukonto erfolgt.

Streitigkeiten über die Richtigkeit der Buchführung entscheidet das Schiedsgericht. Die Gemeinde ist verpflichtet, Beanstandungen spätestens innerhalb von .... Monaten nach Ablauf des Geschäftsjahres schriftlich zu erheben und vor Ablauf weiterer ... Monate den Antrag auf schiedsrichterliche Entscheidung zu stellen, widrigenfalls die Buchungen als anerkannt gelten.

§ 11. Der Pächter zahlt an die Gemeinde einen festen Pachtzins von jährlich M. .... Außerdem wird letztere wie folgt an dem Gewinn des Unternehmens beteiligt: Übersteigt der vom Pächter erzielte, gemäß § 10 ermittelte Reingewinn M...., so erhält die Gemeinde von dem überschießenden Betrage ...%, übersteigt der Gewinn M. ...., so erhält die Gemeinde von dem über M. .... erzielten Gewinn weitere ...%.

Die Zahlung des festen Pachtzinses erfolgt vierteljährlich nachträglich in den ersten .... Tagen des auf das entsprechende Vierteljahr folgenden Monats. Die Zahlung der weiteren Abgabe erfolgt innerhalb von .... Monaten nach Schluß des Geschäftsjahres.

§ 12. Die bei Inkrafttreten dieses Vertrages vorhandenen Vorräte an Gas, Kohlen, Teer, Ammoniak usw. gehen in das Eigentum des Pächters über. Bei Ablauf der Pachtzeit ist der Pächter verpflichtet, so viele Vorräte zurückzulassen und dem Verpächter zum Eigentum zu übergeben, als zur ordnungsmäßigen Weiterführung des Betriebes erforderlich sind. Als Kaufpreis gelten in beiden Fällen die Erstehungskosten der Gemeinde oder des Pächters.

§ 13. Die Pachtzeit dauert bis zum ...... und gilt von da ab jedesmal auf 5 Jahre verlängert, falls sie nicht von einer Seite vorher mit einjähriger Kündigungsfrist gekündigt wird.

§ 14. Bei Beendigung des Pachtverhältnisses ist der Pächter verpflichtet, der Gemeinde die sämtlichen verpachteten Gegenstände im vertragsmäßigen Zustande herauszugeben. Die Gemeinde ist verpflichtet, dem Pächter diejenige Summe zu zahlen, die das Baukonto (§ 9) als Schlußsumme aufweist.

§ 15. Wo in diesem Vertrage die Entscheidung einem Schiedsgericht übertragen ist, wird letzteres wie folgt gebildet: Jede Partei ernennt einen Schiedsrichter. Die erwählten Schiedsrichter wählen einen Dritten als Obmann. Können sie sich über die Person des Obmannes nicht einigen, so soll die Handelskammer in ...... um seine Ernennung gebeten werden. Auf das Verfahren finden §§ 1005 bis 1048 Zivilprozeßordnung Anwendung. Die Entscheidung des Schiedsgerichtes ist endgültig.

§ 16. Kosten und Stempel.

Die gemischte wirtschaftliche Unternehmung.

Die Kommunalisierung von Gas, Wasser, Elektrizität, Straßenbahn und sonstigen Unternehmungen erfolgt aus dem Gedanken heraus, daß der städtische Betrieb in höherem Maße als das Privatunternehmen den Bedürfnissen der Allgemeinheit Rechnung trage, und in dem Bestreben, durch Ausdehnung des kommunalen Wirkungskreises auf besonders dazu geeignete wirtschaftliche Unternehmungen die Einkünfte der Stadtkasse zu erhöhen. Um die Nachteile, die beim Regiebetriebe unvermeidlich sind, zu vermeiden, vor allem um die Wirtschaftlichkeit derartiger Unternehmungen zu erhöhen, um anderseits aber auch eine volle Befriedigung der öffentlichen Bedürfnisse zu gewährleisten, schlägt Herr Ministerialdirektor Dr. Freund in der Deutschen Juristen-Zeitung 1911, Nr. 18, »einen Zwischenbau zwischen den beiden Betriebsformen, dem öffentlich-rechtlichen Korporationsbetriebe und dem privatrechtlichen Betriebe der Erwerbsgesellschaft, vor, die gemischte wirtschaftliche Unternehmung«. Auf der Grundlage der privaten Erwerbsgesellschaft soll sich die öffentliche Korporation mit dem Privatunternehmen in der Weise zusammentun, »daß die Korporation als Vertreterin des öffentlichen Interesses ein zwiefaches Recht, das Recht der Kontrolle und des Einspruchs gegenüber den Gesellschaftsorganen, erhält, dagegen aber auch die Pflicht übernimmt, die Gesellschaft durch den billigen Kredit der öffentlichen Korporation, durch die unentgeltliche Mithilfe ihrer Beamtenschaft und etwa noch durch andere Leistungen zu unterstützen«. Also gesellschaftliche Beteiligung der Gemeinde an einem privatwirtschaftlichen Unternehmen (Aktiengesellschaft, Gesellschaft mit beschränkter Haftung oder eingetragene Genossenschaft), aber mit der Besonderheit, daß ihr ohne Rücksicht auf die Höhe ihres Aktienbesitzes oder ihres Geschäftsanteiles zur Wahrung ihrer öffentlichen Interessen ein maßgebender Einfluß auf die Verwaltung gegen Übernahme bestimmter Pflichten zur Förderung des Unternehmens eingeräumt wird. Lediglich dadurch, daß die Stadt sich mit Kapital an einem Privatunternehmen beteilige, werde der angestrebte Zweck nicht erreicht. Entweder das Privatkapital ist in der Majorität, dann sei die Stadt nicht in der Lage, den durch sie vertretenen öffentlichen Interessen, falls es erforderlich werden sollte, Anerkennung zu verschaffen, oder aber die Stadt besitzt die Mehrheit der Aktien, dann bestehe die Gefahr, daß das Privatkapital an dem Unternehmen desinteressiert werde, da es befürchten müsse, die Interessen des industriellen Werkes denjenigen der öffentlichen Korporation aufzuopfern. Bei der gemischten wirtschaftlichen Unternehmung soll in allen kaufmännischen und technischen Fragen dem Privatunternehmer die ausschlaggebende Rolle zufallen, dieser soll aber anderseits auch wieder nicht in der Lage sein, seine ziffermäßige Überlegenheit zum Nachteil öffentlicher Interessen auszubeuten. Um diesen Zweck voll und ganz zu erreichen, schlägt Dr. Freund den Erlaß eines Reichsgesetzes vor, dessen wesentlichste Bestimmungen die folgenden sein sollen:

»Sofern an der Gründung einer Aktiengesellschaft oder an der Errichtung einer G. m. b. H. oder einer eingetragenen Genossenschaft eine öffentliche Korporation (Staat, Gemeinde, Provinz, Kreis, Zweckverband) beteiligt ist, greifen auf ihren Antrag die folgenden besonderen Bestimmungen Platz:

1. Sie erhält einen Sitz im Aufsichtsrate für einen von ihr zu bestimmenden Vertreter ohne die Voraussetzung einer Wahl; bei Errichtung einer G. m. b. H. kann sie zu diesem Ende die Bestellung eines Aufsichtsrates verlangen (RG. vom 20. Mai 1898, § 52).

2. Im Gesellschaftsvertrage (Statut) wird ihr a) das Recht eingeräumt, gegen Beschlüsse jedes Organs der Gesellschaft (Genossenschaft) binnen einer bestimmten, kurz zu bemessenden Frist mit der Begründung, daß durch sie Interessen der Korporation verletzt werden würden, und mit der Wirkung Widerspruch zu erheben, daß über diesen Widerspruch ein Schiedsgericht zu entscheiden hat, das aus einer gleichen Zahl von Vertretern einerseits der öffentlichen Korporation, anderseits der privaten Gesellschaftsmitglieder (Genossen) und einem beiderseits zu wählenden Vorsitzenden zusammengesetzt ist; die Korporation kann sich an Stelle dieses Rechtes eine Genehmigungsbefugnis für bestimmte Gegenstände der Beschlüsse der Gesellschafts-(Genossenschafts-)organe vorbehalten;

b) die Pflicht auferlegt, der Gesellschaft (Genossenschaft) im Bedarfsfalle Kredit unter den für die Schuldverschreibungen der Korporation geltenden Bedingungen zu gewähren und ihr die unentgeltlichen Dienste ihrer Beamtenschaft zur Verfügung zu stellen; daneben können die Beteiligten noch andere Leistungen der Korporation — etwa die Hergabe von Grundstücken zum Selbstkostenpreise, die Einräumung der Straßenbenutzung — im Gesellschaftsvertrage (Statute) ausbedingen.

Eine Änderung der hier aufgeführten Bestimmungen des Gesellschaftsvertrages (Statutes) bedarf der Zustimmung der öffentlichen Korporation.

Aktiengesellschaften, Gesellschaften m. b. H. und eingetragene Genossenschaften, deren Verfassung nach den Anträgen der beteiligten öffentlichen Körperschaft in der oben bestimmten Weise gestaltet ist, führen neben der Firma den Zusatz: ‚gemischte wirtschaftliche Unternehmung'.«

Ob es zum Erlaß eines solchen Reichsgesetzes kommen wird, muß die Zukunft lehren; jedenfalls haben aber die Anregungen Freunds in den beteiligten Kreisen eine außerordentlich günstige Aufnahme erfahren. An mehreren Stellen sind seine Gedanken im Wege des Vertrages in die Wirklichkeit übergeführt worden, und in weiteren Orten sind Bestrebungen im Gange, gemischte wirtschaftliche Unternehmungen ins Leben zu rufen. Einer gegenseitigen Majorisierung wird dadurch vorgebeugt, daß die Gemeinde und der Privatunternehmer die gleiche Anzahl von Aktien übernehmen. Ist es auch nicht möglich, nach bestehendem Recht der Gemeinde durch die Satzungen ohne das Erfordernis einer Wahl eine bestimmte Anzahl von Sitzen im Aufsichtsrat der Aktiengesellschaft zuzuweisen, so sind ihr, wenn sie das halbe Aktienkapital besitzt, diese Sitze praktisch doch gesichert und das Kontrollrecht damit gewährleistet. In dem Vertrage zwischen der Deutschen Continental-Gas-Aktiengesellschaft in Dessau und der Stadt Rheydt ist zur Wahrung des öffentlichen Interesses die Bestimmung getroffen, daß Anträge beim Aufsichtsrat, deren Rechtswirksamkeit sich lediglich auf Sonderrechte des jetzigen oder zukünftigen Gebietes der Stadt Rheydt bezieht, als abgelehnt gelten, falls die sämtlichen Vertreter der Stadt Rheydt, der die Hälfte der Sitze im Aufsichtsrat zugesichert ist, dagegen gestimmt haben (vgl. Denkschrift über die Errichtung eines kommunalen Elektrizitäts- und Gasversorgungsunternehmens der Stadt Rheydt und der Deutschen Continental-Gas-Gesellschaft in Dessau als Niederrheinische Licht- und Kraftwerke Aktiengesellschaft in Rheydt des Oberbürgermeisters Lehwald).

Die zwischen der Stadt und dem Privatunternehmer gegründete Gesellschaft schließt mit der ersteren einen Konzessionsvertrag ab, der sich inhaltlich von den oben besprochenen Verträgen nicht wesentlich unterscheidet. Möglich ist aber auch, daß die neue Gesellschaft die vorhandenen Anlagen der Stadt abpachtet.

Die gemischte wirtschaftliche Unternehmung stellt in sehr vielen Fällen auch eine geeignete Form dar, ein städtisches Gaswerk und ein privates Elektrizitätswerk oder ein privates Gaswerk und ein städtisches Elektrizitätswerk zu einem Unternehmen zusammenzuschweißen und dadurch den Gewinn beider Werke zu erhöhen.

Literaturverzeichnis.

A p e l t. Gibt es ein Recht des einzelnen auf Benutzung öffentlicher Wege? Fischers Zeitschrift Bd. 30, S. 97 ff.

Lord A v e b u r y. Staat und Stadt als Betriebsunternehmer mit Geleitwort von Professor Ehrenberg 1903.

B e i g e l. Entwicklungsgeschichte der öffentlichen Beleuchtung Straßburgs 1891.

B e r i n g. Die Rechte an öffentlichen Wegen vom Standpunkt des Preußischen Allgemeinen Landrechts, des gemeinen Rechts, der Hannoverischen Wegegesetze und der Wegeordnung für die Provinz Sachsen 1894.

Denkschrift über die Errichtung eines kommunalen Elektrizitäts- und Gasversorgungsunternehmens der Stadt Rheidt und der Deutschen Kontinental-Gas-Gesellschaft in Dessau als Niederrheinische Licht- und Kraftwerke Aktiengesellschaft in Rheidt.

E c k e r. Rheinisches Wegerecht 1906.

F i s c h e r in Technik und Wirtschaft 1909, H. 12.

F r a n c k e. Gas- und Elektrizitätswerke und ihre Erfolge 1907.

F r e u n d. Die gemischt-wirtschaftliche Unternehmung eine neue Gesellschaftsform. Deutsche Juristenzeitung 1911, S. 1113.

Geithmann. Die wirtschaftliche Bedeutung der deutschen Gaswerke 1910.

Germershausen. Wegerecht und Wegeverwaltung 1900.

Gmelin. Über die Rechtsverhältnisse an öffentlichen Straßen. Zeitschrift für die freiwillige Gerichtsbarkeit und die Gemeindeverwaltung in Württemberg 1906, S. 277 ff.

John Henry Gray. Die Stellung der privaten Beleuchtungsgesellschaften zu Stadt und Staat 1893.

Greineder. Die finanzwirtschaftliche Stellung der kommunalen Gaswerksunternehmungen 1913.

Kohler. Beiträge zum Servitutenrecht. Archiv für zivilistische Praxis, Bd. 87, H. 2 u. 3.

Laporte. Die gemischt-wirtschaftliche Unternehmung. Frankfurter Zeitung 1914, Nr. 149.

Lindemann. Städteverwaltung und Munizipalsozialismus in England.

Lux. Die wirtschaftliche Bedeutung der Gas- und Elektrizitätswerke.

v. Oechelhäuser. Die Steinkohlengasanstalten als Licht-, Wärme- und Kraftzentralen 1892.

Ritter. Das Recht an den Straßen nach den Entscheidungen des Reichsgerichts.

Rosenfeld. Das Wesen des Rechts auf Gemeingebrauch an öffentlichen Flüssen und Wegen nach heutigem gemeinen Recht und nach Partikularrecht. Diss. 1899.

Schäfer. Das Wesen des Rechts auf Gemeingebrauch öffentlicher Wege nach gemeinem Recht und preußischem Landrecht. Diss. 1898.

Schiff in Technik und Wirtschaft 1909, S. 540.

Schilling E. Ziel und Aufgaben der Gasindustrie 1895. — Die Entwicklung der Gasindustrie im letzten Jahrzehnt 1890.

Schilling N. H. Zur Geschichte der Gasbeleuchtung in Bayern 1887. — Statistische Mitteilungen über die Gasanstalten Deutschlands, Österreichs und der Schweiz 1877, 1885 u. 1896.

ten Doornkaat Koolmann. Das Eigentum an den Provinzialstraßen. Preußisches Verwaltungsblatt 22 S. 269, 23 S. 129.

II. Die öffentliche Verwaltung der Gaswerke

von Dr.-Ing. **Fr. Greineder,** Köln a. Rh.

1. Die öffentl. Verwaltung der Gaswerke im Allgemeinen.

Die Gasversorgung liegt in Deutschland zum weitaus überwiegenden Teil in den Händen öffentlicher Körperschaften; rund zwei Drittel der deutschen Gaszentralen mit etwa 82% der deutschen Gasproduktion befinden sich im Besitze einzelner Gemeinden und teilweise sonstiger öffentlich-rechtlicher Verbände (Kreise, Provinzen). Die öffentliche Verwaltung besitzt dementsprechend einen bestimmenden Einfluß in der Gasversorgung Deutschlands und verdient, wie hier von vornherein festgelegt werden soll, zur Erzielung einer allgemeinen und rationellen Energieversorgung auch in Zukunft das sorgfältigste Interesse weiter Kreise.

a) Die Anteilnahme der Gemeinden an der Gasversorgung hat sich in Deutschland ganz allmählich entwickelt, worüber die nachfolgende Zusammenstellung[1]) nach den verschiedenen Statistiken über die deutschen Gaswerke näheren Aufschluß gibt.

Tabelle 1.

Die deutschen Gaswerke im öffentlichen und privaten Besitz.

Jahr	Gesamt-zahl	davon sind		Gesamt-zahl	davon sind	
		städtisch	privat		städt. %	priv. %
Anfang der 60er Jahre	266	66	200	266	24,8	75,2
1877	481	220	261	481	45,7	54,3
1883	610	290	320	610	47,5	52,5
1885	[2])668 (667)	338	329	667	50,6	49,4
1896	[2])724 (701)	408	293	701	58,2	41,8
1899	[2])869 (839)	469	370	839	55,9	44,1
1908	1647	1098	549	1647	66,7	33,3

Dieser statistische Nachweis zeigt, daß die deutschen Städte und Gemeinden unter dem Banne der bis um die Mitte des 19. Jahrhunderts herrschenden manchesterlichen Wirtschaftsauffassung und trotz der durch die Preußische Städteordnung vom 19. November 1808 für weite Gebiete deutscher Lande gewährten Möglichkeit zu weitgehender

---

[1]) Siehe Schnabel-Kühn, Die Steinkohlengasindustrie in Deutschland. Verlag R. Oldenbourg, München und Berlin 1910.

[2]) Von 1 Gaswerk bzw. 23 bzw. 30 Gaswerken fehlen die näheren Angaben.

wirtschaftspolitischer Betätigung in den ersten Jahrzehnten der Entwicklung der Gasversorgung diese vielfach den privaten Unternehmern überließen, und daß nur verhältnismäßig wenige Städte wagten (unter Vorantritt der Städte Dresden und Leipzig sowie später Berlin) die Erzeugung und Verteilung des Leuchtgases in eigene Regie zu übernehmen. Die vielen Schwierigkeiten und Kämpfe, welche zahlreiche Städte mit privaten Gaswerksunternehmungen infolge deren weitgehender Gewinnsucht zu bestehen hatten, brachten mit Beginn der fünfziger Jahre allmählich einen Umschwung der Anschauungen über den wirtschaftlichen Aufgabenkreis der Gemeinden, der dann insbesondere mit der Neubelebung der Gasversorgungsindustrie in den siebenziger Jahren (die politischen Verhältnisse und das Auftreten des Petroleums waren der Entwicklung derselben in den fünfziger und sechziger Jahren nicht günstig) zu zahlreichen Neugründungen gemeindlicher Gaswerke und Übernahmen von privaten Gaswerken durch die Gemeinden führte. Die Gaswerke wurden damit die Stütze des seither sich stark entwickelnden Munizipalindustrialismus, der neben verschiedenartiger wirtschaftspolitischer Betätigung der Gemeinden insbesondere eine absolut und prozentual stetig wachsende Beteiligung der Gemeinden an der Gasversorgung in den nächsten Jahrzehnten zur Folge hatte (siehe Tabelle). Der erste Deutsche Städtetag in Dresden 1903[1]) und später noch die Tagung des Vereins für Sozialpolitik in Wien 1909[2]) brachte schließlich noch die sehr allgemeine Anerkennung der Notwendigkeit und Zweckmäßigkeit der öffentlichen Verwaltung bei Monopolbetrieben, vor allem bei Wasser-, Gas- und Elektrizitätswerken, durch die berufenen Vertreter von Praxis und Wissenschaft, so daß die fernere Ausdehnung der öffentlichen Verwaltung bei Gaswerken durch Neugründungen gemeindlicher Gaswerke wie durch Kommunalisierung (Verstädtischung) privater Gaswerke im Rahmen der durch die Verträge gegebenen Möglichkeit nicht im geringsten zweifelhaft erschien.

Demgegenüber ist hervorzuheben, daß der prozentuale Anteil der gemeindlichen Gaswerke an der Gesamtzahl der deutschen Gaswerke in den letzten Jahren kaum mehr zugenommen hat und vor allem auch der Anteil der gemeindlichen Gaswerke nach dem Umfange der Gasabgabe infolge von Neugründungen privater Einzel- und Gruppengaswerke wie auch infolge der Gasversorgung einer großen Anzahl von Gemeinden durch private Zechen bzw. Kokereien vermutlich sogar eine nicht unbedeutende prozentuale Verringerung erfahren hat. In einigen Fällen ist auch die neue Gesellschaftsform der »gemischten wirtschaftlichen Unternehmung«, die in der Elektrizitätsversorgung bereits weiten Eingang gefunden hat, für die Gasversorgung in Aufnahme gekommen, wodurch die öffentliche Verwaltung in der Gasversorgung weitere Einschränkung erfahren hat. Dieses erneute Vordringen des privaten Unternehmertums in der Gasversorgung, teils durch Errichtung neuer Gaswerke für einzelne und für Gruppen von Gemeinden, teils durch Lieferung von Gas zum weiteren Vertrieb, teils durch Anteilnahme an der öffentlichen Gasversorgung in der »gemischten wirtschaftlichen Unternehmung«, macht es erforderlich, die Stellung der öffentlichen Verwaltung der Gaswerke vom Standpunkt der öffentlichen Interessen im allgemeinen und weiterhin zu der neuen Verwaltungsform bei der gemischten wirtschaftlichen Unternehmung zu kennzeichnen und die Grenzen der Zweckmäßigkeit des Fremdgasbezuges zu verfolgen, um hieraus die Richtlinien für die künftige Verfolgung der öffentlichen Gasversorgung zu gewinnen.

b) War ursprünglich die Gewinnung einer besseren Beleuchtung der öffentlichen Straßen und Plätze an Stelle der mangelhaften Ölbeleuchtung der Grund zur Errichtung bzw. Genehmigung von Gaswerken durch die Gemeinden, wurden späterhin und bis in die

---

[1]) Siehe in den Mitteilungen der Zentralstelle des Deutschen Städtetages I.
[2]) Schriften des Vereins für Sozialpolitik, Bd. 132.

neueste Zeit die gemeindlichen Gaswerke vielfach und ganz ähnlich wie auch private
Gaswerke im Sinne der Erzielung eines finanziellen Gewinnes bei hoher Rentabilität
betrieben, so wird die künftige Wirtschaft der Gaswerke durch die Forderung der
r a t i o n e l l e n E n e r g i e v e r s o r g u n g d e r A l l g e m e i n h e i t bestimmt.
Diese Forderung bedingt: 1. das Gas durch möglichst allgemeine Verteilung und vor allem
durch billigen Preis a l l g e m e i n z u g ä n g l i c h zu machen, wobei der Ausgleich
und die Steigerung der finanzwirtschaftlichen Ergebnisse der Gaswerke (in ihrer absoluten Höhe, nicht der Renten!) in der möglichsten Steigerung des Gasabsatzes und
der Verbilligung des Betriebes zu suchen ist, und 2. die Energieversorgung durch
Gas und Elektrizität nebeneinander auf Preisen für Gas und Elektrizität aufzubauen,
die eine gleichhohe Rentabilität der konkurrierenden Gas- und Elektrizitätswerke
zur Voraussetzung haben, was einer volkswirtschaftlichen Notwendigkeit entspricht.
Es kann keinem Zweifel unterliegen, daß nach diesen Gesichtspunkten die öffentliche
Verwaltung der Gaswerke in Zukunft noch weit mehr als bisher erstrebenswert ist;
trotzdem wäre es verfehlt, hieraus allgemein schließen zu wollen, daß den privaten
Gaswerken bisher oder in Zukunft jede Berechtigung abzusprechen wäre. Im Gegen-
teil muß betont werden, daß die Teilnahme privater Gaswerksunternehmungen in der
Gasversorgung einen entschieden fördernden Einfluß auf die bisherige Entwicklung der
Gastechnik wie der Gasverwendung ausgeübt hat, und daß ohne die Beteiligung der
privaten Initiative aller Voraussicht nach die Gaswerke weder in technischer noch in
wirtschaftlicher Beziehung den gewaltigen Aufschwung genommen hätten, dessen sie
sich heute erfreuen. Auch für die Zukunft ist aus der privaten Anteilnahme an der
Gasversorgung nach den gleichen Richtungen eine wesentliche Förderung zu erwarten,
so daß auch fernerhin eine teilweise Gasversorgung durch private Unternehmen, wie sie
übrigens durch Verträge auf Jahrzehnte hinaus und teilweise in ewigen Rechten sichergestellt ist, als durchaus erwünscht anzusehen ist; selbst die weitere Ausdehnung der
Gasversorgung durch Private ist von diesem Gesichtspunkt aus berechtigt, wo es sich
um die Zusammenfassung von Gemeinden für die Gasversorgung handelt, die privaten
Unternehmern weit eher gelingt als Behörden. Gegenüber unnötiger weiterer Ausdehnung
der Gasversorgung durch Private wie gegenüber grundsätzlichen Bedenken, bei gegebener
Gelegenheit private Gaswerke in öffentlichen Besitz und Verwaltung zu übernehmen,
ist aber doch hervorzuheben, daß bei der heute schon vielfach bestehenden Durchdringung
der Gemeinden mit technischem und wirtschaftlichem Geiste, auch bei möglichster Einschränkung der Gasversorgung durch Privatunternehmer, wie diese durch die höheren
Interessen der allgemeinen und rationellen Energieversorgung geboten ist, der technische und wirtschaftliche Fortschritt in der Gasversorgung gewährleistet ist; allein
die Konkurrenz der Elektrizität sorgt in Zukunft schon weitgehend für den allgemeinen Fortschritt auf dem Gebiete der Gasversorgung.

a) Verfolgt man nun des näheren die Notwendigkeiten, die sich aus der Erfüllung der
Forderung einer rationellen Energieversorgung der Allgemeinheit ergeben, so ist hierbei
vor allem die Zugänglichmachung des Gases für die Allgemeinheit in Betracht zu ziehen.
Dieselbe bedingt zunächst die Zuleitung des Gases auch in Absatzgebiete, die auf kürzere
oder längere Zeit keinen oder einen geringen Ertrag versprechen, wie dies im Interesse
des a l l g e m e i n e n kulturellen und wirtschaftlichen Fortschritts liegt. Eine derartige Forderung kann notwendigerweise nur ein Gaswerk im öffentlichen Besitz erfüllen, denn nur der Gemeinde oder sonstigen öffentlichen Körperschaft ist die Sorge
um das kulturelle und wirtschaftliche Wohl der Allgemeinheit zur Pflicht gemacht;
ein privates Gaswerksunternehmen, dem das »make money« die alleinige Richtschnur
des Handelns gibt und geben muß, kann ein diesbezügliches Entgegenkommen nicht
üben. Noch weit umfassender in der Wirkung ist die Zugänglichmachung des Gases
durch möglichste und allgemeine Verbilligung des Gases. Nur die öffentlich verwalteten

Gaswerke sind in der Lage, eine m ä ß i g e Ertragspolitik zu treiben, während die privaten Gaswerke stets den Wirtschaftsertrag durch so hohe Preise zu steigern haben, als die Wirtschaftslage praktisch zuläßt. Das Gas aber ist heute ein sehr allgemein verwendeter Konsumartikel für die Zwecke der Licht-, Kraft- und Wärmeversorgung, und es liegt demzufolge ein allgemeines Interesse sowohl vom Standpunkt des einzelnen Energieverbrauchers wie vom volkswirtschaftlichen Standpunkt vor, diesen Konsumartikel möglichst billig, wenn auch d u r c h a u s mit einer m ä ß i g e n Belastung zur Verfügung zu haben; jedenfalls aber widerspricht die äußerste Steigerung des Wirtschaftsgewinnes aus derartigen Monopolbetrieben durch P r i v a t e den öffentlichen Interessen. Eine besondere Aufgabe in den Grenzen der Verbilligung des Gases liegt schließlich noch in der äußersten Erleichterung des Gasbezuges für die wirtschaftlich weniger leistungsfähigen Kreise der Bevölkerung. Diese Forderung, die gleichfalls nur die am öffentlichen Wohl interessierten Gemeinden und öffentlichen Körperschaften erfüllen können, ist bei der privaten Verwaltung der Gaswerke ausgeschlossen. Allerdings muß dabei gesagt werden, daß die Gemeinden auf diesem sozialpolitisch wichtigen Gebiete bisher noch kanm vorgegangen sind, doch liegt ein derartiges Vorgehen z. B. durch Gewährung billigerer Gaspreise für Kleinwohnungsinhaber wie auch durch Kreditgewährung bei Anlagen und Einrichtungen für die nächste Zukunft durchaus im Bereiche der Wahrscheinlichkeit.

β) So sehr sich private Gaswerksunternehmungen an der Ausbreitung der Gasversorgung nur auf rein privatwirtschaftlicher Grundlage beteiligen können und wollen, so wenig können diese auch an dem Problem einer künftigen r a t i o n e l l e n Energieversorgung teilnehmen, die die Verwendung von Gas und Elektrizität nach ihrer volkswirtschaftlichen Wertigkeit regelt. Dieses Problem[1]) ist aber angesichts des außerordentlich wachsenden Energiebedarfes der Allgemeinheit für Licht-, Kraft- und Wärmzwecke von größter nationaler Bedeutung und wird daher auch sicher in nächster Zukunft in der einen oder anderen Form seine Lösung finden. Es darf angenommen werden, daß die deutschen Gaswerke im Durchschnitt eine doppelte bis dreifache Verzinsung der arbeitenden Kapitalien aufweisen[2]), und daß demzufolge das Gas gegenüber der Elektrizität wesentlich teurer und mit einem verhälinismäßig viel höheren Gewinn verkauft wird[3]). Allein für die Gemeinden und sonstigen öffentlichen Körperschaften, in deren Händen sich die Gas und Elektrizitätsversorgung vielfach vereinigt, ergibt sich die Möglichkeit, aber auch die Notwendigkeit, eine Preispolitik für Gas und Elektrizität zu treiben, die aufgebaut ist auf einer mäßigen, gleichhohen Verzinsung der in den Gas- und Elektrizitätswerken angelegten Kapitalien, wie dies erforderlich ist, wenn nicht schwere wirtschaftliche Schädigungen der einzelnen Energieverbraucher, der Gemeinden und der Nation eintreten sollen. Hier näher auf die Durchführungsmöglichkeiten dieses Problems einzugehen, erscheint nicht angezeigt, doch muß hervorgehoben werden, daß bei der Bewertung der finanziellen Leistungen der Gas- und Elektrizitätswerke sehr wohl die Möglichkeit besteht, Ungleichmäßigkeiten mit Rücksicht auf Leistungen in Sondergebieten (vor allem Kraftlieferung für Straßenbahnen für die Elektrizizät, öffentliche Beleuchtung für das Gas), auf denen eine Konkurrenz nicht oder nur in beschränktem Umfange besteht, auszuschalten. Darüber hinaus aber fordert das öffentliche Interesse gleichhohe prozentuale Wirtschaftserträgnisse aus den arbeitenden Kapitalien und damit die freie Konkurrenz zwischen Gas und Elektrizität durch eine Preisbemessung auf dieser Grundlage. In diesem Zusammenhange darf auch schließlich nicht unerwähnt bleiben, daß eine

---

[1]) Siehe Greineder, Die finanzwirtschaftliche Stellung der kommunalen Gaswerksunternehmen und das Problem der rationellen Licht-, Kraft- und Wärmeversorgung der Stadt- und Landgemeinden. Verlag R. Oldenbourg, München und Berlin 1913.

[2]) Siehe Tabelle Nr. 3, Seite 72.

[3]) Siehe Greineder, Die öffentliche Energieversorgung und die Gaswerke, Journ. f. Gasbel. Nr. 21 u. 22 1914.

künstliche Zurückdrängung der Gasverwendung durch die bei Elektrizitätswerken zugelassene weit niedrigere Verzinsung bzw. Rente der Kapitalien auch noch eine volkswirtschaftliche und nationale Schädigung durch die verminderte Auswertung der in den Kohlenschätzen angehäuften Energiemengen in sich schließt, da die kalorische Auswertung bei der Elektrizitätsgewinnung durchschnittlich kaum 20%, bei der Gasgewinnung mindestens 80% beträgt.

c) Die Gefahr für die künftige Zurückdrängung der öffentlichen Verwaltung der Gaswerke, die nach den vorausgehenden Entwicklungen bzw. den Forderungen einer rationellen Energieversorgung der Allgemeinheit so sehr den öffentlichen Interessen entspricht, liegt für die nächste Zukunft weit weniger in einer verstärkten Zunahme der privaten Gaswerke als vielmehr in der Errichtung sog. »gemischter wirtschaftlicher Unternehmungen« für die öffentliche Gasversorgung und daneben vielleicht in einem weitgehenden (wirtschaftlich vielfach unbegründeten) Eingehen der Gemeinden auf Bezug von Gas aus Kokereien. Wenn auch bis heute in der Gasversorgung im Gegensatz zu den Vorgängen bei der Elektrizitätsversorgung die gemischte wirtschaftliche Unternehmung noch in geringem Umfange vorgedrungen ist, so besteht doch angesichts der restlosen Zuneigung weiter privater Kreise die Möglichkeit, daß die Anwendung der gemischten wirtschaftlichen Unternehmungsform auch über gewisse berechtigte Fälle hinaus an Boden gewinnt, wie dies bereits bei der Elektrizitätsversorgung infolge der intensiven Werbearbeit bedeutender Elektrizitätsgesellschaften eingetreten ist. Eine Klarstellung gegenüber dem neuen Vordringen des privaten Unternehmertums in den neuen Formen, der gemischten wirtschaftlichen Unternehmung und der Gaslieferung an Gemeinden aus privaten Kokereien ist um so mehr am Platze, als die Beurteilung dieser neuen Formen der privaten Beteiligung an der öffentlichen Gasversorgung bisher nahezu ausschließlich vom reinen Erwerbsstandpunkt aus erfolgt und die sozialwirtschaftlichen und kulturellen Aufgaben der Gaswerke, die nach den vorausgegangenen Ausführungen wesentlich nur von den öffentlich verwalteten Gaswerken erfüllt werden können, gänzlich aus dem Auge verloren werden.

α) Gemischte wirtschaftliche Unternehmungen sind Unternehmungen, »bei denen das verantwortliche, das eigene Unternehmungskapital teils von Privaten, teils von öffentlichen Körperschaften (insbesondere Städten und Kreisen) aufgebracht ist u n d bei denen auch die oberste Leitung des Betriebes auf Grund des gemeinschaftlichen Eigentums von Privaten und öffentlichen Körperschaften gemeinsam ausgeübt wird«[1]). Eine gemischte wirtschaftliche Unternehmung liegt also nicht vor, wenn beispielsweise die öffentliche Körperschaft als der eine Kontrahent entweder keinen Anteil an der Verwaltung oder keinen Anteil am verantwortlichen Unternehmungskapital hat oder der Betrieb eines im öffentlichen Besitz befindlichen Unternehmens auf Grund eines Pachtvertrages in den Händen von Privaten liegt. Gebührt nach den vorausgegangenen Erörterungen im Interesse einer allgemeinen rationellen Energieversorgung der ö f f e n t - l i c h e n Unternehmung für die Gasversorgung unbedingt der Vorrang vor der privaten Unternehmung, so gilt dies naturgemäß aus den gleichen Gründen auch allgemein gegenüber der gemischten wirtschaftlichen Unternehmung. Volle Berechtigung ist aber trotzdem der gemischten wirtschaftlichen Unternehmung in allen Fällen zuzuerkennen, wo die Gründung einer öffentlichen Gaswerksunternehmung aus maßgebenden wirtschaftlichen Gründen nicht möglich bzw. nicht zweckmäßig ist oder wo eine im dringenden wirtschaftlichen Interesse notwendige Ausbreitung eines öffentlichen Unternehmens ohne Zuziehung privater Unternehmungen nicht erzielt werden kann. Für bestehende gemeindliche Gaswerke kommt also die Unterordnung in eine gemischte wirtschaftliche Unternehmung vor allem in Frage, wenn hinderliche Verträge von Gemeinden mit Privat-

---

[1]) Passow, Die gemischt privaten und öffentlichen Unternehmungen etc. Verlag G. Fischer, Jena 1912.

unternehmungen einer im wirtschaftlichen Interesse notwendigen Ausbreitung des gemeindlichen Gaswerkes im Wege stehen. In diesen Fällen bedarf es aber stets einer sorgfältigen und vorurteilsfreien Prüfung, inwieweit die erzielbaren wirtschaftlichen Vorteile d a u e r n d größer als bei Vermeidung der privaten Teilhaberschaft sind; auf keinen Fall darf eine vorübergehende oder zeitweise erleichterte Füllung der gemeindlichen Kassen ein Zusammengehen mit Privaten in der Gasversorgung begründen. Außerhalb der in den erwähnten Grenzen gegebenen Zwangsfälle entbehrt die Anwendung der gemischten wirtschaftlichen Unternehmung für die Gasversorgung entschieden der Berechtigung. In der Tat sind denn auch der hellen Begeisterung weiter Kreise, welche die gemischte wirtschaftliche Unternehmung als d i e künftige Unternehmungsform für gemeindliche Monopolbetriebe angesehen wissen wollten, verschiedentlich Stimmen entgegengetreten, welche zu kühler Erwägung in Sachen der gemischten wirtschaftlichen Unternehmung mahnen und auch in der Praxis haben verschiedene Gemeinden bereits gegenüber der Verbindung mit privaten Interessen bei gemischten wirtschaftlichen Unternehmungen sowohl wie bei Bezug von Gas aus privaten Kokereien eine durchaus ablehnende Haltung eingenommen.

Die allgemeine Befürwortung der gemischten wirtschaftlichen Unternehmung erfolgt ausschließlich vom reinen Erwerbsstandpunkt und stützt sich dabei wesentlich auf die Anschauung, daß durch den bestimmenden Einfluß der privaten Betriebsleitung oder, wie der Ausdruck meist lautet, durch »die Leitung des Unternehmens nach kaufmännischen Grundsätzen« bei der gemischten wirtschaftlichen Unternehmung ein höherer finanzieller Ertrag erzielt wird als bei öffentlicher Verwaltung. Diese Anschauung hat sich besonders auch in der öffentlichen Meinung festgesetzt und gründet sich hier sehr wesentlich auf eine subjektiv einseitige Beurteilung der öffentlichen Verwaltung, die der öffentlichen Kritik·in ungleich höherem Maße als die Leitung privater Unternehmungen bzw. die private Betriebsleitung ausgesetzt ist. Dem ist vor allem gegenüberzustellen, daß ein Nachweis der wirtschaftlichen Überlegenheit, der sich natürlich auf die Bruttoselbstkosten des Gases bzw. die r e i n e Nettorente der Unternehmung beziehen müßte, bei privaten und damit auch bei gemischten wirtschaftlichen Gaswerksunternehmungen kaum im einzelnen Fall erbracht worden ist und übrigens mit Rücksicht auf den Monopolbetrieb kaum im einzelnen Fall und noch weniger in dieser allgemeinen Form erbracht werden kann. Ganz allgemein muß vielmehr die bessere Einsicht speziell für Gaswerke feststellen, daß die heutigen öffentlich verwalteten Gaswerke weder in der technischen Durchbildung der Werke und der Verwaltungseinrichtungen, noch in der kaufmännisch-wirtschaftlichen Gebarung nach Innen und Außen hinter privaten Werken zurückstehen und mit diesen in der Betätigung geschäftlicher Initiative aufs lebhafteste wetteifern. Ein technisch, kaufmännisch und wissenschaftlich hochstehender Beamtenstand steht den öffentlich verwalteten Gaswerken sowohl für die Leitung wie in den nachgeordneten Stellen zur Verfügung, und ein sorgfältig gepflegter Austausch der geschäftlichen Erfahrungen, einzeln zwischen den Werken wie öffentlich in zahlreichen Versammlungen und Zeitschriften sorgt neben der intensiven Konkurrenz von seiten der Elektrizität fortdauernd für den besten Fortschritt in technischer und wirtschaftlicher Beziehung. Liegt hiernach die Gasversorgung vom wirtschaftlichen Standpunkt bei den öffentlich verwalteten Gaswerken durchaus in besten Händen und finden auch bei der öffentlichen Verwaltung der Gaswerke heute durchweg »kaufmännische Grundsätze« Anwendung, so soll nicht verkannt werden, daß die öffentliche Verwaltung der Betriebswerke, wie der Gaswerke im besonderen, vor allem in der V e r w a l t u n g s - o r g a n i s a t i o n gewisse Mängel aufweist, auf die sich auch mit gewissem Recht vielfach die Ansicht von der wirtschaftlichen Überlegenheit der privaten Unternehmungen stützt, deren Beseitigung äußerst wünschenswert, ja im allgemeinen Interesse dringend notwendig ist, zum mindesten bei gemeindlichen Gaswerken, die aber doch diesen ge-

waltigen Einfluß auf die W i r t s c h a f t des Unternehmens nicht besitzen, der ihnen
von privaten Kreisen sehr gerne zugemessen wird. Diese Mängel beziehen sich vor allem
darauf, daß der Leiter öffentlicher Unternehmungen nicht die Freiheit und Selbständigkeit des Handelns besitzt, mit denen der private Leiter seine Entschließungen
zum Vorteile des Unternehmens treffen kann, sondern auf einen umständlichen In-
stanzenweg angewiesen ist, und weiter, daß vielfach keine Interessierung der leitenden
Personen an dem finanziellen Ergebnis bzw. an der wirtschaftlichen Entwicklung des
Werkes gegeben ist. Eine allgemeine Hebung der Leiterstellen öffentlicher Betriebe
und der öffentlichen Gaswerke im besonderen liegt ebensoher wie eine, wenn auch mäßige
finanzielle Interessierung an der Wirtschaft der Werke im allgemeinen Geschäftsinteresse
und verdient insbesondere mit Rücksicht auf die verantwortungsvolle und vielseitige
Tätigkeit der Leiter gemeindlicher Unternehmen nach priyatwirtschaftlichen Grundsätzen wie auch zur Belebung der Arbeitsfreudigkeit das Entgegenkommen der gemeindlichen Verwaltungskreise. Eine derartige Ausgestaltung der Verwaltungsorganisation
liegt anderseits auch durchaus im Kreise der Möglichkeit und auch der Zweckmäßigkeit,
da hierdurch alle die, wenn auch vielfach überschätzten, wirtschaftlichen Vorteile der
privaten Unternehmung gewonnen werden, ohne in der Richtung der gemischten wirtschaftlichen Unternehmung vorgehen zu müssen.

Ist nach diesen Erwägungen schon die rein w i r t s c h a f t l i c h e Überlegenheit
der gemischten wirtschaftlichen Unternehmung für die Gasversorgung gegenüber dem
öffentlich verwalteten Gaswerk sehr in Frage zu ziehen, um so mehr, wenn man noch
in Betracht zieht, daß das öffentlich verwaltete Gaswerk keine Belastung durch Tan-
tiemen an Aufsichtsratsmitglieder hat und in der Vergebung von Lieferungen vielfach
weit freier als private Unternehmer sind, sowie daß weiter durch die erwähnte Ausgestaltung der Verwaltungsorganisation die Gewähr »bester Wirtschaft« gleich der bei irgend-
einem Privatunternehmen gegeben ist, so sprechen noch vollständig zugunsten der
öffentllchen Verwaltung der Gaswerke gegenüber der gemisohten wirtschaftlichen
Unternehmung schließlich die ö f f e n t l i c h e n und v o l k s w i r t s c h a f t l i c h e n
Interessen, wie diese im Vorausgegangenen gegenüber der rein privaten Unternehmung
zum Ausdruck gebracht wurde. Der grundsätzliche und ausschließliche Zweck des Geld-
verdienens besteht natürlich für die privaten Teilnehmer an der gemischten wirtschaftlichen Gaswerksunternehmung so vollständig wie bei der rein privaten Unternehmung
und steht sowohl mit der für die a l l g e m e i n e G a s v e r s o r g u n g notwendigen
allgemeinen Bereitstellung und Verbilligung des Gases wie auch mit der Durchführbarkeit
einer rationellen Energieversorgung durch vergleichsweise Feststellung der Gas- und
Elektrizitätspreise im vollkommen Widerspruch. Es muß als ausgeschlossen betrachtet
werden, daß diesem vollkommen Gegensatz zwischen privaten und öffentlichen
Interessen durch eine vertragsmäßige Bestimmung, welche der öffentlichen Körperschaft
bei der gemischten wirtschaftlichen Unternehmung die entscheidende Stimme in allen
die öffentlichen Interessen betreffenden Fragen zuspricht, begegnet werden kann.
Jede Vertretung der öffentlichen Interessen vorgeschilderter Art hat notwendigerweise
eine Beschränkung des finanziellen Wirtschaftserfolges zur Folge und widerspricht damit
grundsätzlich den privaten Interessen; eine Verbindung der privaten und öffentlichen
Interessen in der gemischten wirtschaftlichen Unternehmung muß daher grundsätzlich
als unnatürlich bezeichnet werden und kann auf die Dauer so wenig zu einem befriedigen-
den Einnehmen führen, wie dies bei den früheren Verträgen zur Gasversorgung von
Gemeinden durch Privatunternehmer so häufig der Fall war.

Die gemischte wirtschaftliche Unternehmung kann somit weder vom rein wirtschaftlichen noch vom volkswirtschaftlichen Standpunkt einen Ersatz für das öffentlich verwaltete Gaswerk bieten. An den Gemeinden und sonstigen öffentlichen Körperschaften
liegt es vielmehr, die Verwaltungsorganisationen der Gaswerke nach dem Vorbild bei

privaten Unternehmungen auszubauen und damit sich neben vollständiger Freiheit des Handelns in der Gas- bzw. Energieversorgung auch die vollen wirtschaftlichen Vorteile für die Gaswerke zu sichern, die den privaten Werken zukommen. Soweit aber für eine öffentliche Körperschaft nach den eingangs dieses Kapitels gegebenen Erläuterungen der Eintritt in eine gemischte wirtschaftliche Unternehmung auf Grund sichergestellter Wirtschaftsrechnung geboten ist, sollten die öffentlichen Körperschaften im Vertragsschluß das größte Gewicht auf eine möglichst kurz bemessene Vertragsdauer legen und sich inbesondere mit Rücksicht auf spätere ungehinderte Vertretung der öffentlichen Interessen die Möglichkeit einer wirtschaftlich gesicherten Gasversorgung des Vertragsgebietes in eigener Verwaltung nach Ablauf des Vertrages sicherzustellen.

β) In weit größerem Umfang als durch die gemischte wirtschaftliche Unternehmung hat das private Unternehmertum auf dem Wege der Gaslieferung an Gemeinden, vor allem in den Kohlenrevieren, bis jetzt Eingang in die öffentliche Gasversorgung gewonnen. Zahlreiche mittlere und kleinere Stadt- und Landgemeinden sind in den Kohlenrevieren vollständig der Gasversorgung durch Privatunternehmer anheimgefallen, indem sie die Gasversorgung ihres Gebietes mit Gas aus Kokereien zu vertragsmäßig festgelegten Preisen den privaten Unternehmern und Gesellschaften übertrugen, wobei sie auch stets das Durchgangsrecht für die Gasversorgung anderer Gemeinden und dies selbst über die Dauer des eigenen Vertrages hinaus den privaten Unternehmern zubilligten. So sehr eine derartige Erweiterung der Gasversorgung durch private Unternehmer ganz allgemein im Interesse der künftigen Gasversorgung zu beklagen ist, um so mehr als die künftigen Entwicklungsmöglichkeiten in der Gastechnik und damit auch die mögliche Verbilligung des Gases auf Jahre und Jahrzehnte hinaus gar nicht abzusehen ist, muß anerkannt werden, daß diese mittleren und kleineren Gemeinden auf diese Weise bzw. durch die großzügige private Initiative überhaupt erst in den Genuß einer Gasversorgung bei zum Teil mäßigen Gaspreisen gelangt sind. Als Nachteil von weittragendster Bedeutung bleibt hierbei aber zu bedauern, daß die Verträge mit jeder einzelnen der Gemeinden auf sehr verschiedene Dauer abgeschlossen werden, so daß für die Gemeinden damit auch in der späteren Zukunft mit vielleicht sehr veränderten Verhältnissen in Technik und Wirtschaft der Gas- und der Energieversorgung kaum eine Aussicht besteht, mit einer rationellen Energieversorgung ungehindert die öffentlichen Interessen zu vertreten. Leider verhindert in der Gegenwart noch vielfach Eigenbrödelei, Eifersucht und mangelndes Verständnis für große Wirtschaftsfragen in den meisten Fällen den Zusammenschluß kleinerer Gemeinden, um gemeinsame Verträge mit den privaten Unternehmern abzuschließen, womit sie sich wenigstens nach Ablauf des Vertrages die Freiheit des Handelns in der Gas- bzw. Energieversorgung wahren würden. — Der Bezug von Kokereigas von größeren und großen Stadt- und Landgemeinden, wie dies in den Kohlenrevieren und in sonstigen vereinzelten Gebieten in verschiedenen Fällen zur Frage steht und gestanden ist, ist zunächst als eine reine Wirtschaftsfrage zu beurteilen. Soweit es einer größeren Gemeinde mit eigenem Gaswerk möglich ist, einen gewissen Teil ihres Gasbedarfes zu einem Preise zu beziehen, der auf eine gewisse Vertragsdauer mit größtmöglicher Sicherheit die eigenen Kosten ausreichend unterschreitet, kann keine Gemeinde zögern, einen derartigen Vertrag mit privaten Unternehmern einzugehen; selbst die vollständige Aufgabe der eigenen Gaserzeugung, wie dies in einzelnen Fällen auch schon geschehen ist, kann bei entsprechenden wirtschaftlichen Vorteilen berechtigt sein. Neben diesem rein wirtschaftlichen Standpunkt muß sich eine Gemeinde sowohl bei teilweisem wie beim vollständigen Fremdgasbezug aber grundsätzlich ihre dauernde künftige Selbständigkeit in der Gas- bzw. Energieversorgung wahren. Insbesondere in den dichtbevölkerten Kohlenrevieren besteht nämlich die Gefahr, daß durch die Gaslieferung an umliegende Gemeinden eine Einkreisung des derzeitigen Gasversorgungsgebietes erfolgt und damit eine im wirtschaftlichen Interesse notwendige Entwicklung auch in späteren Zeiten verhindert wird. Auf diesen Umwegen also können weite Gebiete für die Gasversorgung wieder in die Hände privater Unternehmer zurückfallen, die natürlich bei ausreichender Macht in den weiten geschlossenen Gebieten ihre privatwirtschaftliche Aufgabe unbehindert verfolgen können. Die öffentlichen Interessen verlangen also auch im Falle des Fremdgasbezuges neben den derzeitigen wirtschaftlichen Vorteilen, daß sich die Gemeinden e n t w e d e r d u r c h Z u s a m m e n s c h l u ß i h r g e m e i n s a m e s V e r s o r g u n g s g e b i e t n a c h M ö g l i c h k e i t e r w e i t e r n oder aber mindestens (und das wird in vielen Fällen leider der allein gangbare Weg sein) d u r c h V e r e i n h e i t l i c h u n g d e s V e r t r a g s s c h l u s s e s die Möglichkeit zu künftigem Zusammengehen in der Gas- bzw. Energieversorgung offenzuhalten.

————

2. Verwaltungsorganisation und Verwaltungswesen gemeindlicher Gaswerke.

a) Die Verwaltungsorganisation.

Die Verwaltung der gemeindlichen Gaswerke obliegt als Teil des gemeindlichen Aufgabenkreises in erster Reihe dem Gemeindevorstand (Magistrat bzw. Bürgermeister) und der Gemeindevertretung (Stadtverordnetenversammlung, Bürgerausschuß usw.) und ist bei den deutschen Gemeinden meist einer Vertretung aus diesen beiden Verwaltungsorganen, einer Kommission bzw. Deputation, nach besonderer Anweisung übertragen. Die unmittelbare Führung der Geschäfte des Gaswerkes nach den Beschlüssen und Anweisungen der Kommission besorgt fast durchweg ein beamteter Direktor, dem vielfach auch noch die Leitung anderer Gemeindebetriebe übertragen ist. Die Organisation der Verwaltung des Gaswerkes und der eventl. noch angegliederten Gemeindebetriebe ist in den einzelnen Gemeinden in besonderen Verwaltungsstatuten, Organisationsplänen usw. festgelegt und weist in den Einzelheiten oft weitgehende Verschiedenheiten auf. Es darf wohl gesagt werden, daß viele dieser lokalen Bestimmungen aus einer Zeit stammen, in der die Gaswerke wesentlich einfacheren Geschäftsverhältnissen als heute unterlagen und daher vor allem in bezug auf die dem Leiter des Gaswerkes zugewiesene Stellung den heutigen Anforderungen oft nur ungenügend entsprechen. Als Beispiel einer Verwaltungsorganisation sei demzufolge das neudurchgearbeitete Verwaltungsstatut für das Gaswerk einer Badischen Stadt wiedergegeben und bezüglich der wünschenswerten und teilweise notwendigen Ausgestaltung der Stellung des Direktors von gemeindlichen Gaswerken wie von Gemeindebetrieben überhaupt auf die trefflichen Ausführungen des Oberbürgermeisters a. D. Wippermann verwiesen, die dieser in seiner Schrift[1]) über die Zukunft der kommunalen Betriebe vertritt.

Stadtgemeinde ....

Orts-Statut über den Betrieb des Städtischen Gaswerkes.

Beschluß des Bürgerausschusses vom 18. Juli 1904 und Genehmigung Großh. Ministeriums des Innern vom 23. Aug. 1904, Nr. 36 713.

§ 1.

Das städtische Gaswerk ist eine wirtschaftliche, dem öffentlichen Interesse dienende Unternehmung der Stadtgemeinde und bildet einen Teil des Gemeindevermögens.

———

[1]) O. Wippermann, Die Zukunft der kommunalen Betriebe, Verlag von Julius Springer, Berlin, 1912.

§ 2.

Die Verwaltung dieser Anstalt untersteht einer aus 9 Mitgliedern bestehenden Kommission, welche den Namen »Gaskommission« führt. Die Mitglieder derselben werden vom Stadtrat jeweils unmittelbar nach den städtischen Erneuerungswahlen auf 3 Jahre ernannt. Drei Mitglieder der Kommission müssen dem Stadtrat angehören und bestimmt der letztere eines dieser 3 Mitglieder zum Vorsitzenden und eines zum Stellvertreter des Vorsitzenden.

§ 3.

Die laufenden Geschäfte des Gaswerkes werden durch die

Verwaltung des Städtischen Gaswerkes

besorgt. Bei dieser Verwaltung sind angestellt:
1. Der Direktor,
2. der Rechner,
3. die erforderliche Anzahl technischer Gehilfen (Ingenieure usw.),
4. die nötige Anzahl Buchhalter und Verwaltungsgehilfen,
5. das sonstige Dienstpersonal.

§ 4.

Der Direktor leitet unter der Oberaufsicht und nach den allgemeinen und besonderen Weisungen der Gaskommission, sowie auf Grund etwaiger Anordnungen des Stadtrates den gesamten Betrieb, ebenso die Erweiterungen und Neubauten des städtischen Gaswerks. Über alle Beamte und Bedienstete übt er die Aufsicht; das ganze Personal ist ihm unmittelbar untergeordnet. Er ist in erster Reihe dafür verantwortlich, daß der Betrieb den technischen und wirtschaftlichen Anforderungen in jeder Hinsicht entspricht.

Zur unmittelbaren Erledigung werden dem Direktor zugewiesen

a) die Einstellung und Entlassung der gegen Tagesgebühren oder Tagelohn beschäftigten Personen; über Strafentlassungen ist in der nächsten Sitzung der Gaskommission zu berichten;

b) die Anordnungen aller für den laufenden Geschäftsbetrieb erforderlichen Arbeiten, sowie die Prüfung, Abnahme oder Zurückweisung von Lieferungen und Arbeiten;

c) die Ausführung der Kommissionsbeschlüsse, sofern solches nicht einem anderen besonders übertragen wird;

d) die Anschaffungen der erforderlichen Materialien für kleine Ausbesserungen.

§ 5.

Die Gaskommission ist das ständige Aufsichtsorgan des Gaswerks und überwacht in dieser Eigenschaft die gesamte Geschäftsführung der ihr unterstellten Verwaltung, insbesondere auch die Einhaltung des Voranschlags.

Ihrer Genehmigung bedarf die Verwaltung zur Vornahme folgender Geschäfte:
1. Zur Anschaffung der für den Betrieb erforderlichen Rohmaterialien und Einrichtungsgegenstände.
2. Zur Vergebung von Arbeiten zu Neubauten und Ausbesserungen.
3. Zur Aufstellung des Voranschlages und Fertigung des Jahresabschlusses.

§ 6.

Die folgenden Handlungen unterliegen außer der Zustimmung der Gaskommission auch der Genehmigung des Stadtrates:

1. Die Erlassung der Gasbezugsordnungen und die Festsetzung der Gaspreise;
2. die Bestimmung des Verkaufsmodus und der Verkaufspreise der Nebenprodukte des Gaswerkes sowie Abschluß der eventl. Verkaufsverträge;
3. die Abgabe von Gas unter anderen als den allgemein festgesetzten Bedingungen;
4. die Erwerbung oder Veräußerung von Liegenschaften, Gebäuden oder dinglichen Rechten;
5. Neubauten, bauliche Hauptreparaturen, Legung neuer Gasstränge;
6. Bestimmung von Zahl, Platz und Art der öffentlichen Laternen;
7. Anstellung und Entlassung sämtlicher Beamten und Bediensteten, welche nicht gegen Tagelohn oder Tagesgebühren beschäftigt sind. Abschluß der Dienstverträge mit denselben, Feststellung der Bezüge derselben;
8. die Erteilung von Urlaub an Beamte für längere Zeit als 3 Tage.

Zu Ziffer 1, 4 und 5 ist außerdem die Zustimmung des Bürgerausschusses erforderlich.

§ 7.

Die Sitzungen der Gaskommission finden in der Regel alle 8 Tage statt; außerordentliche Sitzungen werden nach Bedürfnis vom Vorsitzenden unter kurzer Angabe der Tagesordnung berufen.

Die Kommission ist beschlußfähig, wenn alle Mitglieder geladen und wenigstens 5 erschienen sind; sie faßt ihre Beschlüsse mit einfacher Stimmenmehrheit, bei Stimmengleichheit entscheidet die Stimme des Vorsitzenden. Zu den Sitzungen werden Beamte des Gaswerkes mit beratender Stimme zugezogen.

§ 8.

Über die gefaßten Beschlüsse wird ein Protokoll geführt, welches vor der nächsten Sitzung den Mitgliedern der Gaskommission zur Einsicht und Unterschrift vorgelegt wird.

§ 9.

Die Gaskommission ist verpflichtet, jeweils nach ihrer Neuwahl die besonderen Funktionen festzustellen, welche jedem seiner Mitglieder für die Wahlperiode zugeteilt werden. Von dem hierüber gefaßten Beschlusse soll dem Stadtrat und den einzelnen Mitgliedern der Gaskommission eine Ausfertigung zur Kenntnisnahme unterbreitet werden.

§ 10.

Der Jahresabschluß geschieht am 31. Dezember; die Bücher und Belege sind nach Anweisung der Kommission so zu ordnen, daß die Rechnung mit der allgemeinen Stadtrechnung abgehört werden kann.

§ 11.

Der Rechner hat das Kassen- und Rechnungswesen nach den allgemeinen gesetzlichen Bestimmungen der Badischen Gemeinde-Rechnungsanweisung und den speziellen Anordnungen seitens der Finanzkommission und des Stadtrates zu führen, bzw. dafür zu sorgen, daß dies seitens der ihm unterstellten Beamten geschieht.

Sämtliche Beamten für Rechnungswesen und Kanzleidienst sind dem Rechner zur Beaufsichtigung unterstellt.

Der Rechner besorgt unter Mitverantwortlichkeit des Direktors die laufenden Geschäfte der Wirtschaftsführung.

§ 12.

Sämtliche Einnahme-, Ausgabe- und Abgangsdekreturen für die Kasse des städtischen Gaswerks sind von dem Rechner zu entwerfen.

Derselbe hat den Entwürfen seinen Namen beizusetzen und die Gegenzeichnung durch den Direktor zu veranlassen, worauf sie dem Vorsitzenden der Gaskommission bzw. dem Respizienten zur Unterschrift vorgelegt werden. Die Dekreturen erteilt der Stadtrat.

§ 13.

Nachfolgende Einnahmen und Ausgaben können auch vor Erteilung der stadträtlichen Dekretur und ohne vorherige Unterschrift durch den Vorsitzenden bzw. Respizienten der Gaskommission, jedoch beglaubigt durch die Gesamtunterschrift des Direktors und des Rechners, vollzogen werden:

1. Einnahmen von Gasgeldern, Messermieten, sowie in außerordentlichen Fällen für Leitungsarbeiten.
2. Einnahmen der Erlöse für verkaufte Nebenprodukte.
3. Ausgaben für Fracht und Transportgebühren.
4. Ausgaben für Taglöhne und Tagesgebühren der Arbeiter.

Alle anderen hier nicht genannten Ausgaben dürfen nur in dringenden Fällen, wenn sie mit der erforderlichen Zahlenanweisung des Oberbürgermeisters versehen sind, vor Dekreturerteilung gemacht werden.

§ 14.

Die in § 13 genannten Einnahmen und Ausgaben bedürfen der möglichst rasch einzuholenden nachträglichen Genehmigung des Respizienten der Gaskommission bzw. Dekreturerteilung des Stadtrates.

§ 15.

Dem Rechner ist untersagt, Zahlungen irgend welcher Art zu leisten oder in Empfang zu nehmen, ohne im Besitz einer Dekretur oder Beleges gemäß § 12 oder 13 des Statuts zu sein.

§ 16.

Sämtliche Dekreturen sind vor ihrem Vollzug in ein zu diesem Zwecke vom Rechner bzw. unter seiner Verantwortung geführtes Dekretenbuch einzutragen, welches in jeder Sitzung der Gaskommission zur Genehmigung der erfolgten Anträge zu unterbreiten ist.

§ 17.

Die Anordnung zur Vornahme des in § 60 der Städte-Rechnungsanweisung vorgeschriebenen Inventarsturzes erfolgt durch den Vorsitzenden bzw. dessen Stellvertreter.

Ganz allgemein sei hier bezüglich der Verwaltungsorganisation gemeindlicher Gaswerke zum Ausdruck gebracht, daß in einer zeitgemäßen Ausgestaltung der Verwaltungsorganisation das Moment für die äußerste Steigerung des Wirtschaftserfolges nach privatwirtschaftlichen Grundsätzen liegt und das demzufolge auch in rein wirtschaftlicher Beziehung die volle Berechtigung für den ferneren Bestand der rein öffentlichen Verwaltung von Gaswerken gibt. Anderseits ist hervorzuheben, daß eine entsprechende Ausgestaltung der Verwaltungsorganisation für Gaswerke im Rahmen der gemeindlichen Verwaltung auch durchaus möglich ist, wie das Vorgehen der Gemeinden nach privatwirtschaftlichem Muster auf sonstigen wirtschaftspolitischen Gebieten der Gemeindeverwaltung, so beispielsweise bei dem meist sehr ausgedehnten Grundstücksgeschäft der Gemeinde, beweist. Die wünschenswerte Ausgestaltung der Verwaltungsorganisation erstreckt sich vor allem auf die Ausbildung der Stellung des Direktors, die diesem einerseits die Möglichkeit zu freier und selbständiger Betätigung in bezug auf die geschäftliche Führung des Betriebes unter Oberaufsicht einer Verwaltungskommission etwa in der Art, wie sie bei Aktiengesellschaften der Vorstand dem Aufsichtsrate gegenüber besitzt, gibt und die anderseits dem Direktor entsprechend seiner verantwortungsvollen Tätigkeit die gebührende Stellung im Aufbau der Beamtenschaft der Gemeindeverwaltung verschafft. Soweit es nicht möglich erscheint, in letzterer Beziehung dem Direktor des Gaswerkes die Stellung eines Magistratsmitgliedes bzw. Beigeordneten zu geben, ist doch dessen Aufnahme in die Verwaltungskommission mit S i t z und S t i m m e als grundsätzliches Erfordernis anzusehen; auch eine allgemeine, wenn auch mäßige Interessierung am Wirtschaftserfolge des Werkes ist im Interesse der Gemeinde wie mit Rücksicht auf die persönliche Inanspruchnahme bei einer durchaus vollendeten Leitung des Werkes als notwendig, ähnlich wie bei Privatunternehmen, zu betrachten. Demgegenüber wurde durch eine Umfrage festgestellt, daß die Leiter gemeindlicher Gaswerke in weitaus den meisten Fällen nur eine beratende Stimme in der Kommission bzw. Deputation besitzen, und in manchen Fällen sogar nur die »Möglichkeit« besteht, ihn zu den Sitzungen der Kommission heranzuziehen; nur in vereinzelten Fällen ist der Direktor des Gaswerkes heute bereits Mitglied des Gemeindevorstandes (Magistratsmitglied, Stadtrat, Dezernent). Häufiger dagegen ist den Leitern gemeindlicher Gaswerke bereits eine finanzielle Interessierung am Wirtschaftserfolg eingeräumt; besonders ist dies bei m i t t l e r e n und k l e i n e r e n Werken der Fall, wobei die Anteilnahme meist in Prozenten des Reingewinnes festgelegt ist und zwischen 1 und 5% vom Reingewinne schwankt. In einem einzelnen Falle ist die Gewinnbeteiligung mit 10% vom Reingewinn bei einem Mindestsatz von 1000 bestimmt, bei einem anderen (ausländischen) Gaswerke sind neben dem Direktor auch noch Beamte und Mitglieder der Kommission am Gewinn mit insgesamt 10% interessiert, und zwar sind dem Direktor 3%, dem Ingenieur 1,5%, dem Oberbuchhalter 1%, dem Kassier ¾%, dem zweiten Buchhalter ¾% und den sieben Mitgliedern der Beleuchtungskommission zusammen 3% vom bilanzmäßigen Reingewinn zugesprochen. Nach den vorerwähnten Tatsachen ist es als dringend erwünscht anzusehen, daß die Gemeinden in der Ausgestaltung der Verwaltungsorganisationen nach privatwirtschaftlichem Muster möglichst allgemein vorgehen, um sich auch ohne Anteilnahme von privaten Unternehmern die Vorteile von Privatunternehmen in wirtschaftlicher Beziehung zu sichern und sich dabei aber für die zukünftige Energieversorgung volle Freiheit und Selbständigkeit zu wahren.

b) Das Verwaltungswesen.

Das Verwaltungswesen gemeindlicher Gaswerke umfaßt das allgemeine Verwaltungswesen, das sich mit der Erledigung der Arbeiten für den allgemeinen Geschäftsgang befaßt, weiter das besondere Verwaltungswesen für den Gaserzeugungs-, Gasverteilungs- und Gasverkaufsbetrieb, und schließlich das finanztechnische Verwaltungswesen, bei dem meist eine rein verwaltungstechnische und eine kaufmännische Finanzverwaltung zu unterscheiden ist. In diesem Kapitel soll nur der erste und dritte Teil, das allgemeine Verwaltungswesen und das finanztechnische Verwaltungswesen, besprochen werden, während der erwähnte zweite Teil in den folgenden Kapiteln »Fabrikbetrieb«, »Außendienst« und »Gasverkauf« zur Besprechung kommt.

α) Das allgemeine Verwaltungswesen.

Das allgemeine Verwaltungswesen oder Verwaltungswesen im engeren Sinne regelt im besonderen den allgemeinen Geschäftsgang und Registraturdienst, die Verwaltungsangelegenheiten genereller Natur, insonderheit das Personal- bzw. Beamten- und Arbeiterwesen, die Verwaltung der Inventarien und die Grundbesitzverwaltung.

Geschäftsgang und Registraturdienst. Zur Regelung des Geschäftsganges führen gemeindliche Gaswerke gemäß dem sehr allgemeinen Gebrauch bei Kommunalbehörden in der Mehrzahl der Fälle ein sog. Geschäftsjournal bzw. $\frac{\text{Eingangs-}}{\text{Ausgangs-}}$Buch, in welches alle wichtigen Eingänge eingetragen werden und an Hand dessen die Erledigung dieser Eingänge kontrolliert wird.

Schema 1.

Musterschema für das Geschäftsjournal. $\frac{\text{Eingangs-}}{\text{Ausgangs-}}$Buch.

Eingang					Erledigung					
Nr.	Einge-gangen am	Schreiben usw.	Absender	Betreff	Zur Bearbeitung	Kurze Angabe der Erledigung	Tag der Absendung	Wiedervorlage am	Z. d. A.	
		vom	Nr.			an	am			am	Bezeichng.

Die Eingänge sind mit einem Eingangsstempel und der laufenden Nummer des Eingangsbuches zu versehen. Einschreibesendungen werden von einem besonderen zur Empfangnahme berechtigten Beamten entgegengenommen und geöffnet; Wertsendungen sind grundsätzlich nur von der Kasse anzunehmen. Die Eingänge werden von dem Vorsteher der kaufmännischen Abteilung oder auch von einem hierzu bestimmten nachgeordneten Verwaltungsbeamten den einzelnen Beamten und Dienststellen zur Bearbeitung überwiesen. Die rechtzeitige Rückgabe dieser Schriftstücke und die Einhaltung etwa vorgeschriebener Termine hat der mit der Führung des Eingangsbuches meist betraute Registraturbeamte zu überwachen. Sind Vorgänge vorhanden, so ist auf diesen der Wiedervorlagetermin zu streichen und die neue Nummer des Eingangsbuches aufzuschreiben; die Vorgänge sind dem neuen Eingang beizufügen. Das Eingangsbuch muß so geführt werden, daß daraus jederzeit der Verbleib bzw. der Stand

Schema 2.

Musterschema für die Terminkalender.

I. Terminkalender für ständige Termine: Monat............................ (Buchform)
II. Terminkalender für einmalige Termine: Am (1. April) vorzulegen. (Lose Zettel in Kopfhefter.)

Lfd. Nr.	Journal Nr.	Bezeichnung der Sache	Vorzulegen durch	Vorgelegt am bei wem?	Termin erledigt durch

einer Angelegenheit zu ersehen ist. Es ist somit auch von Wichtigkeit, daß G.R.-Schreiben (urschriftlich: gegen Rückgabeschreiben) in dem Eingangsbuch besonders gekennzeichnet und in einem Terminkalender eingetragen werden. Man unterscheidet zwischen ständigen, d. h. periodisch wiederkehrenden und einmaligen Terminen; dementsprechend ist auch der Terminkalender (siehe Schema 2) in zwei Teilen zu führen.

3*

Schriftstücke, die durch den Terminkalender in Umlauf gebracht werden, sind mit einem Stempel: Vorgelegt am .... bei .... zu versehen und alsdann wie sonstige Schriftstücke weiterzubehandeln. Zur Aufbewahrung von l o s e n Schriftstücken behufs Wiedervorlage werden am besten besondere Mappen verwendet, die in der Reihenfolge der Wiedervorlagetermine gelegt werden.

Gelangen die Schriftstücke von den sie bearbeitenden Beamten zurück, so sind sie durch den Registrator zur Unterschrift vorzulegen. Zur Wahrung eines einheitlichen Geschäftsganges sowie zur Entlastung des Leiters empfiehlt es sich, die Schriftstücke bezüglich richtiger formeller und rechnerischer Erledigung von einem besonderen Beamten überprüfen zu lassen. Sofort- und Eilsachen werden zweckmäßig in besonders gekennzeichneten (farbigen) Mappen durch den Geschäftsverkehr geleitet. Zur Kontrolle etwaiger Rückstände hat der Registrator etwa zweimal monatlich durch Aufstellung von Restezetteln an die Erledigung zu erinnern. Auch wöchentliche Selbstmeldung über Rückstände (unter Angabe des Grundes) auf zirkulierenden und auf den Namen der Beamten lautenden Listen haben sich mancherorts gut bewährt. Im Interesse der Übersichtlichkeit und der Geschäftsvereinfachung empfiehlt es sich, die eingehenden formularmäßigen Anträge auf Hausanschlüsse usw. besonders zu behandeln und durch besondere Laufzettel in Umlauf zu setzen; der Laufzettel benennt alle die Dienststellen, die für die Erledigung der betreffenden Angelegenheit in Frage kommen; nachdem sämtliche Dienststellen sich zu dem Geschäftsvorfall geäußert und ihre Aufgaben erledigt haben, ist der Laufzettel mit Antrag zu den Gasakten der betreffenden Liegenschaft zu nehmen.

Übersichtliche Behandlung des Aktenmaterials ist die Grundlage einer geordneten Registratur. Man kann bei einem Gaswerk wesentlich zwischen General-, Spezial-, Personal-, Grundbuch- und Liegenschaftsakten unterscheiden. Aus der Aufschrift der Akten muß deren Gattung, eine kurze Inhaltsangabe, das Gefach und die Nummer des Aktenverzeichnisses angegeben sein. Das Aktenverzeichnis oder der Registraturplan enthält in systematischer Weise den Nachweis über den Aktenbestand. Die Anlage der Liegenschaftsakten verfolgt den Zweck, alle auf eine bestimmte Liegenschaft sich beziehenden Geschäftsvorfälle in e i n e m Aktenstück übersichtlich zu sammeln.

Zu den Akten ist ein Schriftstück nur dann zu nehmen, wenn die Angelegenheit vollständig erledigt ist. Im Eingangsbuch ist die Bezeichnung der Akte einzutragen, in welche das Schriftstück aufgenommen wird. Die Akten sind in verschließbaren Schränken aufzubewahren und sind grundsätzlich nur gegen Quittung an Anfordernde abzugeben.

Zu den Aufgaben der Registratur gehört schließlich noch die Führung der Bibliothek. Die angekauften Bücher sind nach einem bestimmten Plane in einen Katalog einzutragen und mit der Nummer dieser Eintragung usw. zu versehen. Die Ausgabe von Büchern darf nur gegen Quittung erfolgen.

Bezüglich der formellen Behandlung des amtlichen Schriftverkehrs ist schließlich noch zu erwähnen, daß der amtliche Schriftverkehr wesentlich den Bericht, das Gesuch an übergeordnete bzw. vorgesetzte Behörden, das Kurzerhandschreiben an gleichstehende Behörden, die Verfügung an unterstellte Dienststellen und das Protokoll über mündliche Verhandlungen unterscheidet. Für jede der genannten Arten im Schriftverkehr bestehen gewisse formale Vorschriften, die den Beamten geläufig sein müssen und stets einzuhalten sind. Diese können hier im einzelnen nicht angegeben werden, doch ist zu erwähnen, daß man von »Kurzerhandschreiben« oder vom »urschriftlichen Verkehr« spricht, wenn die Antwort auf eine Anfrage direkt auf das eingegangene Schriftstück gesetzt wird. Das Kurzerhandschreiben wendet man im amtlichen Schriftverkehr an, wenn die Zurückbehaltung des Textes der Anfrage nicht unbedingt geboten ist; diesem Verkehr kann einmal die Z u s c h r i f t die Richtung geben, indem die ersuchende oder anfragende Behörde schreibt: U. g. R. (urschriftlich gegen Rückgabe) oder R. v. (Rückgabe vorbehalten) usw., oder der Antwortende wählt selbst die Form, wenn die Zuschrift für die beantwortende Behörde keine dauernde Bedeutung hat.

Verwaltungsangelegenheiten genereller Natur. Einen besonderen Zweig im Verwaltungswesen bildet die Behandlung der Verwaltungsangelegenheiten genereller Natur, des Personal- (Beamten- und Arbeiter-) Wesens. Dieser Zweig der Verwaltung wird bei größeren Gaswerken unter Oberleitung des Direktors von einer besonderen Dienststelle innerhalb der Verwaltung behandelt und unterliegt bei kleineren Gaswerken der speziellen Bearbeitung des Direktors unter Beihilfe eines älteren Verwaltungsbeamten. Aufgabe dieser Abteilung ist die Regelung des internen Verwaltungsdienstes, so besonders die Aufstellung und Bekanntgabe von Bestimmungen der Gaswerksverwaltung für Beamte und Arbeiter, sowie die Bekanntgabe der Bestimmungen der Kommunalbehörde, des Staates u. dgl. m. Bezüglich des Beamtenwesens handelt es sich im besonderen um die Bearbeitung der Angelegenheiten für Annahme, Besoldung, Urlaub, wie allgemein bezüglich der Rechte und Pflichten der Beamten und Hilfsbeamten im technischen und im eigentlichen Verwaltungsdienst. Mit Rücksicht auf die Vielgestaltigkeit dieses Verwaltungszweiges, insbesondere auch bezüglich des Beamtenwesens, soll im folgenden nur einiges Allgemeine aus dem Beamtenwesen sowie einiges Formale bei Behandlung des Beamtenwesens und darauf das weit gleichmäßigere Arbeiterwesen etwas näher besprochen werden.

Beamtenwesen. Die Kommunalbeamten, technische wie Verwaltungsbeamte, haben Pflichten und Rechte der Staatsbeamten. Die gesetzlichen Bestimmungen für die Reichs- und Staatsbeamten finden somit auch auf die Kommunalbeamten sinngemäße Anwendung, soweit nicht Ausnahmen hierzu bestimmt sind. In Preußen ist durch das Gesetz vom 30. Juli 1899, betreffend »die Anstellung und Versorgung der Kommunalbeamten«, die Grundlage für die Beordnung des Kommunalbeamtenwesens geschaffen. Dieses Gesetz sichert das Anstellungsverhältnis der Beamten, insonderheit bezüglich Gehalt, Reisekosten, Pension, Hinterbliebenenversorgung, Gnadenbezüge. Dieses Gesetz sagt auch, daß die Beamten in der Regel auf Lebenszeit anzustellen sind, und hebt auch die Betriebsbeamten besonders hervor, denen diese Vergünstigung nur zusteht, wenn dies seitens des Kommunalverbandes ausdrücklich ausgesprochen wird. Ebenfalls durch Ortsstatut können teilweise die materiellen Rechte, soweit sie nicht unter die staatlichen Mindestsätze herabgehen, zugunsten der Beamten anderweitig geregelt werden. Die Betriebsbeamten können daher in gemeindlichen Gaswerken entweder lebenslänglich oder als Gemeindebeamte auf Kündigung oder als Angestellte auf Dienstvertrag angenommen werden; das letztgenannte Anstellungsverhältnis ist bisher noch das meistangewendete. Besteht hiernach meist ein wesentlicher Unterschied im Anstellungsverhältnis von technischen und Verwaltungsbeamten, so scheiden sich die Beamten noch weiter in Inhaber von etatsmäßigen und nichtetatsmäßigen Stellen. Für die etatsmäßigen Beamtenstellen wird von den Kommunalbehörden vielfach alljährlich ein Normalbesoldungsetat (Übersichtsplan) festgestellt, der mit dem allgemeinen Haushaltplan genehmigt wird; in diesem Plan sind die Inhaber aller der Stellen aufgenommen, die sich entweder als Gemeindebeamte im Besitz von Anstellungsurkunden befinden, oder mit denen Dienstverträge abgeschlossen sind. Für die nicht etatsmäßigen Beamten (Hilfsbeamten) liegt in der Regel nur ein vorübergehendes Bedürfnis vor. Hier ist auch noch auf das neue Angestelltenversicherungsgesetz vom 20. Dezember 1911 zu verweisen, das für die auf Dienstvertrag Angestellten einschneidende Änderungen brachte, und das vielen Verwaltungen Anlaß gab, den Rechtsverhältnissen der Betriebsbeamten ein festeres Gepräge zu geben. Die Annahme der etatsmäßigen Beamten geschieht durch den Magistrat, den Bürgermeister oder die in Betracht kommende Fach-

Musterschema für das

Zu- und Vorname	Dienst- stellung	Wohnung	Geburts- Datum und Ort	Zivil- stand	Der Ehefrau und der Kinder		Diensteintritt bei der Stadt	
					Name	Geburts- datum	über- haupt	in letzte Stellung

Musterschema für

Lfd. Nr. der Dienst- stelle nach dem Gehalts- konto	Pos.	Bezeichnung		Jahres- diensteinkommen			Nächstes Aufrücken			Geburts- datum
		der Stelle	des Beamten	Betrag (Gehalt und Nebenbezüge gesondert) M.	Ge- halts- klasse u. Stufe	seit 1. April	am 1. April	Ge- halts- stufe	Betrag M.	
1	2	3	4	5	6	7	8	9	10	11

Schema 5.

Musterschema für den Beurlaubungs- und Erkrankungsnachweis.

Name des Beurlaubten	Dienst- stellung	Dauer des Urlaubes			Urlaubs- begründung	Genehmigt am	Bemerkungen
		vom	bis	Tage			

deputation (Kommission); nicht etatsmäßige Beamte werden auf Grund besonderer Aufnahmeverhandlungen durch die Leiter der gemeindlichen Betriebe angenommen.

An formularmäßigen Nachweisen kommen bei der Behandlung des Beamtenwesens besonders in Frage: ein Personalverzeichnis, das den steten Nachweis der Personalien der Beamten und Hilfsbeamten führt (siehe Schema 3), ein Nachweis der Beurlaubungen und Erkrankungen (siehe Schema 5), ein Personaletat zum Nachweis über alle Rechte materieller Art (siehe Schema 4).

In Großstadtbetrieben bringt es der Geschäftsgang mit sich, daß über Beurlaubungen und Erkrankungen schriftliche Verfügungen nach folgenden Mustern erlassen werden.

Personalverzeichnis.

Schema 3.

Anstellungs-verhältnis	Kündi-gungs-frist	Besoldungsverhältnisse										
		der Beamten					der Hilfsbeamten					
		seit	Klasse Stufe	Ge-halt	Sonstige Bezüge	Zus.	seit	nach Klasse	mo-natl.	tägl.	Sonstige Bezüge	Zus.

den Personaletat

Schema 4.

Lebensalter, Jahre nach dem Stand am 1. April	verheiratet, verwitwet oder ledig	definitiv an-gestellt im städtischen Dienst seit	In die jetzige Gehaltsklasse und Dienst-stellung einge-wiesen seit	Beginn der pensions-fähigen Dienstzeit	Mitglied der Witwen- und Waisenkasse	Anstellungs-verhältnis nach dem Besoldungs-plan bzw. Ortsstatut	des Stellen-inhabers	Nach den Mili-täranwärter-bestimmungen ist die Stelle	Stellen-inhaber ist M oder C	Stelle ist kau-tionspflichtig mit M.	Be-merkungen
12	13	14	15	16	17	18	19	20	21	22	23

Schema 6.

Urlaubsgesuch für Beamte und Hilfsbeamte.

N. N., den .... 19....

Gaswerksverwaltung.

Urschr. der Direktion befürwortend vor-gelegt.

Der Gesuchsteller wird im Beamten-(Hilfsbeamten-)Verhältnis seit ....
beschäftigt.

Er steht in Gehalts-(Gebühren-)Klasse
.... und war im laufenden Rechnungs-jahre: .... Tage (mit Gebührenfort-zahlung) beurlaubt.

Stellvertretung $\dfrac{\text{kann Herr } ....}{\text{ist geregelt.}}$
übernehmen.

Name: ....

Der Unterzeichnete bittet um Ur-laub für die Zeit vom ....
bis .... = Tage zum Zwecke

....

....

(Unterschrift) ....

(Dienstbezeichnung) ....

Verfügung.

1. Urlaub nach Antrag genehmigt. — Die Dienstbezüge können
   für .... Tage gemäß § .... der .... Bestim-mungen weitergezahlt werden.

2. Den Beteiligten zur Kenntnis.
3. Rechnungsbureau zur Kenntnis wegen der Gebühren.
4. Sekretariat zur Notiz im Register usw.
5. Wiederaufnahme des Dienstes ist hierunter anzugeben.

N. N., den .... 19.....

Direktion:

....

Notiz: Hiernach folgen die Erledigungsvermerke zu 1 bis 4.

Zu 5:...................... hat seinen Dienst rechtzeitig wieder an-
getreten.

Der Abteilungsvorsteher:

....

.... 191....

Verfügung
zu den Akten.

N. N., ... 191...

Die Direktion:

Schema 7.

Krankmeldung für Beamte und Hilfsbeamte.

N. N., den .... 191...

Gaswerksverwaltung.

Meldung: Der .... hat sich am ....
wegen .... krank gemeldet.
Attest folgt — liegt an —.
Die Vertretung $\frac{\text{wird Herr ....}}{\text{ist geregelt.}}$ übernehmen.

Der Abteilungsvorsteher:

....

Verfügung.
1. Stellvertretung genehmigt.
2. Rechnungsbureau z. K. und weiteren Veranlassung wegen Fort-
zahlung der Gebühren im Benehmen mit dem Sekretariat.
3. Sekretariat zur Notiz im Register.
4. Abteilung zur Kenntnis und Berichterstattung nach Genesung.
5. Wiedervorlage nach ....

N. N., den .... 191...

Die Direktion:

....

Notiz: a) Hiernach folgen die Erledigungsvermerke zu 1 bis 4.
b) Sollte die Krankheit längere Zeit dauern, dann hat
weitere Berichterstattung und Verfügung zu erfolgen.

Schließlich ist noch zu erwähnen, daß für jeden Beamten und Hilfsbeamten Personalakten geführt werden, in welchen alle auf den Beamten bezügliche Schriftstücken, meist mit Ausnahme der Urlaubsgesuche, aufgenommen werden und denen ein Personalbogen zum statistischen Nachweis des Aktenmaterials beigeheftet ist.

A r b e i t e r w e s e n. Die Gemeindearbeiter lassen sich in zwei Gruppen teilen: in gewerbliche und nichtgewerbliche Arbeiter. Bei Gaswerken handelt es sich nach den Bestimmungen der Gewerbeordnung um gewerbliche Arbeiter, da sie in einem Unternehmen beschäftigt werden, das auf Gewinnerzielung gerichtet ist. Für die Arbeiter der Gaswerke gelten also in erster Linie die Vorschriften der Reichsgewerbeordnung, die durch eine ganze Reihe von Vorschriften des Bürgerlichen Gesetzbuches, inbesondere durch die §§ 611 ff., betreffend den Dienstvertrag, ergänzt werden.

Für die Arbeiter in gewerblichen Großbetrieben (mit mehr als 20 Arbeitern) ist der Erlaß einer Arbeitsordnung vorgeschrieben (vgl. § 134 a ff. der Gewerbeordnung). Diese Arbeiterordnung bildet die Grundlage für den Arbeitsvertrag zwischen dem Arbeitgeber und den Arbeitnehmern abzuschließenden Arbeitsvertrag und erleichtert den Abschluß des Arbeitsvertrages mit dem einzelnen Arbeiter, indem in derselben ein für allemal die Bedingungen festgelegt sind, die der Arbeitgeber den bei ihm Beschäftigung suchenden Arbeitern anbietet. Daneben enthält die Arbeitsordnung meist noch Vorschriften, die zur Aufrechterhaltung der Ordnung im Betriebe dienen, und weiter die Strafbestimmungen, welche diese Ordnung sichern sollen. Auf Grund zwingenden Rechts müssen die Arbeitsordnungen Bestimmungen enthalten:

a) Über Anfang und Ende der regelmäßigen täglichen Arbeitszeit sowie der für die erwachsenen Arbeiter vorgesehenen Pausen. Nach Ziff. 220 b der Preußischen Ausführungsanweisung zur Gewerbeordnung müssen für Anfang und Ende der Arbeitszeit bestimmte Zeitpunkte festgesetzt werden, z. B. morgens 6 Uhr, abends 6 Uhr. Dagegen ist es z. B. unzulässig, in der Arbeitsordnung zu bestimmen, »daß die Arbeit morgens zwischen 6 und 8 Uhr beginnt und abends zwischen 7 und 9 Uhr endet«. Jedoch können Beginn und Ende der Arbeitszeit nach den Jahreszeiten verschieden festgesetzt werden; auch ist es zulässig, die Voraussetzungen zu bestimmen, unter denen vorübergehende Abweichungen von der regelmäßigen Dauer und Lage der Arbeitszeit stattfinden kann.

b) Über Zeit und Art der Abrechnung und Lohnzahlung, mit der Maßgabe, daß die regelmäßige Lohnzahlung nicht am Sonntag stattfinden darf; Ausnahmen können jedoch von der unteren Verwaltungsbehörde zugelassen werden.

Als bedingt notwendig sind Bestimmungen in die Arbeitsordnung aufzunehmen,

a) wenn beabsichtigt ist, die Frist der zulässigen Aufkündigung sowie die Gründe, aus denen die Entlassung bzw. der Austritt aus der Arbeit ohne Aufkündigung erfolgen sollen, abweichend von den gesetzlichen Bestimmungen festzusetzen;

b) wenn Strafen vorgesehen werden sollen: 1. über die Art und Höhe der Strafen, 2. über die Art, ihre Festsetzung und 3., wenn sie in Geld bestehen, über deren Einziehung und über den Zweck, für den sie verwendet werden sollen;

c) sofern die Verwirkung von Lohnbeträgen durch den Arbeiter im Falle der rechtswidrigen Auflösung des Arbeitsverhältnisses ausbedungen werden soll, über die Verwendung der verwirkten Beträge.

Strafbestimmungen, die das Ehrgefühl oder die guten Sitten verletzen, dürfen in die Arbeitsordnung nicht aufgenommen werden (§ 134 Abs. 2 Gew.-O.).

Schließlich ist es dem Betriebsunternehmer überlassen, auch noch weitere, die Ordnung seines Betriebes und das Verhalten der Arbeiter im Betriebe (nicht auch außerhalb des Betriebes) betreffende Bestimmungen (sog. fakultative Bestimmungen) in die

Arbeitsordnung aufzunehmen. Mit Zustimmung des ständigen Arbeiterausschusses können außerdem folgende (fakultative) Bestimmungen in die Arbeitsordnung aufgenommen werden: Vorschriften über das Verhalten der Arbeiter bei Benutzung der zu ihrem Wohle getroffenen, mit dem Betriebe verbundenen Einrichtungen (z. B. Speiseanstalten, Arbeiterwohnungen usw.), ferner Vorschriften über das Verhalten der m i n - d e r jährigen Arbeiter außerhalb des Betriebes (§ 134 b Abs. 3, Gew.-O.). Die Aufnahme von Bestimmungen, die das Verhalten der großjährigen Arbeiter außerhalb des Betriebes regeln, ist unter allen Umständen unzulässig, so z. B. das Verbot, irgendein Gewerbe außerhalb des Betriebes zu betreiben, sich politisch zu betätigen oder einer Arbeiterorganisation anzugehören.

Die Arbeitsordnung ist innerhalb vier Wochen nach Eröffnung des Betriebes zu erlassen. Für einzelne Abteilungen des Betriebes oder für einzelne Gruppen von Arbeitern können besondere Arbeitsordnungen erlassen werden. Der Erlaß der Arbeitsordnung erfolgt durch Aushang an geeigneter, allen beteiligten Arbeitern zugänglichen Stelle. Der Aushang muß stets in lesbarem Zustande erhalten werden. Die Arbeitsordnung ist jedem Arbeiter bei seinem Eintritt in die Beschäftigung zu behändigen; ist die Behändigung unterblieben, so ist der mit dem Arbeiter geschlossene Arbeitsvertrag gleichwohl gültig, da die Arbeitsordnung bereits mit dem Aushang, nicht etwa erst mit der Behändigung rechtsverbindliche Kraft erhält; für den Arbeitsvertrag ist in derartigen Fällen der Inhalt des Aushangs der Arbeitsordnung maßgebend. Die Unterlassung der Aushändigung der Arbeitsordnung ist strafbar.

Die Arbeitsordnung muß den Zeitpunkt enthalten, mit dem sie in Wirksamkeit treten soll, und von demjenigen, der sie erläßt, unter Angabe des Datums eigenhändig unterschrieben sein, da sie sonst rechtsungültig ist. Bei Gemeindebetrieben muß die Unterzeichnung mindestens durch den Leiter des betreffenden Betriebes oder seinen Stellvertreter erfolgen. Unterstempelung genügt also nicht. Dagegen ist bei den Exemplaren der Arbeitsordnung, die den Arbeitern ausgehändigt werden, der Abdruck der Unterschrift als ausreichend zu erachten.

Die Arbeitsordnung und etwaige Nachträge dazu treten frühestens zwei Wochen nach ihrem Erlaß in Geltung. Inhaltliche Abänderungen der Arbeitsordnung, z. B. bezüglich des Beginnes und des Endes der täglichen Arbeitszeit, können nur durch den Erlaß von Nachträgen oder in der Weise erfolgen, daß an Stelle der bestehenden eine neue Arbeitsordnung erlassen wird; durch einseitige mündliche Erklärungen des Arbeitgebers oder durch schriftliche Vereinbarungen mit allen Arbeitern kann der Inhalt der Arbeitsordnung nicht abgeändert werden. Dagegen sind abweichende schriftliche oder mündliche Vereinbarungen mit einzelnen Arbeitern zulässig, jedoch mit Ausnahme der in § 134 c Abs. 2 der Gewerbeordnung vorgesehenen Bestimmungen (Entlassung, Austritt aus der Beschäftigung, Geldstrafen). Der Inhalt der Arbeitsordnung ist, soweit er den Gesetzen nicht zuwiderläuft, für den Arbeitgeber und die Arbeitnehmer rechtsverbindlich. Diese Arbeitsordnungen nennt man auch qualifizierte Arbeitsordnungen, im Gegensatz zu den nicht gemäß §§ 134 a ff. der Gewerbeordnung erlassenen einfachen (gewöhnlichen) Arbeitsordnungen.

Vor dem Erlasse der Arbeitsordnung oder eines Nachtrages zu derselben ist den im Betriebe oder in den betreffenden Betriebsabteilungen beschäftigten großjährigen Arbeitern Gelegenheit zu geben, sich über den Inhalt zu äußern. Für Betriebe, in denen ein ständiger Arbeiterausschuß im Sinne der Gewerbeordnung besteht, wird dieser Vorschrift durch Anhörung des Arbeiterausschusses genügt. Die Anhörung der Arbeiter bzw. des Arbeiterausschusses hat den Zweck, den Arbeitgeber von der Ansicht der Arbeiter über den Inhalt der Arbeitsordnung zu unterrichten. In welcher Weise der Arbeitgeber die Arbeiterschaft anhören will, ist seinem Ermessen überlassen.

Die Arbeitsordnung sowie jeder Nachtrag zu derselben ist binnen drei Tagen nach dem Erlaß in zwei (vom Arbeitgeber unterschriebenen) Ausfertigungen der unteren Verwaltungsbehörde (das ist in Preußen in Städten mit mehr als 10000 Einwohnern die Ortspolizeibehörde, im übrigen der Landrat) einzureichen. Bei der Einreichung sind die zu dem Inhalte der Arbeitsordnung von den Arbeitern schriftlich oder zu Protokoll geäußerten Bedenken mitzuteilen; auch ist eine Erklärung beizufügen, in welcher Weise die Arbeiter über den Inhalt der Arbeitsordnung gehört worden sind. Ein Recht oder eine Pflicht der unteren Verwaltungsbehörde zur Bestätigung oder Genehmigung der eingereichten Arbeitsordnung besteht nicht; vielmehr soll die Behörde im Einvernehmen mit dem zuständigen Gewerbeaufsichtsbeamten, dem sie eine Ausfertigung zu übersenden hat, nur prüfen, ob die Arbeitsordnungen und die Nachträge dazu ordnungsgemäß erlassen sind und ob ihr Inhalt nicht den gesetzlichen Bestimmungen zuwiderläuft (vgl. Ziff. 218 ff. der Preußischen Ausführungsanweisung zur Gewerbeordnung). Das Inkrafttreten der Arbeitsordnung an sich ist von dieser behördlichen Prüfung nicht abhängig.

Für minderjährige Arbeiter müssen nach den Bestimmungen der Gewerbeordnung Arbeitsbücher ausgestellt werden. Wegen Führung dieser Bücher wird auf die Bestimmungen der Gewerbeordnung verwiesen.

Die Festsetzung der L ö h n e ist Sache der betreffenden Stadtverwaltung. Zu dieser Lohnfestsetzung ist keine behördliche Genehmigung notwendig. Im Hinblick auf § 614 BGB. hat die Lohnzahlung gesetzlich n a c h der Dienstleistung zu erfolgen. Ohne Genehmigung der unteren Verwaltungsbehörde (Ortspolizei bzw. Landrat in Städten mit unter 10 000 Einwohnern) darf die Lohnzahlung nicht in Wirtschaften oder Verkaufsstellen stattfinden. Der Lohn ist während der Arbeitszeit auszuzahlen. Viele Verwaltungen haben den Zahlungstermin auf die Mitte der Woche verlegt, damit die nötigen Einkäufe der Arbeiter noch vor Schluß der Woche besorgt werden können. Seit 1. April 1912 ist den gewerblichen Arbeitern auf Grund der Gewerbeordnung ein Lohnausweis auszuhändigen. Diese Bestimmung hat vielfach zur Folge gehabt, daß die Auszahlung mittels durchsichtiger Lohndüten erfolgt, auf denen die Abrechnung aufgeschrieben ist. Wegen etwaiger Lohnbeschlagnahme vergleiche das ehemalige Bundesgesetz vom 21. Juli 1869 (abgeändert durch die Gesetze vom 29. März 1897 und 17. Mai 1898) sowie § 850 der Zivilprozeßordnung. Wenn in der Arbeitsordnung nähere Bestimmungen über die gegen Arbeiter verfügbaren Strafen getroffen sind, so kann die Strafe (soweit sie in einer Geldstrafe besteht) bei der nächsten Lohnzahlung in Abzug gebracht werden. Wegen der diesbezüglich zu treffenden Bestimmungen vgl. § 134 b und c der Gewerbeordnung (auch Ziff. 220 der Preußischen Ausführungsanweisung zur Gewerbeordnung).

Das Arbeitsverhältnis kann von beiden Seiten gekündigt werden, und zwar unter Einhaltung der abgesprochenen Kündigungsfrist. Ist nichts verabredet, so ist das Verhältnis gemäß § 122 Gew.-O. 14 Tage vorher aufzukündigen. Es bleibt der Betriebsverwaltung überlassen, auch v o r Ablauf der vertragsmäßigen Zeit und ohne Aufkündigung Arbeiter zu entlassen, sofern die Kündigung nach § 123 Gew.-O. gerechtfertigt ist.

Zeugnisse sind den Arbeitern gemäß § 113 Gew.-O. a u f A n f o r d e r n auszustellen (vgl. auch § 146³ Gew.-O. und § 823 Abs. 2 BGB.).

In einzelnen Städten bestehen neuerdings Arbeiterausschüsse. Eine r e c h t l i c h e Bedeutung kommt den Arbeiterausschüssen nicht zu. Die Gew.-O. bezieht sich in vielen Fällen auf Anhörung usw. des Arbeiterausschusses und begünstigt so die Bildung solcher Ausschüsse. Arbeiterausschüsse werden in der Regel für jeden Betriebszweig gebildet.

Ansprüche aus dem Arbeitsverhältnis verjähren nach § 196 Ziff. 9 BGB. innerhalb zweier Jahre. Die Verjährung beginnt mit dem Schlusse des Jahres, in dem der Anspruch entstanden ist.

Da Sonn- und Festtagsarbeit in Gaswerken ständig vorkommt, ist in die Arbeitsordnung die Verpflichtung zur Leistung derartiger Arbeiten aufzunehmen (vgl. § 105 Gew.-O.). Wegen Arbeits- usw. Räume vgl. § 618 BGB. und §§ 120 a—f Gew.-O.

In diesen Ausführungen sind die wesentlichen Grundlagen für die Beordnung des Arbeiterwesens gegeben. Wie erwähnt, unterliegen eine Reihe von Angelegenheiten im Arbeiterwesen der örtlichen Regelung; diese können hier nicht weiter erörtert werden, sondern müssen jeweils besonderen Erhebungen überlassen bleiben.

Bezüglich der bei Behandlung des Arbeiterwesens erforderlichen Formulare diene folgende beschränkte Übersicht:

a) Als Anlage zum Etat ist ein L o h n e t a t aufzustellen, der zweckmäßig folgende Spalten enthält: 1. Im laufenden Jahre werden beschäftigt ....Arbeiter. 2. Im Jahre .... sind erforderlich .... Arbeiter. 3. Lohnklasse. 4. Lohnsatz. 5. Nebenbezüge. 6. Tagesaufwand. 7. Zahl der Arbeitstage im Jahr. 8. Jahresaufwand. 9. Bemerkungen.

b) Über die beschäftigten Arbeiter ist eine P e r s o n a l l i s t e zu führen nach etwa folgendem Muster:

Musterschema zur

1	2	3	4	5	6	7	8	9
					im städtischen Dienst		Tagelohn oder Monatslohn? (im wievielfachen Betrag des Tagelohnes)	
Kontroll-Nr.	Familienname	Vorname	Dienststellung	Tag der Geburt	überhaupt	in gegenwärtiger Stellung		Klasse der Lohntafel

c) Über die Annahme ist eine A n n a h m e v e r h a n d l u n g aufzunehmen. Diese enthält im Kopf die genauen Personalien des Anzunehmenden, sodann den Antrag:

»Ich (der Abteilungsvorsteher) bitte, den Vorgenannten für die obenbezeichnete Stelle in Lohnklasse ......, Stufe ...... mit einem $\frac{\text{Tage-}}{\text{Monats-}}$Lohn von .... M. vom .... bis auf weiteres mit normaler Kündigungsfrist annehmen zu dürfen. Nächstes Aufrücken in Stufe ...... am 1. April ....

Die genehmigte Zahl der obenbezeichneten Stellen beträgt ...., nach Eintritt des Vorgeschlagenen sind hiervon besetzt ....

An Personalausweisen sind beigefügt: ....

....

(Unterschrift).

Nach Genehmigung der Annahme ist mit dem Anzunehmenden die eigentliche Verhandlung aufzunehmen, aus der hervorgeht:

1. Wann der Diensteintritt erfolgt.

2. Lohnverhältnisse, Kündigungsfrist usw.

3. Angabe betr. überreichter Quittungskarte (Nummer und Angabe der Art und Anzahl der Marken), Krankenkassenausweis, Arbeitsbuch usw.

4. Angabe der ausgehändigten Dienstgegenstände und Dienstvorschriften.

5. Bezeichnung der Vorgesetzten, desgl. derjenigen, welche zur Bestrafung und Entlassung berechtigt sind.

6. Rückgabe etwa vorgelegter Zeugnisse.

Diese Angaben sind von dem Anzunehmenden und dem Dienstvorsteher zu vollziehen.

d) Über jeden Arbeiter ist eine P e r s o n a l a k t e zu führen, der ein Personalbogen vorzuheften ist. Der Personalbogen hat zu enthalten Angaben über

Personalliste.　Schema 8.

10																11
Lohnsatz																Bemerkungen
ab	Stufe	ℳ	₰	ab	Stufe	ℳ	₰	ab	Stufe	ℳ	₰	ab	Stufe	ℳ	₰	
a)																
b)																
c)																
a)																

1. Erkrankungen und Unfälle (Dauer, Art der Krankheit, etwaige Lohnfortzahlung).

2. Beurlaubungen und militärische Übungen (Dauer, Art, etwaige Lohnfortzahlungen).

3. Arbeitsunterbrechungen (Dauer, Grund usw.).

4. Strafen.

5. Beim Ausscheiden Quittung des Ausscheidenden über Rückgabe der Versicherungspapiere.

e) Der B e s c h ä f t i g u n g s n a c h w e i s, der als Unterlage zu der wöchentlichen Lohnverrechnung dient, kann nach etwa folgendem Muster geführt werden:

Musterschema für den Beschäftigungsnachweis. Schema 9.

Kontr.-Nummer	Name und Dienststellung des Arbeiters	Monat ———— Tag	Dienstplanmäßig D = Bereitschaftsdienst B =	Arbeitsschicht		Überstunden Sonntagsarbeit Nachtarbeit		Überstunden Sonntagsarbeit Nachtarbeit		Lohnzuschlag	Sonstige Bezüge				*) Verrechnung hat nicht in der Lohnliste, sondern mittels besond. Rechnungs-Form. zu erfolgen. Bemerkungen des Aufsichtspersonals über die Art der Beschäftigung und Unterschrift des Bauführers als Richtigkeitsbescheinigung der zu verrechnenden Arbeitsleistungen
				Tag	Nacht	ohne		mit			₰	₰	ℳ		
						Lohnzuschlag									
1	2	3	4	5	6	7	8	9	10	11	12	13	14	15	16
		S.													
		M.													
		D.													
		M.													
		D.													
		F.													
		S.													
		S.													

f) Tagelohnverrechnung.

| (links) Verrechnungsstelle | (Mitte) Firma | (rechts) Kassenbuchungszeichen |

Tagelohnrechnung

für die Zeit vom .... bis ....

| Für die Richtigkeit: | Rechnerisch richtig: |

Anweisungsformel.

II. Seite: Schema mit folgenden Spalten:
1. Kontrollnummer.
2. Name des Empfängers.
3. Bezeichnung der Arbeitsleistung (Arbeitsschicht, Überstunden-, Sonntagsarbeit, Nachtarbeit, Lohnzuschlag).
4. Spalte für Zeit, für welche die Verrechnung erfolgt.
5. Zahl der Tage usw.
6. Betrag des Lohnes (für Tag oder Stunden, im einzelnen, im ganzen).
7. Verteilung auf die einzelnen Verrechnungsstellen.
8. Abzüge (Invalidenversicherung, Krankenkasse).
9. Bleiben zu zahlen.
10. Quittung über den Empfang.

g) Zur schnelleren Abwicklung des Lohnzahlungsgeschäftes empfiehlt sich die Verwendung von Fensterlohndüten nach folgendem Muster. Der Arbeiter ist bei Verwendung derartiger Lohndüten mit aufgeschriebenem Lohnausweis in der Lage, den ausgezahlten Lohn und seine zu beanspruchenden Bezüge zu kontrollieren und ev. Reklamationen vor dem Öffnen der Düte anzubringen.

Fensterlohndüte mit Lohnnachweis.

Schema 10.

Nachzählen vor Öffnung.
Fenster

Kontroll-Nr. .... Name: ....

Abrechnungs-Zettel

für den .... bis .... 19.....

Arbeitsschichten	....	Lohnsatz:	.... M =	.... M	.... ₰
Überstunden Sonntagsarbeit (mit ohne Lohnzuschlag)	....	»	.... » =	.... »	.... »
Nachtarbeit (mit ohne Lohnzuschlag)	....	»	.... » =	.... »	.... »
Überstunden Sonntagsarbeit (mit Lohnzuschlag)	....	»	.... » =	.... »	.... »
Nachtarbeit (mit Lohnzuschlag)	....	»	.... » =	.... »	.... »
Lohnzuschlag . .	....	»	.... » =	.... »	.... »
Entfernungszulage	....	»	.... » =	.... »	.... »
Mietzuschuß				.... »	.... »
			Gesamtgeldbetrag	.... M	.... ₰

Abzüge:

Invaliden-Vers.-Beiträge .	.... M	.... ₰
Krankenkassen- » . .	.... »	.... »
» Eintrittsgeld	.... »	.... »
Sonstiges:	.... »	.... »
Hauspflegeverein	.... »	.... »
....	.... »	.... »
....	.... »	.... »

Abzüge im ganzen .... M .... ₰

Barzahlung .... » .... ₰

Spareinlagen wurden eingezahlt .... Tage à .... ₰

Für die Richtigkeit:

des Auszugs ...., Rechnungsbeamter,

der Einzahlung ...., Lohnzahlungsbeamter.

Verwaltung der Inventarien. Zu den Inventarien gehören alle beweglichen Gegenstände, welche zur längeren Benutzung dienen, sowie solche, die zwar mit Gebäuden, baulichen und maschinellen Anlagen verbunden, aber nicht als Bestandteil oder dauerndes Zubehör anzusehen sind. Man unterscheidet Bureauinventar und Bau- und Betriebsinventar. Die Einreihung in diese Kategorien ergibt sich aus ihrer Benutzung.

Für die Verwaltung der Inventarien ist zweckmäßig ein Beamter als Verwalter zu bestimmen; dieser besorgt die mit der Inventarbeschaffung und -unterhaltung erforderlichen Arbeiten und ist für den Verbleib, die gute Erhaltung und die ordnungsgemäße Aufbewahrung der Inventarien verantwortlich. Zu dessen Unterstützung empfiehlt es sich, für jeden Raum, in dem sich Inventarien befinden, einen Beamten usw. mit der Beaufsichtigung der Inventarien zu betrauen.

Der Inventarverwalter hat über die vorhandenen Inventarien ein Bestandsbuch nach folgendem Muster zu führen:

Musterschema zum

Buchstabe	Lfde. Nr.	Bezeichnung der Inventarien	Bestand: Beschafft bezw. übernommen von: Abgeliefert bezw. abgegeben an:	am	Zugang	Abgang	Bestand	Beschaffungspreis $\mathcal{M}$ | $\mathfrak{H}$	Die Inventarien						
1	2	3	4	5	6	7	8	9							

Die Inventarstücke sind im Bestandsbuch nach Buchstaben geordnet einzutragen. Die Verteilung der Bestände auf die einzelnen Räume kann zur besseren Vornahme von Veränderungen mit Blei eingetragen werden. Für alle Stellen, für welche im Bestandsbuch eine Unterspalte in Spalte 10 eingerichtet ist, sind Inventarnachweise nach folgendem Muster anzufertigen und vom Inventarverwalter und dem mit der Beaufsichtigung der Inventarien eines bestimmten Raumes betrauten Beamten zu unterschreiben.

(Amt) ....   Schema 12.

Inventariennachweis

der dem .... überwiesenen Inventarien.

Des Inventarienbestandbuchs			Bestand	Bemerkungen insbesondere über Zu- und Abgang
Buch- stabe	Lfde. Nr.	Benennung		
1	2	3	4	5

Aufgestellt   Anerkannt:

N.N., den.................................   N.N., den..................................

Der Inventarienverwalter:

....

Die Inventarnachweise sind in dem betreffenden Raum sichtbar aufzuhängen; Änderungen an denselben sind nur vom Inventarverwalter vorzunehmen.

G r u n d b e s i t z v e r w a l t u n g.   Um jederzeit einen Überblick über den Grundbesitz des Werkes zu haben, ist die Anlegung und Führung eines »Liegenschaftsverzeichnisses« erforderlich.   Das Muster (Schema 13) bietet hierzu einen Anhalt.

Gesondert von diesem Liegenschaftsverzeichnis sind Pläne, auf denen die Besitzungen besonders angelegt sind, anzufertigen.   Das Liegenschaftsverzeichnis ist, besonders bei größerem, über verschiedene Gemeinden sich ausdehnendem Besitz, fest zu binden und nur als Bestandsbuch zu betrachten.   Neben demselben sind für jede Gemarkung getrennt besondere Besitzakten nach Schema 14 zu führen:

Eine Übersicht über die Größe des Besitzes in jeder einzelnen Gemarkung gibt eine Zusammenstellung nach Schema 15, in welche man aus den Besitzakten die Summenwerte von den einzelnen Seiten über Größe und Ankaufswerte der Besitzungen überträgt.

Inventarien-Bestandsbuch.   Schema 11.

befinden sich																						Blatt..........
																						Bemerkungen
									10													

Die Besitzakten sind für den gewöhnlichen Gebrauch bestimmt; in dieselben sind neben dem Bestandsverzeichnis auch der Schriftwechsel über den Erwerb bzw. Verkauf, Umbenennung usw. und die grundbuchamtlichen Benachrichtigungen einzuheften. Zur ersten Anlegung empfiehlt es sich, von den einzelnen Amtsgerichten Grundbuchauszüge zu fordern.

Zur Kontrolle über die Verwendung der Kreszenzen der Grundstücke empfiehlt es sich, ein »Pachtverzeichnis« — nach Gemarkungen getrennt — nach Schema 16 zu führen.

An Hand dieses Verzeichnisses läßt sich jederzeit die Höhe der zu erwartenden Pacht und der Ablauf der Pachtzeit nachsehen.   Zweckmäßig sind diesen Akten die Pachtverträge bzw. Pachtprotokolle beizufügen.   Spalte 2 des Pachtverzeichnisses muß alle Grundstücke enthalten, die in Spalte 2 der Besitzakten aufgeführt sind.   Wird die Kreszenz eines oder mehrerer Grundstücke jährlich versteigert, so ist in dem Verzeichnis ein entsprechender Vermerk zu machen.

Besitzt das Werk auf fremden Grundstücken Servitute, dann ist auch hierüber ein Verzeichnis, getrennt nach Gemarkungen, etwa nach folgendem Muster zu führen; in den obengenannten Plänen würden die mit Servituten belasteten fremden Grundstücke mit anderer Farbe anzulegen sein.

Eine derartig geregelte Grundbesitzverwaltung in Verbindung mit einem gut gearbeiteten Planmaterial bietet insbesondere bei Überland-Gaszentralen beste Dienste und gibt jederzeit einen klaren Überblick über die Besitzverhältnisse der durch das Rohrnetz usw. in Anspruch genommenen eigenen und fremden Grundstücke.

β) Das finanzwirtschaftliche Verwaltungswesen.

Die finanzwirtschaftliche Verwaltung der gemeindlichen Gaswerke stützt sich teils auf die kameralistische Haushaltsrechnung (kameralistische Buchführung), teils auf die

Musterschema des Liegen-

Lfde. Nr.	Gemarkung bzw. Ortschaft	Örtliche Lage			Grundbuch-Bezeichnung			Gattung der Gebäude Verwendungsart der Grundstücke	Genaue Beschreibung, Zeit des Erwerbes, Geschichte der Entstehung, Bauart, Einrichtung, Bestimmung, aufgewendete Kosten usw.	Besondere Rechtsverhältnisse, Gerechtsame und Verbindlichkeiten
		Ktbl.	Nr.	Straße	Grdb.	Band	Nr.			

Musterschema für

Lfd. Nr.	Örtliche Lage		Grundbuch-Bezeichnung			Gattung der Gebäude, Verwendungsart der Grundstücke	Genaue Beschreibung Zeit des Erwerbes, Geschichte der Entstehung, Bauart, Einrichtung, Bestimmung, aufgew. Kosten usw.
	Gewann bzw. Kartenblatt Nr.	Straße	Grundbuch	Band	Nr.		

Schema 15.

Zusammenstellung
der Größen und Werte der in Gemarkung
.... belegenen Grundstücke

Größe der Grundstücke			Schätzungswert bzw. Ankaufspreis		Feuerversicherungswert	
ha	a	qm	M.	Pfg.	M.	Pfg.

Musterschema für Verzeichnis

Lfd. Nr.	Bezeichnung des Grundstückes										
	Kartenblatt	Parzelle	Lage	Wirtschafts-Art	Größe			nach dem Grundbuch			
					ha	a	qm	von	Band	Blatt Nr.	Lfd. Nr.

schaftsverzeichnisses.

Schema 13.

Größe			Wert				Veränderungen	Abgang					Zugang					Bemerkungen
			Schätzungswert bzw. Ankaufspreis		Feuerversicherungswert			des Flächengehaltes			des Wertes		des Flächengehaltes			des Wertes		
ha	ar	qm	ℳ	₰	ℳ	₰		ha	ar	qm	ℳ	₰	ha	ar	qm	ℳ	₰	

die Besitz-Akten.

Schema 14.

Besondere Rechtsverhältnisse, Gerechtsame und Verbindlichkeiten	Größe			Wert				Akten
				Schätzungswert bzw. Ankaufspreis		Feuerversicherungswert		
	ha	a	qm	M.	Pfg.	M.	Pfg.	

Schema 16.

Musterschema für das Pachtverzeichnis.

Lfd. Nr.	Bezeichnung		Größe			Des Pächters		Verpachtet			
	Krtbl. bzw. Flur	Parz. Nr.						bis		z. Preise	
			ha	a	qm	Name	Wohnort	Tag Monat	Jahr	ℳ	₰

von Grundstücken und Servituten.

Schema 17.

Des Eigentümers		Wortlaut der zugunsten des Gaswerkes eingetragenen Lasten und Beschränkungen	Vertrag oder sonstige Abmachungen, welche hier Bezug haben J.-Nr. usw.	Bemerkungen Löschungen usw.
Namen	Wohnort			

kaufmännische Geschäftsrechnung, die kaufmännische Buchführung; in einer größeren Anzahl von Fällen werden beide Arten der finanzwirtschaftlichen Überwachung gleichzeitig verwendet. Ein Urteil über die Häufigkeit der Verwendung der beiden genannten Rechnungs- bzw. Buchführungssysteme, die in den letzten Jahren und mit der zunehmenden Bedeutung der gemeindlichen Betriebe als Erwerbswirtschaften Anlaß zu regem Meinungsaustausch gegeben hat, gibt eine Schrift[1]) des Regierungskassen-Inspektors Glaubach in Schleswig, nach der bei 203 deutschen Stadtverwaltungen für gemeindliche Gas-, Wasser- und Elektrizitätswerke eingeführt ist:

1. Kameralistische Buchführung (in 22 Städten werden dabei Bilanzen bzw. Vermögensrechnungen aufgestellt) in . .   108 Städten
2. Kaufmännische Buchführung in   51   »
3. Kameralistische und kaufmännische Buchführung gemischt (d. h. in den verschiedenen Betrieben dieser Städte teils kameralistische, teils kaufmännische Buchführung, teils beide zugleich in einem Betrieb) in   44   »

Die meisten Gemeindegaswerke verwenden hiernach zurzeit die kameralistische Rechnungsweise zur finanzwirtschaftlichen Verwaltung, und die kleinere Zahl der Gaswerke, worunter sich allerdings die meisten großen Gaswerke befinden, bringen die kaufmännische Buchführung zur Anwendung. Ein unmittelbares Urteil über die Zweckmäßigkeit der beiden Buchführungsarten für die Gemeindebetriebe und die Gemeindegaswerke im besonderen ist in dieser Verteilung ihrer Verwendung kaum zu erblicken. Die Mehrzahl der Gemeinden bzw. Städte hat eben die kameralistische Buchführung für die allgemeine Verwaltung auf die technischen Betriebe übertragen und hält an derselben mit Rücksicht auf eine »einheitliche Durchführung des Haushaltplanes« und trotz der Mängel, welche dieselbe in ihrer meist verwendeten reinen Form für die werbenden Betriebe mit sich bringt, fest. Ein indirekter Beweis für die Überlegenheit der kaufmännischen Buchführung liegt dagegen in der Verwendung der kaufmännischen Buchführung bei der Minderheit der Städte und insbesondere bei den großen Städten, da diese unter Durch brechung des Einheitlichkeitsprinzips des Kameralisten der kaufmännischen Buchführung den Vorzug gegeben haben. Hiernach sowohl wie aus der Tatsache, daß die Gaswerke ihrem Wesen nach Erwerbswirtschaften sind (ohne Rücksicht auf die Ausschließlichkeit des Erwerbszweckes!) und als solche neben dem einfachen Kassennachweise auch der gesicherten Niederschrift aller und jeder Geschäftsvorfälle, auch bezüglich der V e r m ö g e n s veränderungen aller Art, sowie des Nachweises von Gewinn und Verlust des Unternehmens ebensowohl wie irgendwelches Privatunternehmen bedürfen, ist die kaufmännische Buchführung grundsätzlich als die zweckentsprechende Form für die finanzwirtschaftliche Überwachung der Gemeindegaswerke anzusehen. Entbehrt somit auch die reine kameralistische Buchführung bei Gemeindegaswerken im Interesse des Geschäftsbetriebes einer inneren Berechtigung, was auch von den eifrigsten Verfechtern der kameralistischen Buchführung zugestanden werden muß, so verdienen doch die nach dem Vorbild der kaufmännischen Buchführung durchgeführten e n t w i c k e l t e n kameralistischen Buchführungssysteme die vollste Beachtung aller der Gemeindebetriebe, die aus verschiedenartigen Gründen an der Verwendung der kaufmännischen Buchführung verhindert sind.

Die reine kameralistische Buchführung stellt in ihrer Bestimmung als Rechnungsnachweis für Verbrauchs- (Aufwands-, Konsum-) Wirtschaften, was die Gemeinde-, Stadt- und Staatshaushalte ganz allgemein sind, lediglich buchmäßig fest, inwiefern die wirklichen Einnahmen und Ausgaben von den etatsmäßig festgelegten bzw. ver-

---

[1]) Glaubach, Buchführung für die Stadt- und Gemeindeverwaltung, Carl Heymanns Verlag, Berlin 1911.

waltungsseitig angeordneten »Sollbeträgen« abweichen und gibt den Nachweis über den Verbleib des Geldes und über den baren Kassenüberschuß. In dem Bestreben, diese kameralistische Buchführung auch für Gemeinde b e t r i e b e geeignet zu gestalten, wurden von verschiedenen Vertretern des kameralistischen Buchführungssystems Erweiterungen und Umgestaltungen dieses Rechnungssystems nach den Grundsätzen der kaufmännischen Buchführung vorgenommen und in vereinzelten Fällen zur Anwendung gebracht. Als ältestes dieser entwickelten kameralistischen Buchführungssysteme ist die kameralistische Buchführung mit kaufmännischen Hilfsbüchern zu nennen, die neben dem Kassennachweis in den Nebenbüchern den buchmäßigen Nachweis des Vermögensstandes zum Zwecke haben; diese Art der kameralistischen Buchführung wird nicht als vollwertig anerkannt, da der Nachweis des Vermögensstandes nicht im zwingenden Zusammenhang mit den kameralistischen Hauptbüchern (Kassenbuch und Hauptbuch oder Manual) steht. Aus einem Preisausschreiben der Deutschen Städteausstellung in Dresden 1903 über das »Kassenwesen der deutschen Gemeinden« ging als erster Preisträger Stadtkämmerer Constantini[1]) mit einer »Verwaltungs-Doppelbuchführung« hervor, welche die doppelte Buchungsart auf das Kameralbuchführungssystem übertrug. Stadtrentmeister Klapdor[2]) trat im Jahre 1910 mit einem »Gehobenen Kameralstil« hervor, der einen guten Vermittlungsvorschlag für die Anwendung kaufmännischer Grundsätze bei der kameralistischen Buchführung darstellt und ebenso wie Stadtrechnungsdirektor Kramer[3]) die Notwendigkeit der kaufmännischen Buchungsarten, wie Vortrag von Beständen u. dgl., anerkannte. Um allen Ansprüchen der doppelten kaufmännischen Buchführung gerecht zu werden, wie sie z. B. von Dr. jur. Waldschmidt[4]) in seinem Werk »Kaufmännische Buchführung in staatlichen und städtischen Betrieben« aufstellte, hat in neuester Zeit Rechnungsrevisor Schneider[5]) ein kombiniertes Verfahren durchgebildet, das unter Beibehaltung der kameralistischen Buchführungsgrundformen so viel von der doppelten kaufmännischen übernimmt, als zur Erlangung einer Bilanz, Gewinn- und Verlustrechnung sowie Selbstkostenberechnung notwendig ist. Diese letztgenannte kameralistisch-kaufmännische Buchführungsmethode ist in der erwähnten Schrift an Hand der Buchführung für ein Gemeindegaswerk vorgeführt und verdient als neuestes und vollständigstes der kameralistischen Buchführungssysteme die besondere Aufmerksamkeit aller der zahlreichen Gaswerke und sonstigen Gemeindebetriebe, welche die kameralistische Buchführung verwenden und auch fernerhin zu deren Verwendung gehalten sind.

H a u s h a l t p l a n. Ohne Rücksicht auf die Art der verwendeten Buchführung wird von den Gemeindegaswerken allgemein eine, wenn auch beschränkte, finanzwirtschaftliche Überwachung auf der Grundlage eines Etats bzw. Haushaltplanes gefordert. Die Forderung wird aus der gesetzlich festgelegten Pflicht der Gemeinden als öffentlich-rechtliche Körperschaften hergeleitet, einen Haushaltvoranschlag für die gesamte Verwaltung aufzustellen, der die voraussichtlichen Einnahmen und Ausgaben für eine bestimmte Zeit (ein Jahr) enthält und balanciert. Diese Pflicht der Gemeinden, die übrigens auch einer unbedingten Notwendigkeit für die Gemeinden als Verbrauchs-

---

[1]) Constantini, Das Kassen- und Rechnungswesen der deutschen Stadtgemeinden. F. Leineweber, Leipzig 1903.

[2]) Klapdor, Die kameralistische Buchführung, L. Schwann, Düsseldorf 1910.

[3]) Kramer, Leitfaden für das Etats-, Rechnungs-, Kassen- und Revisionswesen der deutschen Stadtgemeinden, F. Leineweber, Leipzig 1904; desgl., Kaufmännische oder kameralistische Buchführung, Preußisches Verwaltungsblatt Nr. 5 von 1907, Nr. 13 von 1910; desgl., Rundschau für Gemeindebeamte Nr. 29 und 30, 1911.

[4]) Waldschmidt, Kaufmännische Buchführung in staatlichen und städtischen Betrieben, Otto Liebmann, Berlin 1908.

[5]) Schneider, Wegweiser durch die gehobene, kameralistische Buchführung für werbende Betriebe, F. Wahlen, Berlin 1913.

wirtschaften entspricht, Einnahmen und Ausgaben für eine bestimmte Zeit planmäßig
gegeneinander abzuwägen und hieraus unter Wahrung einer ausreichenden Vorankündi-
gungsfrist die erforderlichen Steuern für die Gemeindeangehörigen zu ermitteln, hat sehr
allgemein zu Aufstellung detaillierter Haushaltpläne auch für die Gemeindebetriebe
und die Gaswerke im besonderen geführt, obwohl dies für diese gesondert arbeitenden
Unternehmen weder unbedingt erforderlich noch zweckmäßig erscheint. Diesbezüglich
kann vielmehr die Ansicht vertreten werden, daß es für die Zwecke der allgemeinen Gemeindeverwaltung vollkommen ausreichend ist, wenn die Gaswerke und die sonstigen
Betriebsverwaltungen diejenigen Beträge zur Einstellung in den allgemeinen Haushaltplan aufgeben, die als Reingewinne aus diesen Unternehmungen zu erwarten sind und
ev. diese Beträge mit Hilfe eines Gewinn-Ausgleichfonds (Gewinn-Reservefonds) sicher-
stellen. Ob zur Ermittlung dieser Beträge von seiten der Gaswerksverwaltungen ähnliche
Aufstellungen wie für die bisherigen Etatsaufstellungen gemacht oder die Ermittlungen
nach mehr kaufmännisch-wirtschaftlichen Grundsätzen durchgeführt werden, und weiter,
wie weit derartige Ermittlungen als Nachweise für die aufgegebenen Beträge den Gemeindeverwaltungen vorzulegen sind, kann der Beurteilung im einzelnen Falle überlassen
bleiben; jedenfalls aber wird bei einer derartig geregelten Vorausbestimmung des voraussichtlichen Gewinnes vermieden, daß die Gaswerke gezwungen sind, den Voranschlag
in allen Einzelheiten nach einem festbestimmten Rahmen festzulegen und am Jahresende den »Nachweis« für einen derartig detaillierten und »bewilligten« Voranschlag zu erbringen. Wollen die Gaswerke als Erwerbswirtschaften alle Gewinnmög-
lichkeiten ausnutzen, so müssen sie vielmehr möglichst frei sein von der Beschränkung
durch die Einhaltung eines Haushaltplanes, der in allen Einzelheiten ein halbes Jahr
und mehr vor dem jeweiligen Geschäftsjahr festgelegt ist, zumal bei der vielseitigen Wirt-
schaftsbetätigung und der raschen Wirtschaftsentwicklung der heutigen Gaswerke
sowohl die Einnahmen durch Gewinnung von zahlreicheren oder großen Konsumenten,
durch gesteigerte Installationen, günstige Verkäufe, durch Konjunkturen u. a. m., wie
auch die Ausgaben durch Steigerungen des Konsums, der Löhne, Reparaturen, Preise
für Materialien etc. großen Veränderungen unterworfen sein können. Von diesem
Standpunkt aus muß es heute als Grundsatz aufgestellt werden, den offiziellen Etat
der Gemeindegaswerke, also den Etat, dessen Einhaltung buchmäßig verlangt wird,
so e i n f a c h wie irgend zulässig zu gestalten, soweit nicht überhaupt von der Vorlage
eines offiziellen Etats an die Gemeindeverwaltung abgesehen wird, wie dies in einzelnen
Fällen bereits eingeführt ist.

Die heute bei den meisten Gaswerken in Gebrauch befindliche Etatsform baut sich
auf folgender Grundform[1]) auf:

Schema 18.

Allgemeine Grundform der Etatsunterteilung für Gemeindegaswerke.

E i n n a h m e n.

I. Für bezahltes Gas.
II. Für Nebenprodukte.
    1. Koks;
    2. Teer;
    3. Ammoniak;
    4. Reinigungsmasse.
III. Für verschiedene Erzeugnisse (Erlös für Schlacke, Graphit usw.).
IV. Für Gasmessermieten.

---

[1]) Siehe Schäfer, Die Buchführung der Gasanstalten, Verlag R. Oldenbourg, München-Berlin 1906.

V. Für Privateinrichtungen (Anschluß- und Hausinstallationen, Unterhaltung, Abonnement auf Gasglühlichtbrenner usw.).

VI. Für Zinsen vom Reservefonds.

VII. Für Pachte und Mieten.

Ausgaben.

I. Besoldungen.
    1. Gehälter;
    2. Pensionen;
    3. Unterstützungen.

II. Löhne
    1. für Kassenboten, Portier usw.;
    2. für den Betrieb;
    3. für die Laternenwärter.

III. Betriebsmaterialien.
    1. Gaskohlen;
    2. Reinigungsmasse;
    3. verschiedene Betriebsmaterialien.

IV. Unterhaltung
    1. der Gebäude und Grundstücke;
    2. der Retortenöfen;
    3. der Maschinen, Apparate und Gasbehälter;
    4. des Rohrsystems;
    5. der öffentlichen Beleuchtung;
    6. der Utensilien;
    7. der Gasmesser.

V. Retortenunterfeuerung (Koksverbrauch für Retortenöfen).

VI. Dampfkesselunterfeuerung (Koksverbrauch für Dampfkessel).

VII. Materialien für Installationszwecke.

VIII. Allgemeine Unkosten:
    Steuern, Versicherungen usw.;
    Drucksachen, Schreibmaterial usw.;
    Bureaubedürfnisse, Zeitschriften, Porti, Telegramme usw.;
    Reise- und Fuhrkosten, Spesen usw.;
    Beleuchtung, Heizung und Wasserzins;
    Verschiedenes.

IX. Zinsen.

X. Tilgung.

XI. Erneuerungsfonds (für Gasmesserbeschaffung, Inventarien, Betriebsgeräte, Rohrnetzanschlüsse usw.).

XII. Reingewinn.

In dem Bestreben der Betriebsverwaltungen, einen möglichst genauen Nachweis über die voraussichtlichen Einnahmen und Ausgaben zu geben, teils aber wohl aus dem in früheren Zeiten besonders stark hervorgetretenen Bedürfnis vieler Gemeindeverwaltungen und Bürgervertretungen, in alle E i n z e l h e i t e n der Betriebsverwaltungen hineinzusehen, sind viele Gaswerke auf der vorstehenden Etatsgrundform zu sehr detaillierten Etatsaufstellungen gelangt. Es ist dies aus den vorerwähnten Gründen entschieden zu beklagen, um so mehr als sich jetzt die Bürgervertreter nur ungern bereit

finden, ihr gesetzlich festgelegtes Geldbewilligungsrecht durch eine vereinfachte Etatsaufstellung »beschränken« zu lassen.

Gänzlich verschieden von solcher Art entwickelter Etatsaufstellungen sind die
detaillierten Etatsaufstellungen von Gaswerken zu beurteilen, bei denen im N e b e n -
zweck eine gewisse Durchleuchtung der Betriebswirtschaft beabsichtigt ist. Dieses Bestreben tritt insbesondere bei größeren und großen Gaswerken hervor; bei denen sich
mit der zunehmenden technischen und wirtschaftlichen Ausgestaltung der Betriebe
in stets wachsendem Maße eine buchmäßige Überwachung der Betriebswirtschaft erforderlich macht. In dieser Beziehung sei auf die Etatsdurchbildungen einzelner größerer
Gaswerke verwiesen, die in der Greinederschen Schrift[1]) über die finanzielle Überwachung der Gaswerksunternehmen auf S. 10 bis 38 zum Abdruck gelangt sind. Naturgemäß gewinnt mit einer derartigen Verwendung des Etats und der Verwendung der
Etatsbuchführung (Betriebsrechnung) als finanzwirtschaftliches Kontrollorgan auch ein
detaillierter Etat wieder erhöhte Bedeutung und läßt die Etatsbuchführung auch neben
der kaufmännischen Buchführung wieder berechtigt erscheinen. Der Nachteil der
detaillierten Etatsnachweisung für die o f f i z i e l l e n Zwecke bleibt natürlich im wesentlichen bestehen.

Ü b e r w a c h u n g   d e r   B e t r i e b s w i r t s c h a f t mit Hilfe der Etatsbuchführung. Eine s y s t e m a t i s c h e Durchleuchtung der Betriebswirtschaft entspricht
einer grundlegenden Forderung für die ordnungsgemäße Verwaltung von Gaswerken
und kann bei diesen mit Rücksicht auf den vielgestaltigen Wirtschaftsbetrieb in der
Gaserzeugung wie in der Gasverteilung bzw. dem Gasvertrieb und zur möglichsten Steigerung des Wirtschaftserfolges ebensowenig wie bei irgendwelchen großindustriellen
Privatunternehmen entbehrt werden, die für diesen Zweck vielfach besondere sog.
Fabrikrechnungen durchführen. Die gemeindlichen Gaswerke besitzen in den heute
noch fast durchweg geforderten detaillierten Etatsaufstellungen die beste Möglichkeit,
mit Hilfe der Etatsbuchführung eine vollendete betriebswirtschaftliche Durchleuchtung
durchzuführen bzw. bei vereinfachter Durchbildung des offiziellen Etats durch eine
entsprechende Ausgestaltung des Etats mit der amtlichen Forderung zu verbinden.
Eine ausführliche Darstellung über eine diesbezügliche Durchgestaltung des Etats
gibt die vorerwähnte Greinedersche Schrift, aus der hier nur die vereinfachte Schluß-
form des Etats wiedergegeben werden soll, wie sie der Verfasser für die Zwecke der
öffentlichen Bekanntgabe des Etats bzw. zur Vorlage an die Gemeindeverwaltung und
Genehmigung durch die Gemeindevertretung empfiehlt.

Schema 19.

Endform einer Etatsunterteilung zwecks Überwachung der Betriebswirtschaft.

E i n n a h m e n.

a) Gas.
b) Abt. A: Gaserzeugungsbetrieb.
    I. Kohlen (Erstattungen).
    II. Nebenprodukte
        1. Koks;
        2. Teer;
        3. Ammoniak;
        4. sonstige Nebenprodukte.
    III. Verschiedenes.

---

[1]) Greineder, Die finanzielle Überwachung der Gaswerksunternehmen, Verlag R. Oldenbourg,
München 1911.

c) Abt. B: Gasverteilungsbetrieb.

      I. Hauptrohrnetzanlage;

     II. Anlage zur öffentlichen Beleuchtung;

   III. Privatgasanlagen;

    IV. Verschiedenes;

     V. Nebenbetriebe.

d) Abt. C: Allgemeine Verwaltung.
    Verschiedenes.

Ausgaben.

Abt. A: Gaserzeugungsbetrieb:

    I. Kohlen.

   II. Betriebsausgaben

      1. Betriebslöhne;

      2. Betriebsmaterialien;

      3. besondere Betriebsausgaben und Verschiedenes.

  III. Unterhaltungsausgaben

      1. Reparaturlöhne;

      2. Reparaturmaterialien;

      3. besondere Unterhaltungsausgaben und Verschiedenes.

   IV. Verzinsung für die Gaserzeugungsanlagen.

    V. Abschreibung für die Gaserzeugungsanlagen.

  VI. Betriebsverwaltung

      1. persönliche Ausgaben;

      2. sachliche Ausgaben;

      3. Steuern usw.

Abt. B: Gasverteilungsbetrieb:

a) Haupt- und Hilfsbetriebe.

    I. Betriebsausgaben

      1. Betriebslöhne;

      2. Betriebsmaterialien;

      3. besondere Betriebsausgaben und Verschiedenes.

   II. Unterhaltungsausgaben

      1. Reparaturlöhne;

      2. Reparaturmaterialien;

      3. besondere Unterhaltungsausgaben und Verschiedenes.

  III. Verzinsung für die Gasverteilungsanlagen.

  IV. Abschreibung für die Gasverteilungsanlagen.

b) Nebenbetriebe.

    I. Gesamtausgaben.

   II. Verzinsung.

  III. Abschreibung.

c) Vertriebsverwaltung.

    I. Persönliche Ausgaben.

   II. Sachliche Ausgaben.

  III. Steuern usw.

Abt. C: Allgemeine Verwaltung:

    I. Persönliche Ausgaben.

    II. Sachliche Ausgaben.

    III. Steuern usw.

    IV. Verwaltungs- und Wohngebäude.

        1. Betriebsausgaben;

        2. Unterhaltungsausgaben;

        3. Verzinsung;

        4. Abschreibung.

Diese Etatsaufstellung, welche die Endform einer eingehendst detaillierten Aufstellung für die Zwecke der betriebswirtschaftlichen Überwachung darstellt (siehe die erwähnte Schrift) und durch Zusammenziehung der notwendigen Detailpositionen auf die angegebenen Hauptpositionen entstanden ist, unterscheidet zur Gewinnung eines tiefergehenden Einblicks in die Wirtschaft der Gaswerke vor allem die drei Hauptbetriebsteile eines Gaswerksunternehmens, den Gaserzeugungsbetrieb, den Gasverteilungsbetrieb (einschl. der Abteilung Gasvertrieb) und die allgemeine Verwaltung, sowohl in Einnahme wie in Ausgabe. Weiter erfaßt diese Etatsaufstellung innerhalb der Hauptbetriebsteile die w e s e n t l i c h e n Einnahme- und Ausgabeposten in solcher Form, wie sie sowohl zur Beurteilung der Wirtschaft des einzelnen Werkes wie auch verschiedener Werke untereinander erforderlich ist. Der Etat besitzt in dieser Form a l l g e m e i n e A n -
w e n d b a r k e i t, ohne Rücksicht auf die Durchgestaltung der einzelnen Gaswerke, erleichtert eine sachgemäße A u f s t e l l u n g des Etats auf Grund der früheren Jahresergebnisse und bietet trotz seiner sachlichen Ausführlichkeit auch unter den wechselnden Wirtschaftsverhältnissen der heutigen Gaswerksunternehmen kaum besondere Schwierigkeiten bezüglich seiner finanziellen »Einhaltung« in den einzelnen Teilen.

S e l b s t k o s t e n b e r e c h n u n g. In welcher Weise ein derartig durchgebildeter Etat die Überwachung der Betriebswirtschaft selbst in seiner Endform ermöglicht, geht aus der folgenden sog. »Selbstkostenberechnung des Gases«, wie sie sich unmittelbar aus der vorstehenden Etatsaufstellung ergibt und die von den Gaswerken vielfach in einer geeignet erscheinenden Form aufgestellt wird. Im vorliegenden Falle gibt die Selbstkostenberechnung detaillierten Aufschluß über die Brutto- und Nettobeträge der Gaserzeugungs-, Gasverteilungs- und allgemeinen Verwaltungskosten im ganzen und deren wesentliche Teilbeträge. Bezüglich der näheren Auswertung dieser Selbstkostenberechnungen wie allgemein der Etatsaufstellung für die Zwecke der Wirtschaftsüberwachung wird auf die erwähnte Schrift verwiesen.

G e w i n n - u n d V e r l u s t r e c h n u n g, B i l a n z. Bei Gaswerken mit kaufmännischer Buchführung dient der finanzwirtschaftlichen Überwachung in erster Linie der Abschluß des Gewinn- und Verlustkontos, die sog. Gewinn- und Verlustrechnung, sowie die Bilanz.

Die Gewinn- und Verlustrechnung, die übrigens nur bei Aktiengesellschaften einem gesetzlichen Zwang nach § 261 des Handelsgesetzbuches entspricht, weist den Gewinn bzw. Verlust des Unternehmens s p e z i f i z i e r t nach den Gewinn- und Verlustkonten der kaufmännischen Buchführung nach, worin ihre Bedeutung als finanzwirtschaftliches Kontrollorgan liegt. Entgegen vielfacher Auffassung ist nämlich die Gewinn- und Verlustrechnung keine n o t w e n d i g e Abschlußform der kaufmännischen Buchführung, sondern nur eine Art Hilfsform für den Abschluß, in der die Gewinne aus den einzelnen Konten gesammelt werden und die mit Rücksicht auf die hieraus gewährte Übersicht gerne und mit Vorteil als eine Abschlußform gebraucht wird.

Selbstkostenberechnung des Gases. Schema 20.

	Betrag	Gesamt-Betrag	Einheits-Betrag	Einheit
Abt. A. Gaserzeugungsbetrieb.				
Einnahme:				
I. Kohlen	—,—	—,—		
II. Nebenprodukte:				
1. Koks	—,—			
2. Teer	—,—			
3. Ammoniak	—,—			
4. verschiedene Erzeugnisse	—,—	—,—		
III. Verschiedenes	—,—	—,—		
Summe der Einnahmen Abt. A		—,—		
Ausgabe:				
I. Kohlen	—,—	—,—		
II. Betriebsausgaben:				
1. Betriebslöhne	—,—			
2. Betriebsmaterialien	—,—			
3. besondere Betriebsausgaben und Verschiedenes .	—,—	—,—		
III. Unterhaltungsausgaben:				
1. Reparaturlöhne	—,—			
2. Reparaturmaterialien	—,—			
3. besondere Unterhaltungsausgaben u. Verschiedenes	—,—	—,—		
IV. Verzinsung	—,—	—,—		
V. Abschreibung	—,—	—,—		
VI. Betriebsverwaltung:				
1. Persönliche Ausgaben	—,—			
2. Sächliche Ausgaben	—,—			
3. Steuern etc.	—,—	—,—		
Summe der Ausgaben Abt. A		—,—		
ab » » Einnahmen » A		—,—		
Brutto-Erzeugungskosten Abt. A		—,—		
Abt. B. Gasverteilungsbetrieb.				
Einnahme:				
I. Hauptrohrnetzanlage	—,—			
II. Anlage zur öffentlichen Beleuchtung	—,—			
III. Privatgasanlagen	—,—			
IV. Verschiedenes	—,—			
V. Nebenbetriebe	—,—			
Summe der Einnahme Abt. B		—,—		
Ausgabe:				
a) Haupt- und Hilfsbetriebe.				
I. Betriebsausgaben:				
1. Betriebslöhne	—,—			
2. Betriebsmaterialien	—,—			
3. besondere Betriebsausgaben und Verschiedenes .	—,—	—,—		
II. Unterhaltungsausgaben:				
1. Reparaturlöhne	—,—			
2. Reparaturmaterialien	—,—			
3. besondere Unterhaltungsausgaben u. Verschiedenes	—,—	—,—		
Summe	—,—	—,—		

	Betrag	Gesamt-Betrag	Einheits-Betrag	Einheit
Transport	—,—	—,—		
III. Verzinsung	—,—	—,—		
IV. Abschreibung	—,—	—,—		
b) Nebenbetriebe.				
I. Gesamtausgaben	—,—			
II. Verzinsung	—,—			
III. Abschreibung	—,—	—,—		
c) Vertriebsverwaltung.				
I. Persönliche Ausgaben	—,—			
II. Sächliche Ausgaben	—,—			
III. Steuern etc.	—,—	—,—		
Summe der Ausgaben Abt. B		—,—		
» » Einnahmen » B		—,—		
Brutto-Gasverteilungskosten Abt. B		—,—		
Abt. C. Allgemeine Verwaltung.				
Einnahme:				
Verschiedenes	—,—	—,—		
Ausgabe:				
I. Persönliche Ausgaben	—,—	—,—		
II. Sächliche Ausgaben	—,—	—,—		
III. Steuern etc.	—,—	—,—		
IV. Verwaltungs- und Wohngebäude:				
1. Betriebsausgaben	—,—			
2. Unterhaltungsausgaben	—,—			
3. Verzinsung und Tilgung	—,—			
4. Abschreibung	—,—	—,—		
Summe der Ausgaben Abt. C		—,—		
» » Einnahmen » C		—,—		
Brutto Allgemeine Verwaltungskosten Abt. C		—,—		
» » Gasverteilungskosten » B		—,—		
» » Gaserzeugungskosten » A		—,—		
Brutto-Selbstkosten des Gases		—,—		
Einnahme für Gas		—,—		
Netto-Reingewinn		—,—		

Die Bilanz gibt als regelrechte und einzige Abschlußform der in der kaufmännischen Buchführung durchgeführten V e r m ö g e n s rechnung den finanziellen Erfolg des Unternehmens in den Vermögensposten.

Die Bilanz wie auch das Gewinn- und Verlustkonto entfalten ihre Tätigkeit erst am Ende des Geschäftsjahres und kommen daher für die Zwecke der finanzwirtschaftlichen Überwachung des Unternehmens erst am Jahresschluß in Frage; hier aber geben sie für g e s c h ä f t l i c h e Zwecke einen vollkommenen Aufschluß über Art und Umfang des finanziellen Erfolges des Unternehmens und seine Vermögenslage. Zu der Jahresbilanz als buchmäßig gesicherte Abschlußform über das finanzielle Endergebnis

des Unternehmens tritt als wesentliche Ergänzung die Monats- und weiterhin die Saldo-
oder Rohbilanz zur laufenden Geschäftsüberwachung während des Geschäftsjahres.
Die Monatsbilanz, die leider unter Verkennung ihrer Bedeutung noch zu wenig in Verwendung kommt, stellt summarisch die Vermögensbewegung während eines Monats
dar. Durch Vortrag der Saldi aus den Soll- und Habenspalten von den einzelnen Konten
entwickelt sich aus der Monatsbilanz die Saldo- oder Rohbilanz, die den Rohgewinn des
Unternehmens für den bis zur Zeit der Aufstellung abgelaufenen Teil des Geschäftsjahres
unmittelbar ergibt.

Die normale Grundform des Gewinn- und Verlustkontos sowie des Bilanzkontos
für Gaswerke ist in den folgenden Mustern nach Schäfer, Die Buchführung für Gasanstalten, gegeben.

Schema 21.

Allgemeines Normalschema des Gewinn- und Verlust-Kontos.

Debet   Kredit

Soll		Haben	
An **Besoldungs-Konto** Gehälter	—,—	Per **Gas-Konto** für verkauftes Gas	—,—
› **Lohn-Konto** Löhne	—,—	› **Nebenprodukte-Konto** für verkaufte Nebenerzeugnisse. . .	—,—
› **Unkosten-Konto** für Unkosten	—,—	› **Miete-Konto** Gasmessermiete	—,—
› **Betriebsmaterial-Konto** für Kohlen, Schmiermaterial etc. . .	—,—	› **Privateinrichtungs-Konto** für Hausinstallationen	—,—
› **Unterhaltungs-Konto** Reparaturen	—,—		
› **Zinsen-Konto** Zinsen und Amortisation.	—,—		
› **Reservefonds-Konto** Ausgaben für Erweiterungen	—,—		
› **Bilanz-Konto** für den Reingewinn	—,—		
Summa	—,—	Summa	—,—

Schema 22.

Allgemeines Normalschema des Bilanz-Kontos.

Aktiva   Passiva

Soll		Haben	
An **Bau-Konto** für den Wert der Gasanstalt	—,—	Per **Kapital-Konto** Baukapital	—,—
› **Gaskohlen-Konto** Bestände an Gaskohlen	—,—	› **Kämmereikassen-Konto** Betriebsfonds	—,—
› **Gas-Konto** Bestände an Gas	—,—	› **Erneuerungsfonds-Konto** Bestand des Erneuerungsfonds . . .	—,—
› **Koks-Konto** Vorräte an Koks	—,—	› **Gewinn- und Verlust-Konto** Reingewinn	—,—
› **Teer-Konto** Vorräte an Teer und Gebinde . . .	—,—		
› **Magazin-Konto** Materialbestände	—,—		
› **Kassa-Konto** Barbestand	—,—		
Summa	—,—	Summa	—,—

Die Abschlußformen der Gaswerke weichen vielfach von diesen Grundformen ab und weisen in der Detaildurchbildung sehr große Verschiedenheiten auf, zufolge denen es kaum möglich ist, mehrere Gaswerke einem zuverlässigen finanzwirtschaftlichen Vergleich zu unterwerfen. Diese Verhältnisse wurden sowohl von verwaltungstechnischer wie nationalökonomischer Seite schon vielfach beklagt, da hierdurch jedweder Vergleich von Werken untereinander, wie besonders aber jedwede zuverlässige Statistik über die finanzwirtschaftlichen Verhältnisse der Gaswerke ausgeschlossen ist. Mit den Bestrebungen zur Schaffung einer Wirtschaftsstatistik der Gaswerke durch den Deutschen Verein von Gas- und Wasserfachmännern richten sich neuerdings die Bemühungen auf die Gewinnung eines einheitlichen Buchungsschemas für die Gaswerke; es steht zu erwarten, daß mit der Lösung der Frage der Wirtschaftsstatistik der Gaswerke auch die grundlegende Frage der Verwendung von (in den Grundformen) einheitlichen Abschlußformen gelöst werden wird.

Entsprechend dem Zweck der kaufmännischen Buchführung, der laufenden und gesicherten G e s c h ä f t s überwachung unter möglichst einfachen Formen, verwendet die kaufmännische Buchführung nach Möglichkeit s u m m a r i s c h e S a c h k o n t e n, die dann auch in der Gewinn- und Verlustrechnung als Abschlußform der kaufmännischen Buchführung auftreten und dieser vom Standpunkt der Wirtschaftsüberwachung meist nur eine beschränkte Bedeutung geben. Auch bei der Durchbildung der Bilanz bzw. bei der hier auftretenden Vermögensunterteilung sind meist durchaus einseitige g e - s c h ä f t l i c h e bzw. kaufmännische Gesichtspunkte maßgebend und wird nur in seltenen Fällen auch betriebswirtschaftlichen Interessen Rechnung getragen. Eine stärkere Betonung der betriebswirtschaftlichen gegenüber der rein geschäftlichen Einsichtsmöglichkeit ist bei der Durchbildung der Formen für die kaufmännische Buchführung und speziell der Abschlußformen (Gewinn- und Verlustrechnung, Bilanz) als eine Notwendigkeit anzusehen, die bei den Gaswerken als erwerbswirtschaftliche Betriebe die vollste Beachtung verdient, dies um so mehr, als sie sich ohne Beeinträchtigung der rein kaufmännischen bzw. geschäftlichen Interessen durchführen läßt.

Bei der Einrichtung der Konten der kaufmännischen Buchführung ist es durchaus Nöglich, die Konten so zu wählen, daß die Buchungen auf die Konten in einer Unter-(meben-)Buchhaltung, wie solche von großen Gaswerken im Ausland verschiedentlich verwendet werden, nach den einzelnen Betriebsabteilungen ausgeschieden werden können, um deren Wirtschaft im einzelnen zu überwachen. Gaswerke mit kaufmännischer Buchführung können auf diese Weise mit dem geringsten Aufwand von Arbeit und ohne eine regelrechte zweite Buchführung eine vollkommene betriebswirtschaftliche Überwachung der Unternehmen durchführen. Bei entsprechender Austitelung des Etats können dann insbesondere Gemeindegaswerke die an und für sich geforderte E t a t s b u c h f ü h r u n g als einfache Nebenbuchführung im Anschluß an die kaufmännische Buchführung einrichten und dabei neben der Geschäftsüberwachung eine vollkommene W i r t s c h a f t s überwachung erzielen. Eine Gewinn- und Verlustrechnung einer solcherart eingerichteten kaufmännischen Buchführung, die sich für die Zwecke der betriebswirtschaftlichen Überwachung des Unternehmens durch eine Nebenbuchhaltung (Betriebsrechnung) nach der früher angegebenen Etatsaufstellung (S. 56 und folg.) bzw. nach deren weiterer Detaillierung auflösen läßt, ist Schema 23 als Musterbeispiel in den Hauptformen angegeben:

Die Durchbildung der Bilanz nach betriebswirtschaftlichen Gesichtspunkten bezieht sich insbesondere auf die systematische Darlegung der Vermögensbestandteile nach Anlageteilen und in sich geschlossenen Betriebsgruppen und gründet sich auf sorgfältige Führung dementsprechend eingerichteter Anlage-Bestandsbücher, um einerseits die

Musterschema für die Gewinn- und Verlustrechnung.

Soll   Haben

	Betrag	Ge-samt-Betrag		Betrag	Ge-samt-Betrag
Verwaltung			**Gas**	—,—	—,—
Gehälter	—,—		**Nebenerzeugnisse**		
Löhne	—,—		Koks	—,—	
Allgemeine Unkosten	—,—		Teer	—,—	
Steuern etc.	—,—		Ammoniak	—,—	
Verwaltungs- und Wohngebäude	—,—	—,—	Verschiedene Nebenerzeugnisse	—,—	—,—
Kohlen	—,—	—,—	**Hauptrohrnetz**	—,—	—,—
Betrieb			**Öffentliche Beleuchtung**	—,—	—,—
Löhne	—,—		**Privatanlagen**	—,—	—,—
Materialien	—,—		**Nebenbetriebe** (Abt. Gasverteilung)	—,—	—,—
Sonstige Betriebsausgaben und			**Sonstige Einnahmen**	—,—	—,—
Verschiedenes	—,—	—,—			
Unterhaltung					
Löhne	—,—				
Materialien . . . . :	—,—				
Sonstige Ausgaben u. Verschied.	—,—	—,—			
Zinsen	—,—	—,—			
Abschreibungen	—,—	—,—			
Reingewinn	—,—	—,—			
Summa		—,—	Summa		—,—

Bewegung in den Vermögensbestandteilen genauestens zu verfolgen und anderseits eine sinngemäße und zutreffende Abschreibung bewirken zu können. Die bei der kaufmännischen Buchführung sehr allgemein durchgeführte Abschreibung nach festen Prozentsätzen von den allgemeinen Sachposten: Gebäude, Behälter, Maschinen, Apparate usw. und die hierauf gegründete Feststellung der Anlagewerte für die Bilanz, wie sie vom rein kaufmännischen Standpunkt als genügend erachtet wird, kann vom betriebswirtschaftlichen Standpunkt nicht anerkannt werden, sondern ist vielmehr entschieden zu verwerfen. Es ist völlig ausgeschlossen, daß auf diese leider sehr allgemein übliche Weise, die allein wegen ihrer Bequemlichkeit hochgehalten wird, Abschreibungen und Anlagebuchwerte gewonnen werden, die den Tatsachen entsprechen; durch ein derartiges System wird außerdem die laufende Ermittlung der Anlagewerte der jeweils bestehenden Anlage, deren Kenntnis aus den verschiedensten Gründen ein unbedingtes Erfordernis ist, außerordentlich erschwert, wenn nicht überhaupt verhindert. Es verdient mit vollem Nachdruck hervorgehoben zu werden, daß eine gesicherte Bestimmung der A n l a g e w e r t e   d e r   b e s t e h e n d e n   A n l a g e, eine zutreffende Ermittlung der A b s c h r e i b u n g e n bzw. der A n l a g e b u c h w e r t e und damit eine richtige und brauchbare B i l a n z nur auf Grund von Anlagebestandsbüchern gewonnen werden kann, die nach Anlage-(Betriebs-)Gruppen unterteilt sind und gestatten, jeden Zugang von Anlageteilen buchmäßig, entsprechend seiner örtlichen Verwendung, als Vermögenswert niederzulegen, die Abschreibungen im Zusammenhang mit Ort und Art seiner Verwendung einzeln zu bestimmen und jeden Abgang von Anlageteilen als Vermögensabgang buchmäßig abzusetzen. Als Beispiel einer auf diesen Grundlagen aufgebauten Bilanzform sei nachfolgend die Musterbilanz aus der mehrfach erwähnten Greinederschen Schrift über die finanzielle Überwachung der Gaswerksunternehmen entnommen und erwähnt, daß diese mit der im Schema 19 gegebenen Etatsauf-

stellung und mit der im Schema 24 gegebenen Gewinn- und Verlustrechnung im entsprechenden Zusammenhang steht.

Schema 24.

Musterschema für die Bilanz.

Aktiva	Betrag	Ge-samt-Betrag	Passiva	Betrag	Ge-samt-Betrag
Grundbesitz			**Anleihen**		
1. Gaswerksanlage	—,—		Anleihe x	—,—	
2. Anlagen d. Abt. Gasverteilung	—,—		Anleihe xx	—,—	
3. » » » Allg. Verwaltg.	—,—	—,—	Anleihe xxx	—,—	—,—
Gaswerksanlage (»Abt. Gaserzeug.«)			**Sonstige Schulden**		
Anlage für			Verschiedene Kreditoren . . .	—,—	—,—
I. Kohlenbehandlung	—,—		**Eigenes Kapital**		
II. Gaserzeugung	—,—		Erweiterungsfonds	—,—	
III. Gasbehandlung	—,—		Gewinnreservefonds	—,—	—,—
IV. Gasmessung, Aufbereitung			**Reingewinn**		
und Verteilung.	—,—		Tilgung	—,—	
V. Koksbehandlung	—,—		Zuweisung an den Erweiterungs-		
VI. Koksvertrieb	—,—		fonds	—,—	
VII. Teerbehandlung	—,—		Zuweisung an d. Gewinnreserve-		
VIII. Ammoniakwasserbehandlg.			fonds	—,—	
und -Vertrieb	—,—		Ablieferung an die Stadtkasse.	—,—	—,—
IX. Wassergaserzeugung . . .	—,—				
X. Laboratorium u. Versuchs-					
gasanlage	—,—				
XI. Allgemeine Fabrikanlagen.	—,—				
XII. Allgemeine Werkzeuge und					
Geräte	—,—				
XIII. Anlagen für Hilfsbetriebe .	—,—	—,—			
Anlagen der Abt. „Gasverteilung"					
I. Hauptrohrnetz	—,—				
II. Anlage zur öff. Beleuchtung	—,—				
III. Privatgasanlagen	—,—				
IV. Allgemeine Werksanlagen .	—,—				
V. Allg. Werkzeuge und Geräte	—,—				
VI. Anlagen für Hilfsbetriebe .	—,—	—,—			
Anlagen der Abt. „Allg. Verwaltung"					
Verwaltung und Wohngebäude .	—,—	—,—			
Summa		—,—			
Gesamtanlage (einschl. Inventar)					
Vorräte und Materialbestände					
Verschiedene Vorräte u. Bestände	—,—	—,—			
Debitoren					
Verschiedene Debitoren	—,—	—,—			
Guthaben, Effekten, Kasse					
Verschiedene Guthaben, Effekten-					
bestände, Kassenbestand . . .	—,—	—,—			
Summa		—,—	Summa		—,—

Um einen durchaus vollständigen Überblick über die Vermögenslage und die Wirtschaft eines Unternehmens durch die Bilanzaufstellung zu geben, sollten die Gaswerke
allgemein dazu übergehen, in Verbindung mit der Bilanz einen Nachweis über die Anlagekosten, Abschreibungen und Buchwerte einerseits sowie über die Anleihen, Tilgungen
und gegenwärtigen Schulden anderseits etwa nach folgenden Mustern zu geben:

Schema 25.

Musterschema zum detaillierten Vermögensnachweis mit (in) der Bilanz.

Aktiva:

Anlageteile	Gesamt-Anlagekosten		Anlagekosten der bestehenden Anlage				Buchwerte					
	Gesamt-Anlagekosten seit Gründung des Unternehmens bis Schluß des Vorjahres	Abgänge bis Schluß des Vorjahres	Anlagekosten der bestehenden Anlage bis Schluß des Vorjahres	Zugänge (im laufenden Geschäftsjahr)	Abgänge (im laufenden Geschäftsjahr)	Anlagekosten der bestehenden Anlage bis Schluß des Geschäftsjahres	Buchwert der Anlage am Schluß des Vorjahres	Zugänge im laufenden Geschäftsjahr	Summe	Abschreibung laut Anlage-Bestandsbücher (durchschn. % vom A.—K. / Betrag)		Buchwert der bestehenden Anlage bis Schluß des Geschäftsjahres
										durchschn. % vom A.—K.	Betrag	
Gesamtanlage Sa. (siehe Bilanz)	—,—	—,—	—,—	—,—	—,—	—,—	—,—	—,—	—,—	—,—	—,—	—,—

Schema 26.

Musterschema zum detaillierten Schuldennachweis mit (in) der Bilanz.

Passiva:

Anleihen	Ursprünglicher Betrag	Tilgung bis Schluß des Vorjahres	Vorjähriger Bilanzwert der Anleihe	Tilgungsbetrag im laufenden Geschäftsjahr	Bilanzwert der Anleihe am Schluß des Geschäftsjahres
Anleihe x	—,—	—,—	—,—	—,—	—,—
Anleihe xx	—,—	—,—	—,—	—,—	—,—
Anleihe xxx	—.—	—,—	—,—	—,—	—,—
Gesamte Anleihen Sa.	—,—	—,—	—,—	—,—	—,—

Diese tabellarischen Nachweise für die Aktiva und Passiva der Bilanz können am zweckmäßigsten in unmittelbarer Verbindung mit der Bilanz durch deren Wiedergabe in Tabellenform gegeben werden, wie dies von verschiedenen Gaswerken auch geschieht; soweit dies jedoch nicht zulässig erscheint, können diese Nachweise auch in selbständigen Tabellen als ergänzender Zusatz zur Bilanz geführt werden. Durch eine solcherart durchgeführte bzw. ergänzte Bilanz ist jeder Aufschluß über die Vermögenslage und Vermögensbewegung des Unternehmens gegeben; insonderheit gestatten diese Aufstellungen auch die sichergestellte Beziehung der erzielten Gewinne auf die Anlage- und Buchkapitalien, auf welche sich die Beurteilung der Wirtschaft der Unternehmen letzten Endes gründet.

Zum Schlusse dieser Ausführungen verdient noch hervorgehoben zu werden, daß in einer klaren finanzwirtschaftlichen Verwaltung die notwendige Voraussetzung für einen vollendeten Wirtschaftserfolg zu erblicken ist. Im eigenen wie im öffentlichen Interesse sollten daher die gemeindlichen Gaswerke darauf halten, einerseits durch Anwendung sorgfältig durchgebildeter finanzwirtschaftlicher Überwachungseinrichtungen einen vollkommenen Betrieb zu sichern und anderseits in k l a r e n Finanzabschlüssen den v o l l e n Nachweis ihres Wirtschaftserfolges zu erbringen.

3. Wirtschaftsbewertung, Wirtschaftserfolg, Wirtschaftspolitik gemeindlicher Gaswerke.

Die Wirtschaftsbewertung der Gaswerke erfolgt teils auf Grund der Selbstkosten des Gases, teils auf Grund des aus dem Unternehmen erzielten Gewinnes, unter Beziehung auf gewisse Kapitalien; diese beiden Formen ergänzen sich und stehen durch die Beziehung: S e l b s t k o s t e n + G e w i n n = E i n n a h m e n f ü r G a s im unmittelbaren Zusammenhang. Die Beurteilung der Gaswerke nach den Selbstkosten des erzeugten Hauptproduktes des Gases ist die ä l t e r e Form der Wirtschaftsbewertung, die auch heute noch bei den meisten Gaswerken in Gebrauch ist; sie erfolgt auf Grund der sog. »Selbstkostenberechnung des Gases«, die sich wesentlich aus der kameralistischen Buchführung als eine gewisse Abschlußform entwickelt hat. Zur vergleichsweisen Beurteilung der jährlichen Wirtschaftsergebnisse eines Unternehmens kann die Selbstkostenberechnung des Gases gute Dienste leisten, insbesondere auch dann, wenn sie nach den Bestrebungen vieler Gaswerke eine Durchbildung erfahren hat, die einen etwas tieferen Einblick in die Zusammensetzung der Selbstkosten des Gases gestattet. Diesbezüglich wird auch auf die im vorigen Kapitel angegebene Art der Selbstkostenberechnung des Gases verwiesen, die neben den Gesamtselbstkosten des Gases die Teilselbstkosten für die Gaserzeugung, Gasverteilung und allgemeine Verwaltung und mit Hilfe der weitergehenden Spezifizierung der gleichlautenden Betriebsrechnung auch die Kosten in einer Reihe von Unterabteilungen des Gaserzeugungs- und Gasverteilungsbetriebes, so auch die Kosten der öffentlichen Beleuchtung nachweist. Neben der Verwendung der Selbstkostenberechnung zur eingehenden Verfolgung der Betriebswirtschaft des e i n z e l n e n Unternehmens k a n n sie auch zur vergleichsweisen Beurteilung der Betriebswirtschaft v e r s c h i e d e n e r Unternehmen Verwendung finden. Für diesen Zweck gewinnt sie jedoch erst dann eine durchgreifende Bedeutung, wenn die Berechnungen bei den einzelnen Werken auf einer (wenigstens in den Hauptformen) einheitlichen Basis durchgeführt werden, so daß auch die Begründung der bei den einzelnen Werken sich verschieden ergebenden Selbstkosten in den wesentlichen Teilen gegeben ist. Abgesehen von dieser weitergehenderen Verwendung der Selbstkostenberechnung für den Wirtschaftsvergleich verschiedener Gaswerke, die mit Rücksicht auf die Verschiedenartigkeit der Selbstkostenberechnungen gegenwärtig noch ausgeschlossen ist, kann die Selbstkostenberechnung des Gases in der öffentlichen Verwendung zum Teil im wesentlichen nur s t a t i s c h e n Zwecken dienen, indem dadurch einerseits die Ermittlung der d u r c h s c h n i t t l i c h e n G e s a m t s e l b s t k o s t e n d e s G a s e s für die Gaswerke verschiedener Größe und anderseits die Gegenüberstellung dieser Werte mit den Selbstkosten für andere Energiearten, insbesondere der konkurrierenden Elektrizität, ermöglicht wird.

Einen Überblick über die Wirtschaftsergebnisse der Gaswerke in Form der Selbstkosten des Gases gibt nachfolgende Statistik, die sich auf eine große Anzahl deutscher Gaswerke erstreckt.

Tabelle 2.

Statistik über die Selbstkosten des Gases.

Gaswerke mit einer nutzbringenden Jahresabgabe von	Netto-Selbstkosten	Verzinsung und Abschreibung		Brutto-Selbstkosten
		Betrag	in % der Netto-Selbstkost.	
Millionen cbm	Pf.	Pf.	%	Pf.
über 10	5,93	2,52	42,5	8,45
5—10	6,18	2,88	46,5	9,06
2—5	6,46	2,64	40,8	9,10
1—2	7,47	2,73	36,5	10,20
0,5—1	8,22	3,00	36,5	11,22
unter 0,5	8,63	4,10	47,5	12,73

Die durchschnittlichen Selbstkosten des Gases ohne Verzinsung und Abschreibung betragen hiernach je nach Größe der Gaswerke zwischen rd. 5,9 und 8,6 Pf.; einschließlich der Aufwendungen für Verzinsung und Abschreibung schwanken die Selbstkosten (Bruttoselbstkosten) zwischen 8,45 und 12,73 Pf., wobei die Gaswerke durchschnittlich 40 bis 50% der Nettoselbstkosten für Verzinsung und Abschreibung aufwenden.

Eine weit allgemeinere Bedeutung als die Beurteilung der Gaswerke auf Grund der Selbstkostenberechnung des Gases besitzt die nach kaufmännischen Grundsätzen durchgeführte Wirtschaftsbewertung auf Grund des aus der Gewinn- und Verlustrechnung sowie der Bilanz sich ergebenden Gewinnes, unter Beziehung auf die Anlage- und Buchkapitalien, ähnlich der Renten- bzw. Dividendenberechnung bei privaten Werken und Aktiengesellschaften. Diese Form der Wirtschaftsbeurteilung hat sich bei Gaswerken bisher noch verhältnismäßig wenig eingeführt, wird aber in neuester Zeit von verschiedenen Seiten eifrig vertreten und verdient mit der zunehmenden Betätigung der Gemeindegaswerke im privatwirtschaftlichen Sinne neben der Selbstkostenberechnung des Gases zum Vorteil des einzelnen Gaswerks wie der Gasversorgungsindustrie allgemein aufgenommen zu werden. Sowohl zur laufenden finanzwirtschaftlichen Beurteilung des einzelnen Gaswerkes wie auch für die vergleichende Beurteilung der Wirtschaftsergebnisse verschiedener Gaswerke und weiter der Gaswerke gegenüber den Elektrizitätswerken bietet die Rentenberechnung die gesicherte und zuverlässige Basis, die jede einseitige Beurteilung der Wirtschaft der Gaswerke ausschließt und auf der sich daher notwendigerweise das künftige Vordringen der Gaswerke und der Gasversorgung gründen muß.

Die Voraussetzung für eine einheitliche Rentenberechnung liegt vor allem in einer übereinstimmenden und zutreffenden Ermittlung des »Gewinnes«, der bei den gemeindlichen Gaswerken nicht selten einer verschiedenartigen Auffassung unterliegt; eine diesbezügliche Klarstellung ist in Schema 27 gegeben.

Der Gewinn, der sich als Saldo auf der Sollseite der Gewinn- und Verlustrechnung bzw. unter Passiva in der Bilanz n a c h Verrechnung der Zinsen und Abschreibungen ergibt, ist der Netto-Reingewinn (Netto-Überschuß der kameralistischen Betriebsrechnung). Dieser Netto-Reingewinn, bezogen auf die Anlage- bzw. Buchwertkapitalien, ergibt die Netto-Rente des Unternehmens, in der normalerweise das ausschlaggebende Kriterium für den finanzwirtschaftlichen Erfolg des Unternehmens gegeben ist. Die Netto-Rente aus dem Anlagekapital zeigt, wie mit dem angelegten Kapital überhaupt gewirtschaftet worden ist; die Netto-Rente aus dem Buchwertkapital gibt den Wirt-

Schema 27.

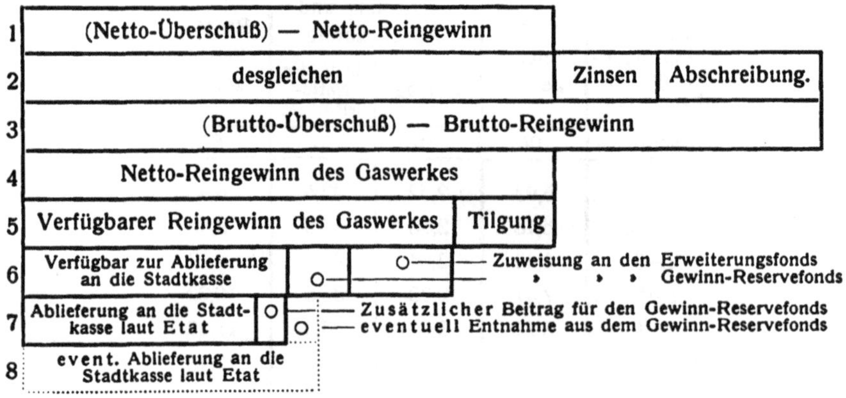

schaftserfolg der gegenwärtig noch arbeitenden Kapitalien; die Netto-Rente aus der Anlehensschuld, wie sie in vereinzelten Fällen auch noch ermittelt wird, läßt den prozentualen Betrag erkennen, mit dem sich das entliehene (fremde) Kapital, ohne Rücksicht auf die eigenen Kapitalaufwendungen, verzinst. Eine Bedeutung im kaufmännischen Sinne haben nur die Rentensätze aus dem Anlage- und Buchwertkapital, die beide meist nebeneinander verfolgt werden.

Neben der Netto-Rente kommt zur vergleichsweisen Beurteilung der Wirtschaft verschiedener Unternehmen mit Rücksicht auf die oft sehr verschiedenartige Bemessung der Verzinsung und Abschreibung notwendigerweise noch die sog. Brutto-Rente in Frage. Diese wird aus dem Brutto-Reingewinn (siehe Nr. 2 und 3, Schema 27), dem Gewinne v o r Verrechnung der Beträge für Zinsen und Abschreibungen, ermittelt. In der Brutto-Rente kommen die Ungleichheiten infolge verschiedenartiger Verzinsung und Abschreibung nicht zum Ausdruck, so daß (insbesondere auch für die vergleichsweise Beurteilung der Wirtschaft gemeindlicher Unternehmen) durch die Brutto-Rente das Bild über den Wirtschaftserfolg aus der Netto-Rente wesentlich ergänzt wird.

Die Gewinn- und Verlustrechnung wie die Bilanz kann nur dann einen z u t r e f - f e n d e n Reingewinn (Nr. 4 des Schema 27) ergeben, wenn neben der Verrechnung der Zinsen für die entliehenen Kapitalien auch die Abschreibungen in der v o l l e n n o t - w e n d i g e n Höhe als Ausgabeposten bzw. Vermögensverminderung verrechnet sind. Die notwendigen Aufwendungen für Abschreibungen sind aufs sorgfältigste aus detaillierten Aufstellungen (siehe früher) zu ermitteln und dabei der Grundsatz zu beachten, daß die Abschreibung als Gegenwert für die Wertverminderung durch Abnutzung, Altern und Veralten aufzufassen ist; eine unzureichende Ermittlung der Abschreibung entgegen diesen Bedingungen oder eine teilweise Deckung der Abschreibung durch Kapitaltilgung, wie dies von gemeindlichen Unternehmen in Verkennung der hier gebotenen Notwendigkeiten nicht selten geschieht, widerspricht der Wahrheit der kaufmännischen und kameralistischen Abschlüsse und führt notwendigerweise zur Ermittlung falscher Reingewinne. Ist hiernach der Reingewinn eines gemeindlichen Gaswerkes eindeutig als Saldobetrag aus der Gewinn- und Verlustrechnung nach Verrechnung der

Zinsen und der vollen notwendigen Abschreibungen festgelegt, so ist noch klar hervorzuheben, daß eventuelle Aufwendungen für Tilgung in der Gewinn- und Verlustrechnung
keinen Platz haben und somit auch den eben festgelegten Reingewinn des Gaswerkes
in keiner Weise beeinflussen. Die Tilgung dient im vollen Gegensatz zur Abschreibung
ausschließlich einer V e r m ö g e n s a n s a m m l u n g und darf dementsprechend nur
aus G e w i n n (bzw. Reingewinn) gedeckt werden; der aus dem Gaswerk erzielte,
für die Gemeinde als Besitzerin des Gaswerkes »verfügbare Reingewinn« ergibt sich dementsprechend aus dem Reingewinn des Gaswerkes nach Abzug der Beträge für die Tilgung
(siehe Nr. 5, Schema 27). Im Interesse der Abschlußklarheit und der Abschlußwahrheit
sollten die Gemeindegaswerke sorgfältig darauf halten, daß diese klare und notwendige
Scheidung zwischen Abschreibung und Tilgung durchgeführt und in der Gewinn- und
Verlustrechnung wie auch in der Abschlußform der kameralistischen Betriebsrechnung
zum Ausdruck kommt.

Wird die Abschreibung von den Anlagewerten in der früher erörterten detaillierten
Form vorgenommen und damit ohne feste Bindung an gewisse Abschreibungssätze
die Abschreibung laufend in der vollen n o t w e n d i g e n Höhe ermittelt, so ist auch
mit der Durchführung der Anleihentilgung n e b e n der Abschreibung keine zu starke
Belastung der Gegenwart verbunden, dies um so weniger, als mit Rücksicht auf die
fortdauernden Erweiterungen der Gaswerke auch eine fortdauernde Belastung durch die
Tilgung mit verhältnismäßig geringen Schwankungen besteht. Wird jedoch durch die
Bemessung der Abschreibungen nach dem bisherigen summarischen Verfahren mit Hilfe
festbestimmter Prozentsätze für die einzelnen Sachgruppen etwa eine zu hohe Abschreibung der Gaswerksanlage erzielt, so bestehen auch keinerlei Bedenken, die Tilgung
ganz oder teilweise aus den Kapitalien zu decken, die im sog. Erneuerungs»fonds« durch
die Abschreibungen zurückgelegt werden; in diesem Falle ist einzig dafür Sorge zu tragen,
daß die Verwendung der Kapitalien aus dem Erneuerungs»fonds« zum Zwecke künftiger
Nachweise bestimmungsgemäß verbucht wird. Entgegen der engen kameralistischen
Auffassung, daß der Erneuerungsfonds ausschließlich den Zwecken der Ergänzung (Erneuerung) der Anlage zu dienen hat, besteht nämlich nach kaufmännischen Grundsätzen
das Bestreben, das im Erneuerungs»fonds« angesammelte, ausschließlich nur verzinslich
angelegte Kapital möglichst rasch und vollständig in arbeitendes B e t r i e b s kapital
durch e v e n t u e l l e teilweise Verwendung zu Erweiterungszwecken bzw. für Neuanlagen überzuführen. Von diesem Standpunkt ist es also durchaus berechtigt, daß
die Gemeindegaswerke vorschriftsmäßig zu reichlich dotierte Erneuerungsfonds ebenso
wie für Erweiterungszwecke der Anlage auch für die Zwecke der Anleihentilgung heranzuziehen.

Im engen Zusammenhang mit einer regelrechten Gewinnermittlung steht eine
zweckentsprechende Gewinnverteilung, wie dies auch mit Recht durch die sehr allgemeine Verbindung des Gewinnverteilungsplanes mit der Gewinn- und Verlustrechnung zum Ausdruck kommt. Grundsätzlich besteht naturgemäß von seiten der
Gemeindeverwaltung das Bestreben, den verfügbaren Reingewinn des Gaswerkes (siehe
Nr. 5, Schema 27) auch vollständig in die allgemeine Gemeinderechnung überzuführen;
in der Tat haben nach diesem Grundsatz auch weitaus die meisten Gemeinden den verfügbaren Reingewinn der Gaswerke zur möglichsten Entlastung des Gemeindehaushalts
in Anspruch genommen. Die Mittel für die periodischen Erweiterungen der Gaswerke
wurden dementsprechend in der überwiegenden Zahl der Fälle durch Anleihen der
Gemeinden aufgebracht. Dieses Verfahren führte mit der zunehmenden Erweiterungs-
notwendigkeit der Gaswerke in immer rascherer Folge zur Aufnahme kleiner und damit
ungünstiger Anleihen, anderseits aber dazu, daß die Gaswerke sich bemühten, die Erweiterungen nach Möglichkeit aus Betriebsmitteln auszuführen. In neuerer Zeit kommen
denn auch aus diesen Gründen sowie besonders unter dem Drucke des erschwerten

Geldmarktes viele Gemeinden von dieser ungesunden Wirtschaftspolitik zurück und stellen die Mittel, wenigstens für die laufenden Erweiterungen, aus den Überschüssen der Gaswerke bereit, teils indem sie von dem Reingewinn je nach Bedarf wechselnde Beträge für die Erweiterungen während des kommenden Jahres bereitstellen, teils aber auch, indem sie die Bildung von regelrechten Erweiterungsfonds zulassen bzw. durchführen. Die Interessen der Gemeinden wie auch der Gaswerke werden natürlich am vollständigsten gewahrt, wenn sich die Gemeinden entschließen, aus dem jeweils verfügbaren Reingewinn einen gewissen (ev. auch wechselnden) Prozentsatz in einen Erweiterungsfonds abstellen, da auf diese Weise die bestmögliche Verteilung für die Aufbringung der Mittel erzielt und jede übermäßige Belastung einzelner Jahre verhindert wird. — Von kaum geringerer Bedeutung als die Schaffung von Erweiterungsfonds ist die Bildung von Gewinn-Reservefonds. Bereits in den Besprechungen über die Etats kam zum Ausdruck, daß die Gemeindegaswerke den Gemeinde- (Stadt-) Verwaltungen meist ein halbes Jahr und mehr vor Beginn des Geschäftsjahres den voraussichtlichen Gewinn des kommenden Geschäftsjahres auf Grund eines Voranschlages aufzugeben haben. Die rege Wirtschaftsentwicklung der Gaswerke hat zur Folge, daß es sehr schwierig ist, so lange Zeit im voraus den Gewinn zu bestimmen, der in Wirklichkeit erzielt werden kann, wenn nicht zum Nachteil des Geschäftes die Geschäftsgebarung nach dem Etat eingerichtet wird oder der Etat bereits mit so großer »Sicherheit« aufgestellt wird, daß seine Einhaltung im Gesamtergebnis wenigstens keine Schwierigkeiten bereitet. Letzterer Mißstand wird nicht selten durch die Stadtverwaltungen noch verstärkt, indem diese die Gemeindebetriebe und besonders aber die Gaswerke mit ihren bedeutenden Überschüssen gerne das Zünglein an der Wage des Gemeindehaushalts spielen lassen, indem sie womöglich noch eine verstärkte Sicherheit in den Gaswerksetat hineinlegen, um am Jahresende ev. mit bedeutenden Gewinnüberschreitungen paradieren zu können. Allen diesen Gefahren ist vorgebeugt, wenn die Gemeindegaswerke einen Gewinn-Reservefonds besitzen bzw. bilden, durch den ein nach bestem und kaufmännisch-wirtschaftlichem Ermessen veranschlagter Gewinn auf alle Fälle sichergestellt ist, bei dem anderseits aber auch die Stadtverwaltungen und Bürgervertretungen im Falle einer Überschreitung des veranschlagten Gewinnes keine erhöhten Barleistungen des Gaswerkes zugunsten des jeweiligen Abschlusses des Gemeindehaushalts zu erwarten haben. Die Zuweisung zum Gewinnreservefonds erfolgt eben sowie die zum Erweiterungsfonds am zweckmäßigsten in Form eines (prozentualen) T e i l betrages vom »verfügbaren Reingewinn« des Gaswerkes, da hierdurch eine gleichmäßige Belastung der einzelnen Jahre erzielt wird. Der Gewinnreservefonds bedarf in seiner maximalen Gesamthöhe einer Begrenzung, um unnötiges Festlegen von Kapitalien zu vermeiden; vorteilhafterweise wird die maximale Höhe des Gewinnreservefonds in Prozenten des jeweiligen verfügbaren Reingewinnes festgelegt. Wird die maximale Höhe des Gewinn-Reservefonds überschritten, so können die überschießenden Beträge dem Erweiterungsfonds überwiesen oder ev. nach entsprechender Ansammlung zur Gaspreisermäßigung und Ähnlichem verwendet werden. Der Betrag des verfügbaren Reingewinnes, der nach Dotierung des Erweiterungs- und Gewinn-Reservefonds verbleibt, ist verfügbar zur Ablieferung an die Stadtkasse (Nr. 6, Schema 27); überschreitet dieser Betrag den diesbezüglichen etatsmäßigen Betrag (Nr. 7, Schema 27), so wird der Differenzbetrag dem Gewinn-Reservefonds zusätzlich überwiesen; im gegenteiligen Fall (Nr. 8, Schema 27) wird ein entsprechender Betrag aus dem Gewinn-Reservefonds entnommen.

Ist nach vorstehenden Ausführungen und der schematischen Darstellung in Schema 27 die Grundlage für eine ordnungsmäßige Gewinnermittlung und eine dementsprechende Gewinnverteilung gegeben, so ist damit doch noch nicht die Gewähr für die Ermittlung der tatsächlichen, v o l l e n Netto- bzw. Bruttorenten von Gaswerken gegeben, wie dies sowohl im Interesse des einzelnen Gaswerkes wie besonders auch mit Rücksicht auf den finanzwirtschaftlichen Vergleich verschiedener Gemeindegaswerke oder von Gemeindegaswerken mit anderen gemeindlichen Unternehmen geboten ist. Neben den Barleistungen der Gaswerke, wie sie sich aus den Gewinn- und Verlustrechnungen als Netto-Reingewinn ergeben, geben die Gemeindegaswerke meist auf Grund alter Vereinbarungen oder Verpflichtungen vielfach noch sonstige Bar- und besonders Naturalleistungen (Gas usw.) an die eigene Gemeinde, für welche keine oder keine volle Gegenleistung (als Naturalleistung oder in bar) erfolgt und die also gewisse Mehrleistungen des Gaswerkes über den aus der Gewinn- und Verlustrechnung sich ergebenden Netto-Reingewinn darstellen bzw. in sich schließen. Solche Leistungen sind z. B. festbestimmte Zuschüsse zu den Straßenunterhaltungskosten, zu den allgemeinen Verwaltungskosten der Gemeinde, freie oder ermäßigte Gaslieferung für bestimmte Zwecke u. a. m., vor allem aber die Lieferung der öffentlichen Beleuchtung, für welche in vielen Gemeinden und Städten keine oder meistens nur eine teilweise Vergütung durch eine von altersher festgesetzte Pauschale oder auch durch Bezahlung des hierfür verbrauchten Gases zu einem mehr oder weniger niedrigen Satze gegeben wird. Unter diese Leistungen des Gaswerkes fallen naturgemäß auch alle die eventuellen Aufwendungen des Gaswerkes für Neuanschaffungen und Neuanlagen aus B e t r i e b s mitteln, die ordnungsgemäß aus dem Erweiterungsfonds bzw. aus Anleihen zu decken wären, aber hiernach als Ausgaben in der Gewinn- und Verlustrechnung erscheinen. Der v o l l e bzw. G e s a m t - N e t t o g e w i n n des Gaswerkes (siehe Schema 28) setzt sich dementsprechend zusammen aus dem Netto-Reingewinn, wie er sich aus der Gewinn- und Verlustrechnung ergibt, aus allen den M e h r kosten, welche die vorerwähnten besonderen Leistungen dem Gaswerk über die eventuellen Vergütungen bzw. über die eventuell erforderlichen eigenen Aufwendungen hinaus verursachen und schließlich aus den Aufwendungen für Neuanschaffungen aus Betriebsmitteln.

Schema 28.

Netto-Reingewinn des Gaswerkes	1	2	3		
Gesamt-Nettogewinn des Gaswerkes				Zinsen	Abschreibungen
Gesamt-Bruttogewinn des Gaswerkes					

1. Mehraufwand für öffentliche Beleuchtung über die event. Vergütung.
2. Mehraufwand für sonstige Leistungen für die Gemeinde über eine event. Vergütung.
3. Aufwendungen für Neuanschaffungen, Neuanlagen etc. aus B e t r i e b s mitteln.

Der Mehraufwand für öffentliche Beleuchtung (1) ist dabei, besonders auch mit Rücksicht auf die Vergleichbarkeit der aus dem Gesamt-Nettogewinn zu ermittelnden Gesamt-Nettorente bei verschiedenen Gaswerken, unter Berechnung des für die öffentliche Beleuchtung verbrauchten Gases zum j e w e i l i g e n (Durchschnitts-) B r u t t o - S e l b s t k o s t e n p r e i s des Gases zu berechnen. Zuschlag 2 stellt nach obigem den Mehraufwand für Leistungen des Gaswerkes an die Gemeinde über die eventuellen Vergütungen, mit Ausnahme des Mehraufwandes für die öffentliche Beleuchtung, dar; Zuschlag 3 sind die Aufwendungen für Neuanschaffung, Neuanlage usw. aus Betriebsmitteln. Die Gesamt-Bruttorente, durch welche nach früherem die Einsicht bezüglich des Wirtschaftserfolges verschiedener Unternehmen wesentlich ergänzt wird, ergibt sich aus dem Gesamt-Bruttogewinn des Gaswerkes, der nach vorstehendem Schema aus dem Gesamt-Nettogewinn unter Zurechnung der Aufwendungen für Zinsen und Abschreibungen gewonnen wird.

In Ergänzung der vorstehenden Ausführungen darf auch nicht unerwähnt bleiben, daß die Ermittlung des G e s a m t - Nettogewinnes bzw. G e s a m t - Bruttogewinnes

und daraus der G e s a m t - Nettorente bzw. G e s a m t - Bruttorente, die für die finanzwirtschaftliche Beurteilung des einzelnen Gaswerkes wie auch insbesondere für den
finanzwirtschaftlichen Vergleich verschiedener Unternehmen letzten Endes maßgebend
sind, praktisch nur nach der vorangegebenen Berechnungsart aus dem Netto- bzw.
Brutto-Reingewinn mit Hilfe der angegebenen Zuschläge ermittelt werden kann. Verhindern schon im einzelnen Gaswerk die notwendige Verbuchung der b e s o n d e r e n
Leistungen des Gaswerkes, entsprechend den jeweiligen lokalen Anforderungen, die
Durchbildung einer Gewinn- und Verlustrechnung, die von vornherein als Saldo den
G e s a m t - Nettogewinn ergibt, so ist es noch vielmehr ausgeschlossen, daß etwa auf
Grund eines dementsprechend durchgebildeten einheitlichen Buchungsschemas ohne
ergänzende Nebenrechnung der Gesamt-Nettogewinn usw. für eine Mehrheit von Gas-
werken festgestellt werden kann.

Die Gesamt-Nettorenten und Gesamt-Bruttorenten haben naturgemäß nur für
G e m e i n d e gaswerke unter sich Vergleichswert. Bezüglich eines etwaigen Vergleiches
des finanzwirtschaftlichen Erfolges von Gemeindegaswerken mit privaten Unternehmen
muß hervorgehoben werden, daß der Gesamt-Nettogewinn der Wirtschaftsertrag des
Unternehmens n a c h Zahlung der Zinsen für das Anleihekapital ist. Den Dividenden
von Aktiengesellschaften o h n e Obligationsschulden müßte also beispielsweise eine
Rente von Gemeindegaswerken gegenübergesetzt werden, die sich nach folgendem
Schema aus der Summe des Gesamt-Nettogewinnes und dem Betrage der Kapital-
zinsen ergibt (siehe Schema 29).

Schema 29.

Gesamt-Nettogewinn des Gaswerkes	1	2	3	Zinsen
Gesamt-Nettogewinn einschließlich Kapitalverzinsung				

Eine offizielle Statistik über die Renten der Gaswerke nach den vorerwähnten
Grundsätzen besteht zurzeit noch nicht. Dagegen befassen sich zwei Arbeiten im Journal
für Gasbeleuchtung und Wasserversorgung vom Jahre 1912[1]) mit diesbezüglichen Erhebungen, deren Ergebnisse in folgender Tabelle zusammengestellt sind.

Tabelle 3.
Renten von Gas- und Elektrizitätswerken.

	Renten					
	der Gaswerke			der Elektrizitätswerke		
	nach Hase		nach Greineder	nach Hase		nach Greineder
	bel großen u. mittleren Werken	bei kleinen Werken	im Durch-schnitt	bel großen u. mittleren Werken	bei kleinen Werken	im Durch-schnitt
Renten vom Anlagekapital:						
1. Gesamt-Nettorente . .	13,0	7,7	8	6,2	3,1	4
2. Gesamt-Bruttorente . .	14,2	9,0	13	12,7	10,0	10
Renten vom Buchwert-kapital:						
1. Gesamt-Nettorente . .	17,3	15,0	14	9,0	4,7	5,7
2. Gesamt-Bruttorente . .	26,3	23,5	22	18,6	14,4	14,3

[1]) Siehe Journal f. G. u. W. 1912, Nr. 27, Hase, Aus dem Wirtschaftsleben der städtischen
Versorgungsbetriebe, Vortrag auf der Hauptversammlung der G. u. W. in München 1912; sowie
Journal f. G. u. W. 1912, Nr. 31, 34, 35 u. 51, Greineder, Die finanzwirtschaftliche Stellung der kommunalen
Gaswerksunternehmen; desgl. Sonderdruck im Verlag R. Oldenbourg, München-Berlin 1913.

Die Werte dieser beiden privaten Erhebungen befinden sich in guter Übereinstimmung und zeigen die absolut sehr hohen Renten der Gemeindegaswerke sowie auch gleichzeitig die relativ weit höheren Renten der Gaswerke gegenüber denen der Elektrizitätswerke.

Unmittelbar vor Drucklegung dieses Handbuches (Band X) bringt der Verfasser dieses Abschnittes in einer Denkschrift[1] anläßlich der Deutschen Ausstellung „Das Gas" München 1914 eine Statistik über die Wirtschaft der deutschen Gaswerke für das Jahr 1912/13 zur Veröffentlichung. Die finanzwirtschaftlichen Endergebnisse dieser Statistik sind in nachfolgender Tabelle 4 wiedergegeben.

Tabelle 4.
Die Renten der deutschen Gaswerke.

Gaswerke mit einer Gaserzeugung von Millionen cbm	Renten vom Anlagekapital					Renten vom Buchwertkapital					Renten vom Anleihekapital				
	Netto-Rente	Kapital-Verzinsung	Netto-Rente einschl. Kapital-Verz.	Abschreibung	Brut-to-Rente	Netto-Rente	Kapital-Verzinsung	Netto-Rente einschl. Kapital-Verz.	Abschreibung	Brut-to-Rente	Netto-Rente	Kapital-Verzinsung	Netto-Rente einschl. Kapital-Verz.	Abschreibung	Brut-to-Rente
über 10	8,89	2,44	11,33	3,00	14,33	14,03	3,85	17,88	4,74	22,62	17,72	4,86	22,58	5,98	28,56
5—10	9,66	2,25	11,91	3,00	14,91	18,32	4,27	22,59	5,69	28,28	15,95	3,72	19,67	4,95	24,62
2—5	9,92	1,81	11,73	3,00	14,73	17,28	3,15	20,43	5,16	25,59	22,32	4,07	26,39	6,75	33,14
1—2	9,71	2,14	11,85	3,00	14,85	15,67	3,45	19,12	4,84	23,96	19,38	4,27	23,65	5,99	29,64
unter 1	6,43	3,44	9,87	3,00	12,87	11,56	6,18	17,74	5,40	23,14	13,07	6,99	20,06	6,10	26,16
insgesamt	8,76	2,48	11,24	3,00	14,24	14,54	4,12	18,66	4,98	23,64	17,41	4,94	22,35	5,96	28,31

Hieraus ist ersichtlich, daß die deutschen Gaswerke mit einer Jahresgaserzeugung von über 1 Million cbm durchschnittliche Nettorenten von 8,9—9,9%, durchschnittliche Nettorenten einschließlich Kapitalverzinsung von 11,3—11,9% und durchschnittliche Bruttorenten von 14,3—14,9% vom A n l a g e kapital abwerfen und daß sich für die Gesamtheit der deutschen Gaswerke ergeben

    8,76% Nettorente
    11,24% Nettorente einschl. Kapitalverzinsung   } vom A n l a g e kapital.
    14,24% Bruttorente

Die vom kaufmännischen Standpunkt letzten Endes maßgebenden Renten vom arbeitenden Buchwertkapital betragen nach dieser Statistik bei den deutschen Gaswerken mit über 1 Million cbm Jahresgaserzeugung zwischen 14—18,3% durchschnittlicher Nettorente, 17,9—22,6% durchschnittlicher Nettorente einschließlich Kapitalverzinsung und 22,6—28,3% durchschnittlicher Bruttorente. Die durchschnittlichen Renten vom Buchwertkapital für die Gesamtheit der deutschen Gaswerke ergibt die Statistik zu:

    14,54% Nettorente
    18,66% Nettorente einschließlich Kapitalverzinsung   } vom Buchwertkapital.
    23,64% Bruttorente

Die hohen Renten der deutschen Gaswerke sind das Ergebnis einer hochgestellten Tarif- und Wirtschaftspolitik, welche die deutschen Gemeinden bei ihren Gaswerken nach privatwirtschaftlichen Gesichtspunkten auf Grund der Monopoleigenschaft der

---

[1] Greineder, Die Wirtschaft der deutschen Gaswerke, Denkschrift anläßlich der Deutschen Ausstellung „Das Gas", München 1914; Verlag R. Oldenbourg München 1914.

Gaswerke und vielfach im wesentlichen Gegensatz zu der Tarif- und Wirtschaftspolitik bei den sonstigen Betriebsunternehmen, insbesondere bei den Elektrizitätswerken, bisher in ihrer großen Mehrzahl betrieben haben. Demgegenüber verdient hier nochmals klar zum Ausdruck gebracht zu werden, daß d i e W i r t s c h a f t s p o l i t i k d e r G e m e i n d e g a s w e r k e i m A l l g e m e i n i n t e r e s s e a u f e i n e E r m ä ß i g u n g d e r **prozentualen** Ü b e r s c h ü s s e, d e r **Renten,** j e d o c h u n t e r E r h a l t u n g u n d m ö g l i c h s t e r k ü n f t i g e r S t e i g e r u n g d e r a b s o l u t e n G e w i n n b e t r ä g e d u r c h ä u ß e r s t e E r w e i t e r u n g d e s G a s a b s a t z e s g e r i c h t e t s e i n m u ß. Die Erweiterung des Gasabsatzes zur Erzielung hoher absoluter Gewinnbeträge bei mäßigen Renten bedingt einen »systematischen Gasvertrieb« nach kaufmännisch-wirtschaftlichen Grundsätzen vor allem durch systematische Aufklärung über die Gasverwendung, Erleichterung des Gasbezuges (wesentlich durch weitgehende Kreditgewährung), Sorge für die gute und bequeme Gasbenutzung und zweckentsprechende Tarifierung des Gases. Einzelheiten über einen derartig betriebenen »systematischen Gasvertrieb« gibt die erwähnte Denkschrift des Verfassers und soll an dieser Stelle hierzu nur erwähnt werden, daß zur Verfolgung dieser wichtigsten Maßnahme der Gaswerke für die Zukunft die größeren und großen Gaswerke schon in nächster Zeit neben ihren technischen und kaufmännischen Abteilungen besondere »Gasvertriebsabteilungen« errichtet werden (in einzelnen Fällen ist dies bereits geschehen), denen der systematische Gasvertrieb obliegt.

In welchem Umfange der Gasabsatz in Deutschland erweiterungsfähig ist, ergibt sich gleichfalls aus der erwähnten Denkschrift über die Wirtschaft der deutschen Gaswerke, nach welcher die durchschnittliche Gasabgabe pro Einwohner und Jahr bei den verschiedenen Gruppen von Gaswerken zwischen rd. 40 bis etwas über 100 cbm schwankt und im Mittel für die Gesamtheit der deutschen Gaswerke rd. 79 cbm (bzw. rd. 75 cbm Nutzgasabgabe) beträgt, während in den englischen Städten die Gasabgabe pro Einwohner und Jahr mit 200—300 cbm und darüber ums Vielfache höher ist und auch dort die spezifische Gasabgabehöhe noch fortdauernd steigt. Die große Erweiterungsfähigkeit des Gasabsatzes bietet den deutschen Gaswerken die sichere Gewähr, daß bei geeignetem Vorgehen der Gaswerke nach kaufmännisch-wirtschaftlichen Grundsätzen jede Gaspreisermäßigung, wie allgemein jedes finanzielle Entgegenkommen zur Erleichterung des Gasbezuges durch Erhöhung des Gasabsatzes im finanziellen Erfolg ausgeglichen wird, so daß den Städten und Gemeinden bei v o l l e r Erfüllung ihrer sozialen Aufgabe durch eine a l l g e m e i n e Energieversorgung auch die steigenden absoluten Reingewinne aus den Gaswerken gesichert bleiben, deren diese zur wesentlichen Erleichterung ihres Haushaltes und zur Niedrighaltung der direkten Steuern dringend nötig haben.

Gibt die Ermäßigung der prozentualen Überschüsse der Gaswerke die Hauptrichtlinie für die künftige Wirtschaftspolitik bei der Gasversorgung, so findet dieselbe nach den früheren Darlegungen noch ihre wichtige Ergänzung in der Verfolgung möglichst gleichhoher prozentualer Überschüsse mit den jeweils konkurrierenden Elektrizitätswerken, um im Allgemeininteresse zu einer r a t i o n e l l e n Energieversorgung durch Gas und Elektrizität zu gelangen.

Die notwendige Voraussetzung für die Verfolgung einer Wirtschaftspolitik nach den beiden Richtungen, wie sie die allgemeine und rationelle Energieversorgung zur Pflicht macht, liegt in der öffentlichen Betriebsweise bzw. der ö f f e n t l i c h e n V e r w a l t u n g d e r G a s w e r k e. Nur die Gemeinden und sonstigen öffentlichen Körperschaften sind in der Lage, eine mäßige und gleichmäßige Wirtschaftspolitik für die Energieversorgung durch Gas und Elektrizität zu betreiben und sich in Rücksicht auf die kulturelle Entwicklung und die wirtschaftliche Kräftigung der Gemeinde- usw. Angehörigen mit einer mäßigen Verzinsung der in den Gas- und Elektrizitätswerken angelegten bzw. arbeitenden Kapitalien zufrieden zu geben. Für die privaten Unternehmer von Gaswerken wie für die privaten Teilhaber an gemischten wirtschaftlichen Gaswerksunternehmungen ist demgegenüber die Erzielung äußerster R e n t a b i l i t ä t der Unternehmung bzw. die Erzielung höchster R e n t e n aus den Kapitalien die alleinige Richtschnur und Aufgabe, so daß in Zukunft mehr als je die Notwendigkeit der öffentlichen Verwaltung der Gaswerke gegeben ist.

Im Ausbau der Verwaltungsorganisation haben die Gemeinden die Richtung für die künftige Entwicklung in der Verwaltung bzw. dem Betrieb der Gaswerke zu erblicken und hierbei insbesondere darauf zu sehen, daß sie die Leitung der Gaswerke technisch und kaufmännisch durchaus tüchtigen F a c h leuten überantworten, diesen Leitern die nötige Freiheit des Handelns zur Betätigung nach kaufmännisch-wirtschaftlichen Grundsätzen sowie eine ihren Leistungen entsprechende Stellung im Rahmen des Beamten- bzw. Verwaltungskörpers geben und ihnen auch nach privatwirtschaftlichem Muster eine, wenn auch mäßige Beteiligung am Wirtschaftserfolg der Gaswerksunternehmungen zuerkennen.

Literaturverzeichnis.

C o n s t a n t i n i. Das Kassen- und Rechnungswesen der deutschen Stadtgemeinden. F. Leineweber, Leipzig 1903.
G l a n b a c h. Buchführung für die Stadt- und Gemeindeverwaltung. Carl Heymans Verlag, Berlin 1911.
G r e i n e d e r. Die finanzwirtschaftliche Überwachung der Gaswerksunternehmen. Verlag R. Oldenbourg, München und Berlin 1911. — Die finanzwirtschaftliche Stellung der kommunalen Gaswerksunternehmen und das Problem der rationellen Licht-, Kraft- und Wärmeversorgung der Stadt- und Landgemeinden. Verlag R. Oldenbourg, München und Berlin 1913. — Die öffentliche Energieversorgung und die Gaswerke. Journal f. Gasbeleuchtung 1914, Nr. 21 u. 22. — Die Wirtschaft der deutschen Gaswerke. Denkschrift anläßlich der Deutschen Ausstellung »Das Gas«, München 1914. Verlag R. Oldenbourg, München und Berlin 1914.
K l a p d o r. Die kameralistische Buchführung. L. Schwann, Düsseldorf 1910.
K r a m e r. Leitfaden für das Etats-, Rechnungs-, Kassen- und Revisionswesen der deutschen Stadtgemeinden. F. Leineweber, Leipzig 1904. — Kaufmännische oder kameralistische Buchführung. Preußisches Verwaltungsblatt Nr. 5 von 1907, Nr. 13 von 1910. — Rundschau für Gemeindebeamte Nr. 29 und 30, 1911.
M i t t e i l u n g e n der Zentralstelle des Deutschen Städtetages.
P a s s o w. Die gemischt privaten und öffentlichen Unternehmungen auf dem Gebiete der Elektrizitäts- und Gasversorgung und des Straßenbahnwesens. Verlag G. Fischer, Jena 1912.
S c h ä f e r. Die Buchführung der Gasanstalten. Verlag R. Oldenbourg, München und Berlin 1906.
S c h n a b e l - K ü h n. Die Steinkohlengasindustrie in Deutschland. Verlag R. Oldenbourg, München und Berlin 1910.
S c h n e i d e r. Wegweiser durch die gehobene, kameralistische Buchführung für werbende Betriebe. F. Wahlen, Berlin 1913.
Schriften des Vereins für Sozialpolitik.
W a l d s c h m i d t. Kaufmännische Buchführung in staatlichen und städtischen Betrieben. Otto Liebmann, Berlin 1908.
W i p p e r m a n n. Die Zukunft der kommunalen Betriebe. Verlag von Julius Springer, Berlin 1912.

III. Der Fabrikbetrieb.

Von Gaswerksdirektor **Kobbert**, Königsberg i. Pr.

1. Leitung und Überwachung des Betriebes.

Die Besitzer der Gaswerke sind auch als physische Personen nur selten in der Lage, die tägliche Überwachung und Leitung des Betriebes selbst in der Hand zu behalten. Deshalb werden besondere Betriebsleiter angestellt, welche dem Gaswerksbesitzer oder seinem gesetzlichen Vertreter für die ordentliche Betriebsführung verantwortlich sein müssen. Mit der Größe der Gaswerke wird der Umfang dieser Verantwortung verschieden sein, und danach wird sich die Wahl, Zuständigkeit und die sonstige Stellung des Betriebsleiters richten müssen.

Eine rein handwerksmäßige Betriebsleitung allein reicht dort aus, wo bei geringem Umfang der Gasbereitung Baufragen und Angelegenheiten der Erneuerung der Öfen und Apparate selten an der Tagesordnung sind.

Die erste tägliche Tätigkeit der Betriebsleitung ist die Feststellung des Rohmaterialverbrauchs. In den kleinsten Gaswerken von wenigen Retorten ist Zeit und Platz genug vorhanden, jede Retortenladung auf der Wage tatsächlich zu wiegen. Bei Betrieben von sechs und mehr in Betrieb befindlichen Retorten mit Handbetrieb wird das schon unbequemer, von dieser Größe an bedient man sich des Raummaßes. Der Kohleninhalt eines Karrens, Kippmuldenwagens, Hängebahnwagens oder eines ähnlichen Transportmittels wird von Zeit zu Zeit ausgewogen, im laufenden Betrieb wird die Zahl solcher Raummaße festgestellt. Nach gewissen Merkmalen muß dann auch das Gewicht einer schwachen, normalen und starken Ladung der Retorten bekannt sein, sofern veränderte Destillationsdauer oder die verschiedene Temperatur der Retorten Veränderung der Ladung erfordert. Dieses Verfahren bedingt natürlich besondere Vorsicht. Sobald die Korngröße der verarbeiteten Kohlen sich ändert, (Förderkohlen, Stückkohlen, Nußkohlen) muß die Gewichtsfeststellung der Raummaße erneuert und in den Betriebsbüchern vermerkt werden. Das Kohlenlager muß möglichst derart eingeteilt werden, daß einzelne Lagerteile bei der Anfuhr gewogen werden und beim Verbrauch abermals ihr Gewicht unbeeinflußt von Kohlenzufuhr festgestellt wird. Ohne diese Vorsicht entsteht allmählich zwischen den Wägungen bei der Kohlenzufuhr und denjenigen beim Verbrauch eine große Differenz; es muß dann eine besondere Berichtigung der Lager- und Betriebsbücher erfolgen, welche häufig einen großen buchmäßigen Verlust verursacht. Bei Betrieben mit mechanischer Zufuhr der Kohle zu den Öfen werden in die Transportbahn der Kohle geeignete Waagen eingebaut. Hier existiert bereits eine reiche Auswahl mit und ohne selbsttätiger Anzeigung und Aufzeichnung des Gewichts.

Bei großen Gaswerken, wo die Kohle täglich zu großen Vorratsbehältern neben oder über dem Ofen geführt wird, ist natürlich neben der Gewichtsangabe der Waagen der Bestand täglich festzustellen, um den täglichen Verbrauch zu ermitteln. Auch diese Bestände müssen natürlich nach dem Raummaß auf Grund häufiger Auswägungen eines Kubikmeters berechnet werden.

Diese Zahlen bedürfen der Kontrolle, welche man bei Räumung von einzelnen Teilen des Lagers leicht bewerkstelligen kann.

Für die Betriebsüberwachung folgt alsdann die Einteilung der Retortenladungen und die stündliche Ablesung der Gasbereitung am Stationsgasmesser (Produktionsgasmesser).

Bei ausreichend gebauten Gaswerksanlagen muß für voll belastete Vergasungsöfen die Destillationsdauer gleichbleibend sein. Dementsprechend ist die Einteilung der Ladungen gegeben. Lediglich an Feiertagen und beim Übergang zwischen den verschiedenen Jahreszeiten wird es zeitweilig notwendig, einer Überfüllung der Gasbehälter durch Verlängerung der Destillationsdauer vorzubeugen. Wie dabei Retortenladung und Ofenfeuer (Generatorlufteinstellung) geändert werden müssen, ist bei dem Abschnitt: »Feuerung der Öfen« im Band III erörtert. Die regelmäßige Ablesung des Produktionsgasmessers und des Gasbehälterbestandes muß pünktlich, d. h. zu derselben Minute jeder Stunde erfolgen, wenn sie für die Produktionskontrolle Wert haben soll. An diesen Ablesungen ist die Zweckmäßigkeit der Chargen- (Ladungs-) Verteilung zu beurteilen. Der Betriebsleiter muß bestrebt sein, eine tagsüber möglichst gleichmäßige Stundengasproduktion zu erzielen. Bei Flügelradgasmessern ist auch zu überwachen, daß die Belastung des Messers in seinem Geltungsbereich (z. B. ± 10%) bleibt, was man durch zweckmäßige Verteilung der Produktion auf mehrere parallel geschaltete Messer erreicht.

Zweckmäßig ist, daß einer dieser Messer ein nasser Trommelgasmesser ist. Sind z. B. höchstens 600 cbm pro Stunde zu messen, so können zwei Flügelradmesser von je 200 cbm höchstem stündlichen Durchgang mit einem Trommelgasmesser derselben Größe zusammenarbeiten: Zwischen 180—220 cbm stündlicher Gasproduktion arbeitet ein Flügelradmesser. Alsdann wird bei steigender Gasproduktion der nasse Trommelgasmesser dazu geschaltet. Bei 360—440 cbm stündlichem Durchgang können die beiden Flügelradmesser allein arbeiten, von 440—600 cbm wird wieder der nasse Gasmesser dazu genommen werden müssen.

Aus den Ziffern der stündlichen Ablesungen wird dann zunächst alle 24 Stunden die Gasausbeute aus 100 kg Kohlen ermittelt und der Verlauf der Produktion und Gasabgabe in den einzelnen Tagesstunden beobachtet. Die Gasabgabe der frühesten Morgenstunden läßt den Verlust im Rohrnetz beobachten. Dies ist die allereinfachste handwerksmäßige Betriebskontrolle, welche auch auf dem kleinsten Werk nicht fehlen darf. Wie sich diese Kontrolle auf den stündlichen Aufzeichnungen aufbaut, zeigt das nachstehende Formular (Tafel 1), welches dem praktischen Betriebe entnommen ist. Zu den erörterten Zahlen kommen unter Spalte »Bemerkungen« Angaben hinzu, über die Stundenzahl der für Betriebsarbeiten beschäftigten Arbeiter, über den am Stadtdruckregler gegebenen Druck, über Wechsel von Reinigerkasten und sonstige außerordentliche Betriebsarbeiten. Die Tagesaufrechnung des Formulares Tafel 1 wird täglich in ein Buch eingetragen, das auf jeder Seite eine Monatsübersicht gestattet (Tafel 2). Diese Monatsübersicht ist später bei der Projektierung von Erweiterungsbauten, für die Beurteilung von Kohlen und Apparaten wertvolles Material.

Die Schlußzahlen des Tagesberichts können für die Aufsicht, welche etwa nicht am Ort des Gaswerks ihren Sitz hat — z. B. bei Privatgesellschaften — nicht nur nach Tafel 2 monatlich, sondern bereits wöchentlich etwa nach Tafel 3 zusammengefaßt werden. Die bisher beschriebenen Formulare haben sich besonders bei den kleinsten städtischen und Gesellschaftsgaswerken bewährt. Tafel 4, 5 und 6 sind in einem Werk im Gebrauch, das sich von 40 000 bis 95 000 cbm höchster Tagesgasabgabe entwickelt hat und berücksichtigen auch den Wassergasbetrieb. Form. 4 wird im Ofenhause, Form. 5 im Reglerhause geführt und beide werden zu Form. 6 vereinigt morgens dem Betriebsleiter vorgelegt. Tagesberichtsformulare, welche den Kammerofenbetrieb mit Zentralgeneratoren und Steinkohlengasfeuerung (sog. Verbundöfen) berücksichtigen,

........................, den .... 19.....   Tafel 1.

Stunde	Retorte Nr.	Ver-brauch Kohlen kg (Sorte)	Stand des Gasmessers	Stand des Gasbehäl-ters I	Stand des Gasbehäl-ters II	Er-zeugt cbm	Ab-gegeben cbm	Be-merkungen	Feuer-leute
6									
7									
8									
6									
7									
8									
6									
	Summa:								

Ofen in Betrieb Nr. ....

Anzahl der Ladungen ....

Koksverkauf I. Sorte .... kg

     »   II.   » .... »

Teerverkauf .... »

Teerbereitung .... »

100 kg Kohlen geben .... cbm Gas

Koksbereitung .... kg

Unterfeuerung Öfen .... »

Heizung Behälter .... »

     »   Betrieb .... »

     »   Bureaugebäude .... »

Centralverwaltung
von Gas-, Wasser- und Elektrizitäts-Werken
Gesellschaft mit beschränkter Haftung, Bremen.

Pachtgesellschaft
von Gas- und Wasserwerken
Gesellschaft mit beschränkter Haftung.

Monat .... 191............   **Wochen-**

Tag	Datum	Zahl der Retorten im Betriebe	Zahl der Retorten-füllung	Gewicht der vergasten Kohle kg		Stand des Gasmessers 6 Uhr morgens	Gasproduktion		Stand des Gasbehälters 6 Uhr morgens
				Sorte	Sorte		cbm	pro 100 kg Kohlen	
Sonntag									
Sonnabend									
Summe:								%	

Monat .... **19**............ Tafel 2.

Datum	Pro-duktion cbm	Ab-gabe cbm	Gesamt-Kohlen-ver-brauch kg	Anzahl der Ladungen	Ge-wicht der La-dung einer Retorte kg	Koksbe-reitung in 24 Std. kg	Unter-feue-rung kg	Unter-feuerung für an-geheizte Öfen kg	Gasaus-beute aus 100 kg cbm	Koks für Heiz-kessel kg	Teerbe-reitung in 24 Std. kg	Koks-selbst-ver-brauch kg
1												
2												
30												
31												
Sa.												

Bemerkungen:

sind auf Tafel 7 und 8 erläutert. Wie die Aufzeichnungen nach Tafel 4—6 zu Monats-
übersichten zusammengestellt werden, zeigen die Tafeln 9 und 10. Diese Monatsübersicht kann man mit großem Vorteil zur Überwachung des wirtschaftlichen Er-
gebnisses der Betriebe anwenden, indem man die Seibstkostenberechnung für die Gaserzeugung hineinarbeitet. Solche Wirtschaftsübersichten geben die Monatsberichte
nach Tafel 9 und Tafel 10.

Bei der Aufstellung der Tages- und Monatsberichte ist die Ermittlung des Koksverbrauchs unter den Vergasungsöfen besonders wichtig. Man wird schon in den kleinsten
Werken verschieden vorgehen, je nachdem die Verwendung glühenden Kokses möglich
ist oder nur abgelöschter Koks verwendet werden kann. Im ersteren Falle wird man
zunächst täglich notieren, wieviel Retortenfüllungen für die Ofenfeuerung verwendet
wurden. Aus der Zahl der Ladungen gemäß Tafel 1 und ihrem Kohlengewicht wird man
dann den Koksverbrauch berechnen. Hierzu ist eine Zahl erforderlich, welche die Koksausbeute aus 100 kg Kohle angibt. Diese Zahl wird zweckmäßig von Zeit zu Zeit — etwa

Tafel 3.

Kohlen-Bestand am Anfang d. W. .... kg
Zufuhr während d. W. . . . . „
Summa .... kg
Verbrauch während d. W. . . . . „
Bestand am Ende d. W. . . . . kg

Bericht.

Gaswerk ....

Gas-Abgabe	Gewonnener Koks		Unterfeuerung		Koks-Verkauf		Koks-Ver-brauch zu Heizzwecken		Straßenbeleuchtung			
	kg	pro 100 kg	kg	pro 100 kg	bar kg	auf Rechnung kg	Fabrik u. Gas-be-hälter	Woh-nung	Zahl der La-ternen	Brennzeit Uhr von	bis	Summe d. Brenn-stunden
		%		%								

Der Betriebsleiter:..

...., den .... 191......

In Betrieb: Kessel Nr. .... Std.   Exhaustor Nr. ....

Blaugas-Generator: ....

Ölgas-Generator: ....

Betriebswasserstand 6 Uhr abends .... cbm
Wasserförderung mit Pulsometer .... Std.
Wasserverbrauch zur Dampferzeugung in kg ....
Wasserförderung mit Worthingtonpumpe .... Std.
Kanalpumpe .... Stunden in Betrieb.

Uhr		Ofenhaus I Block I			Ofenhaus I Block II			Ofenhaus II Block I			Ofenhaus II Block II		
		Anfang Min.	Bezeichnung der Öfen und Retorten I. II. III. IV. V. VI.	Ende Min.	Anfang Min.	Bezeichnung der Öfen und Retorten I. II. III. IV. V. VI.	Ende Min.	Anfang Min	Bezeichnung der Öfen und Retorten I. II. III. IV. V. VI.	Ende Min	Anfang Min	Bezeichnung der Öfen und Retorten I. II. III. IV. V. VI.	Ende Min.
6	Ladung												
	Generat.-Füllg.												
7	Ladung												
	Generat.-Füllg.												
8	Ladung												
	Generat.-Füllg.												
9	Ladung												
	Generat.-Füllg.												
10	Ladung												
	Generat.-Füllg.												
11	Ladung												
	Generat.-Füllg.												
12	Ladung												
	Generat.-Füllg.												
1	Ladung												
	Generat.-Füllg.												
2	Ladung												
	Generat.-Füllg.												
3	Ladung												
	Generat.-Füllg.												
4	Ladung												
	Generat.-Füllg.												
5	Ladung												
	Generat.-Füllg.												
6	Ladung												
	Generat.-Füllg.												
7	Ladung												
	Generat.-Füllg.												
8	Ladung												
	Generat.-Füllg.												
9	Ladung												
	Generat.-Füllg.												
10	Ladung												
	Generat.-Füllg.												
11	Ladung												
	Generat.-Füllg.												
12	Ladung												
	Generat.-Füllg.												
1	Ladung												
	Generat.-Füllg.												
2	Ladung												
	Generat.-Füllg.												
3	Ladung												
	Generat.-Füllg.												
4	Ladung												
	Generat.-Füllg.												
5	Ladung												
	Generat.-Füllg.												
	Summa												

Kohlenbestand ....../....... 191.... 6 Uhr früh .... cbm à ....kg = ...kg
Kohlenanfuhr Retortenhäuser ....Wagen à ...... kg = ... ▸ = ... ▸
    ▸   ▸   .... ▸ à ...... ▸ = ... ▸ = ... ▸
    ▸   Kammeröfen   ..... ▸ à ...... ▸ = ... ▸ = ... ▸
    ▸   ▸   ..... ▸ à ...... ▸ = ... ▸ = ... ▸

Stand der Wage ....   Summe .... kg
Kohlenbestand ....../....... 191.... 6 Uhr früh .... cbm à ...kg = ...kg
     Also Kohlenverbrauch in 24 Stunden ......kg
Durchschnittl. Kohlenverbrauch für eine Retortenladung ......kg
    ▸   ▸   ▸   ▸ Kammerladung ......kg
Wassergehalt der Kohlen ....%   Teerbereitung ......kg
Barometerstand ...... Uhr ....mm.

Ofenzahl .... Retorten .... Kammern ....
Zahl der Ladungen .... Retorten........ Kammern
    ▸   ▸ leerstehenden Retortenstd. .... Kammern
Steinkohlengasbereitung in 24 Stunden . ...cbm
Ölgasbereitung   ▸ 24   ▸   . ... ▸
Wassergasbereitung   ▸ 24   ▸   . ... ▸
Steinkohlengasbereitung aus 100 kg Kohlen ...... ▸
Wassergasbereitung   auf 100 ▸   ▸   ..... ▸
    ▸   aus 100 ▸ Koks ...... ▸
Ölgasbereitung   aus 100 ▸   ▸   ..... ▸

Tafel 4.

Teerpumpe Nr. ....Stunden in Betrieb
A = Pulsometer Nr. .... Stunden in Betrieb
A = Destillationsapparat Nr..........Stunden in Betrieb
Pelouze Nr............ A = Wäscher Nr..........

Bemerkungen über außergewöhnliche Betriebsarbeiten.

Revisionsvermerk

Summe der Ladungen bzw. Generator-Füllungen	Retorten stehen leer	Zahl der verstopften von oben gereinigten Steigeröhren	Kammer Nr.	Kammeröfen Chargen		Generator-Füllung	Wassergasbetrieb			Bemerkungen	Zeit
				Anfang	Ende		Gas-Produkt	Koks-verbr.	Ölver-brauch		
			I 1								6
			2								
			3								7
			4								
			II 1								8
			2								
			3								9
			4								
			III 1								10
			2								
			3								11
			4								
			IV 1								12
			2								
			3								1
			4								
			V 1								2
			2								
			3								3
			4								
			VI 1								4
			2								
			3								5
			4								

Ofen geschlackt:
I r. vom .... bis   6
I l. » .... »   7
II r. » .... » ....
II l. » .... »   8
III r. » .... » ....
III l. » .... » 9
IV r. » .... » ....
IV l. » .... » 10
V r. » .... » ....
V l. » .... » 11
VI r. » .... » ....
VI l. » .... » 12
Kohlenbestand: 6 Uhr vorm........... 1
Kohlenanfuhr . . . . .
                Zusammen 2
Kohlenverbrauch . . . .
          Bleibt Bestand 3
Koksverbrauch ....
Arbt. Schicht 4
Arbt. Std. 5

Kokserzeugung aus 100 kg Kohlen abgelöscht = ...kg
   »   »   100 »   »   glühend = ...»
   »   in 24 Stunden . . . . . . = ...»
            davon Siebsel = ...»
Siebselverbrauch für Kesselfeuerung . . . . = ...»
Koksverbrauch $^{10}/_{30}$ für » . . . . = ...»
   »   grober » . . . . = ...»
         Koksverkauf, grober = ...»
               30×50 = ...»
               10×30 = ...»
               0×10 = ...»
         Teerverkauf = ...»

Zur Unterfeuerung sind verbraucht:
..........Retortenladungen (glühend).
..........kg Koks für Unterfeuerung der Retorten
..........kg Koks (abgelöschter) für Kammeröfen.
Sa...........kg Koks.
..........kg Koks für 100 kg vergaste Kohlen.

         Unterschrift:......................
Nach dem Betriebbuch
     übertragen durch:......................

         Gesehen:......................

....................., den ....ten....................................191....

Es tut Dienst

Uhr	im Reglerraum
6—2	....
2—10	....
10—6	....

Zeit	Stand des			Gasbereitung			Stand der Gasbehälter	
	Mischgas-messers	Wassergas-messers, blau	Wassergas-messers, ölkarburiert	Misch-gas	Wasser-gas, blau	Wasser-gas, ölkar-buriert	I	II
6								
2								
3								
10								
11								
6								
Sum-ma								

Wassergaszusatz, blau: ....% v. Mischgas

Wassergaszusatz, ölkarb.:................% » »

Luftzusatz: ....% » »

Durchschnitts-temperatur:
im Freien .... ⁰ Cels.
Stadtrohr I .... ⁰ Cels.
Stadtrohr II .... ⁰ Cels.

Monat

Datum und Wochen-Tag	Gas-bereitung cbm	Gas-abgabe cbm	Kohlen-verbrauch kg	Koksverbrauch		Koks-bereitung		Siebsel zur Dampf-kessel-Feue-rung kg	Koksabfuhr kg	Öfen in Betrieb in Ofenhaus	
				zur Ofen-feuerung ins-gesamt kg	auf 100 kg Kohlen	Koks kg	Sieb-sel kg			I	II

monatlich —, jedenfalls jedesmal beim Wechsel der Kohlensorte, durch besonderen Versuch festgestellt. Bei diesem Versuch wird die in die Retorte geladene Kohle gewogen, der Koks bei der Entladung der Retorte möglichst schnell mit möglichst wenig Wasser-verbrauch abgelöscht und gewogen. Wenn es sein kann, wird diese Bestimmung ge-nauer, wenn man den Koks in einem eisernen Gefäß erstickt, statt ihn abzulöschen. Die täglichen Verbrauchszahlen über die Unterfeuerung der Öfen werden dann am Monatsschluß korrigiert werden müssen, indem man folgende Rechnung ausführt:

Der Kohlenverbrauch von einer Koksbestimmung zur andern wird mit der Aus-beuteziffer, welche durch die beschriebenen Versuche ermittelt wurde, multipliziert. Diese Produkte geben am Monatsschluß die Koksproduktion an. Hiervon wird ab-

Tafel 5.

in der Wassergasanstalt	im Reinigungs- u. Regenerierraum	............Uhr abends

Tagesdienst

	Anzahl	der Arbeiter

Heizwert
oberer   bei   unterer
.... W. E. 20° .... W. E.
» » 0° » »

Ge-winn	Ver-lust	Gas-Verbrauch	Stand des Luftmessers	Druck in Millimetern						Temperaturen				Bemerkungen (auch Erklärung auffälliger Zahlenänderung etc. durch den Betriebs-Ingenieur)
				Reinigung		hinter dem Gasmesser	vor dem Regler	hinter dem Regler		im Freien	im Reglerraum	Stadtrohr		
an Gasbehälter-inhalt				Eingangs-rohr										
				I	II			I	II			I	II	
														Spez.

Barometerstand 6 Uhr vorm............mm   Unterschrift (Nachtdiensttuender): ....

Nach dem Betriebsbuch übertragen durch (Inspektor): ....

Unterschrift des Betriebsingenieurs: ....

Tafel 6.

....

aus 100 kg	Gasbereitung		aus einem Ofen	Zahl der		Im Betrieb:						Durchschnittl. Temperatur in C°					Bemer-kungen
	aus einer Re-torten-ladung	aus einer Retorte in 24 Stun-den		Retorten-ladung	leer stehenden Retortenstunden	Kessel	Exhaustor	Pelouze	A.-Wäscher	NA.-Destillationsappar.	Beschickte Reiniger	Gas zur Stadt	im Freien				
						Nr.	Nr.	Nr.	Nr.	Nr.	Nr.						

gezogen das Gewicht des Koksverkaufs und Selbstverbrauchs, soweit er tatsächlich gewogen ist. Es verbleibt alsdann eine rechnungsmäßige Ziffer, welche den rechnungsmäßigen Verbrauch für die Ofenunterfeuerung und etwaige Verluste enthält.

Selbstverständlich gestattet diese Ziffer keine Schlüsse auf die Güte der Ofenfeuerung. Dazu können nur die vorbeschriebenen täglichen Notierungen einen Anhalt bieten. Dagegen kann aus dieser Ziffer die mehr oder minder gute Ablöschung des Kokses kontrolliert werden. Bei zu starker Ablöschung wird die Ziffer entsprechend dem Wassergehalt des verkauften und sonst durch Gewicht nachgewiesenen Koksverbrauchs zu klein werden. Ein solcher zu starker Wassergehalt macht dann auch auf sonstige Mißstände aufmerksam, wenn man mit der ausgewogenen Koksausbeute vergleicht.

......................................, den.........ten .... 191...... 　　　Tafel 7.

Kammer Nr.	Kammeröfen Chargen		Generator-Füllung	Betrieb der Kerpely- und Wassergas-Generatoren									Gasmacher:
	Anfang	Ende											6—2 ....
I 1				Stunde	Zahl der Füllungen im:							Gas-bereitung cbm	2—10 ....
2					Kerpely-Generator				Wassergas-Generator				10—6 ....
3					I	II	III	IV	I	II	III		
4													
II 1				6—7									
2				7—8									
3				8—9									
4				9—10									
III 1				10—11									
2				11—12									
3				12—1									
4				1—2									
IV 1				Summe									
2				2—3									
3				3—4									
4				4—5									
V 1				5—6									
2				6—7									
3				7—8									
4				8—9									
VI 1				9—10									
2				Summe									
3				10—11									
4				11—12									
				12—1									

Ofen geschlackt:

I r. vom.............bis...........　1—2
I l. » ....» ....　2—3
II r. » ....» ....　3—4
II l. » ....» ....　4—5
III r. » ....» ....　5—6
III l. » ....» ....　Summe
IV r. » ....» ....
IV l. » ....» ....　Tages-Summe
V r. » ....» ....
V l. » ....» ....　Gewicht der Füllun-gen
VI r. » ....» ....
VI l. » ....» ....

Kohlenbest. 6 Uhr vorm.............
Kohlenanfuhr . . . .
　　　　　Zusammen.............　Gesamt-Koksverbrauch .... Also per 1000 cbm.............
Kohlenverbrauch: . . . .　　» 　Dampfverbrauch..................... » 　» 　1000 　» ....
　　　Bleibt Bestand:............　　　» 　Wasserverbrauch................ » 　» 　1000 　» ....
Koksverbrauch: ....　Aschengehalt ⎫ des Brennmaterials...................
Arbt. Schicht: ....　Wassergehalt ⎰ im Durchschnitt.......................
Arbt. Stund: ....

Kohlenbestand ....../..... 191... 6 Uhr früh ......cbm à .....kg =.......kg　Kokserzeug. a. 100 kg Kohlen abgelöscht =......kg
Kohlenanfuhr　　.........Wagen à .....kg = ... » = ...　»　　　» 100 » 　» 　glühend 　=...... »
　　　» 　　　　　　　　　» 　à 　» = ... » = ... »　　in 24 Stunden . . . . . =...... »
　　　» 　　　Kammeröfen 　...... » 　à ....» = ... » = ... »　　　　davon Siebsel =...... »
　　　» 　　　　　　» 　......　» 　à ...... » = ... » = ... »　Zur Unterfeuerung sind verbraucht:
Stand der Wage ....　　　　Summe ....kg　......kg Koks (abgelöschter) für Kammeröfen.
Kohlenbestand ....../..... 191... 6 Uhr vorm. ....cbm à .....kg = ... »　......cbm Generatorgas.
　　　Also Kohlenverbrauch in 24 Stunden ......kg　......kg Koks auf 100 kg vergaste Kohlen.
Durchschnittlicher Kohlenverbrauch für eine Kammerladung ...... »　......cbm Gas » 100 » 　» 　......
Wassergehalt der Kohlen ....% Teerbereitung . . . . »　　　　　Unterschrift:...................
Barometerstand .....Uhr ....mm　　　　　　　　　　Nach dem Betriebsbuch über-　　Maschinenwärter.
Zahl der Ladungen ......Kammern　　　　　　　　　　　tragen durch:...................
Steinkohlengasbereitung der Kammer in 24 Stunden ....cbm　　　　　　　　　Inspektor.
　　　　　　　　　　　　　　　　　　　　　　　　　　　Gesehen:...................
　　　　　　　　　　　　　　　　　　　　　　　　　　　　　Betriebs-Ingenieur.

Tafel 8.

........................., den .... 191 ......

In Betrieb neben den Verbundöfen: Kammeröfen Nr. ....

In Betrieb: Kessel Nr. ....

Angeheizt: Kerpely-Generator Nr. ....

Temperatur im Ausgang Staubfänger:

Bemerkungen über Betriebsrevisionen (Zeit u. Name)

Uhr:	6	10	2	6	10	2	6
°C:							

Ofen Nr.	Zeit des Ausstoßes Uhr	Min.	Zeit der Ladung Uhr	Min.	Feuerung mit St.-G.	Gn.-G.	Füllung mit Gas-Kohle	Koks-Kohle	Mi-schung
1									
2									
3									
4									
5									
6									
7									
8									
9									
10									
11									
12									
13									
14									
15									
16									
17									
18									
19									
20									
21									
22									
23									
24									
25									
26									
27									
28									
29									
30									
31									
32									
33									
34									
35									
Summe:									

Gasproduktion des Tages: .... cbm

Gasproduktion für 1000 kg Kohlenverbrauch .... cbm

Zeit	Unterfeuerungs-Verbrauch in cbm an	
	Steinkohlengas	Generatorgas
6—2	....	....
2—10	....	....
10—6	....	....

Zur Ofen-Unterfeuerung für 1000 kg Kohlenverbrauch:

Steinkohlengasverbrauch: .... cbm

Generatorgasverbrauch: .... »

Koksverbrauch: .... kg

Kokserzeugung aus 1000 kg:

Kokskohle: .... kg

Gaskohle: .... »

Also Tages-Kokserzeugung: .... »

Für Dampferzeugung:

Gasverbrauch: .... cbm

Koks IV .... kg

Koks III .... »

Kohlenverbrauch: .... »

Kohlenbestand im Turm	Gaskohlen:	Kokskohlen:
um 6 Uhr früh am	.... t	.... t
Zufuhr von .... bis	.... t	.... t
1.		
2.		
3.		
4.		
5.		
Summe:	....	....
Bestand nach der letzten Füllung des Tages:	....	....
Also Verbrauch:		
Summe Gas- u. Kokskohlen:		

Ofenmeister:

6—2 Uhr ....

2—10 » ....

10—6 » ....

Abgerechnet durch den Maschinenwärter:

....

Übertragen durch:

....

Gesehen:

Betriebsgehilfe: ....

Ober-Ingenieur: ....

Monatsberichte. (Doppelseitiger Druck für fortlaufende Berichte in Buchform.)

Betriebs-Bericht der städt. Gasanstalt zu ....

für den Monat.......................190.....

Gasbereitung im Monat .... cbm = Gegen das Vorjahr: .... %

Gasabgabe   »   »   .... » = »   »   »   .... %

Die Gasbereitung erforderte:	ℳ	₰	ℳ	₰
1. Kohlen .... kg zu M. .... für 100 kg				
» » » » » »				
2. Koks zur Unterfeuerung d. Retorten u. Kammeröfen » » » .... » » »				
3. Koks zur Dampfkesselfeuerung .... » » » » » »				
4. Siebsel zur » .... » » » » » »				
5. Kohlen zur » .... » » » » » »				
6. Koks zur Wassergasbereitung .... » » » » » »				
7. Koks zum Anfeuern der Öfen .... » » » » » »				
» » » » » »				
Davon gehen ab: Zusammen				
1. der erzeugte Koks .... kg zu M. .... für 100 kg				
2. Siebsel .... » » » » » »				
3. Teer .... » » » » » »				
4. Ammoniak .... » » » » 1 »				
» » » » »				
Summe des Abgangs				
bleiben				

hierzu Arbeitslohn: a) der Ofenmeister, Feuerleute, Wärter und Arbeiter an Dampfkesseln,

               Gassaugern und Apparaten ....

           b) beim Koksverwiegen, Teer- und Ammoniakwasser-Pumpen ....

           c) bei den Reinigungsapparaten ....

               Gesamtkosten von .... cbm Gas

100 kg Kohle kosteten nach Abzug des Wertes der Nebenerzeugnisse .... M.

     Es kosten demnach 100 cbm Gas .... Pf.

                   { ohne Arbeitslohn .... »

100 cbm Gas kosten {   Betriebslohn .... »

                   {   Vertriebslohn .... »

                   {   die Reinigung .... »

                        { .... cbm Gas

100 kg trockene Kohle haben durchschnittlich geliefert { .... kg Koks

                              { .... » Siebsel

                              { .... » Teer

Zur Unterfeuerung verbraucht für Retorten im Betriebe .... % der vergasten Kohlen

  »   »   »   »   »   leere   .... %   do.

  »   »   »   »   Kammeröfen   .... %   do.

Retorten waren im Betriebe .... Stück mit .... Ladungen, durchschn. pro Tag .... Stück

es standen leer . . . . » .... » » » .... »

Kohlengewicht pro Ladung .... kg

Jede Ladung einer Retorte ergab .... cbm Gas

1 Retorte hat geliefert in 24 Stunden .... cbm Gas

Spezifisches Gewicht des Gases ....

Lichtstärke im Argandbrenner bei 180 l Gasverbrauch ....

.... Heizwert bei .... ° und 760 mm ....

Kohlensäure-Gehalt ....

Durchschnittl. Temperatur am Stations-Gasmesser ....

Gasanstalt	Photomtr.-Stat.

Tafel 9. (Fortsetzung.)

Verkauft wurden:

			ℳ	₰
1. Koks I	kg zu M.	für 100 kg		
Koks II	» » »	» » »		
Koks III	» » »	» » »		
2. Siebsel	» » »	» » »		
3. Teer	» » »	» » »		
4. Ammoniak	» » »	» 1 »		
		zusammen Mark		

Außerdem wurden verbraucht:

1. in der Werkstatt zum Schmieden . . . . _____ kg Kohlen
2. bei Privat-Einrichtungen . . . . _____ » »
3. beim Gußrohrverlegen zum Bleischmelzen . . . . . _____ » Koks
4. z. Kochen u. Heizen in d. Wohnungen u. Geschäftszimmern _____ » »
5. zur Beleuchtung in der Gasanstalt . . . . _____ cbm Gas

Betriebs-Materialien-Bestände.

1. Gaskohlen _____ kg
   _____ »
   _____ »
   _____ »
   _____ »
   _____ »
   zusammen _____ »
2. Koks I _____ »
   Koks II _____ »
   Koks III _____ »
3. Siebsel _____ »
4. Teer _____ »
5. Reinigungsmasse betriebsfähig _____ »
   » ausgebraucht _____ »
6. Gas _____ cbm

Gasflammen zur öffentlichen Beleuchtung.

	Laternen		Brenner	
	Nacht	Abend	Nacht	Abend
Einfache Auerbrenner				
Doppelte »				
Dreifache »				
Vierfache »				
Sechsfache »				
Einfache Invertbrenner				
Doppelte »				
Dreifache »				
Vierfache »				
Fünffache »				
Feuerm.-Lat. _____				
Sa.				
Bestand am _____				
Zugang im Monat _____				
Eingegangen im Monat _____				
Bestand am _____				

Privatflammen nach Größe der Gasmesser.

	16 Pfennig-Gas			12 Pfennig-Gas		
	Gasmesser	davon Automaten	Gasmesser-flammen	Gasmesser	davon Automaten	Gasmesser-flammen
Bestand am 1.						
Zugang im Monat						
Eingegangen im Monat						
Tarifflammen						
Bestand am 1.						
Gegen Vorjahr v. H.						

Königsberg, den _____ ten _____ 190____

Direktion der städtischen Gasanstalt.

Tafel 10.

Zentralverwaltung von Gas-, Wasser- und Elektrizitätswerken
Gesellschaft mit beschränkter Haftung, Bremen.

Betriebsbericht des Gaswerks..

Monat...................................191.....

I. Material-Nachweisung.

a) Kohlen.

Vorrät am 1..   kg

Zufuhr laut Kohlenbuch . . . .   »

                                     Sa.   kg

ab für Gasproduktion, Sorte: kg

....   »

....   »   »

                                         kg

ab ....% Gewichtsverlust . . . .   »

Bleibt Bestand am 1............................. . . . .   kg

b) Koks.

Vorrat am 1..   kg

Produktion . . . .   »

                                     Sa.   kg

ab für Unterfeuerung . . . . . .   kg

» » Fabrikheizung . . . .   »

» » Selbstverbrauch in der Wohnung   »

» » Anheizen des er Ofens . . .   »

» » Außerbetriebsetzen des er Ofens   »

(Koks-Überschuß............kg)   Sa.   kg

zuzüglich für Verkauf lt. Kassabuch .   »

» » » lt. Tagebuch .   »   »

Bleibt Bestand am 1............................. . . . .   kg

c) Teer.

Vorrat am 1..   kg

Produktion . . . .   »

                                     Sa.   kg

ab für Verkauf lt. Kassabuch . . .   kg

» » » lt. Tagebuch . . .   »

» » Selbstverbrauch . . . . .   »   »

Bleibt Bestand am 1............................. . . . .   kg

Es gaben   100 kg Kohle . . . . Gas   cbm

» »   100 » » . . . . Koks   kg

» »   100 » » . . . . Teer   »

» brauchten 100 » » an Feuerung . . . . Koks   »

II. Arbeiter-Nachweisung.

Es waren beschäftigt: bei Tage .... Mann vom .... bis .... = ... Stunden

                 » Nacht............ » » .... » .... = ... »

                               Hilfsarbeiter .... = ... »

                                        Sa. .... Stunden

Bemerkungen:

III. Gasproduktion und -Verbrauch. Tafel 10. (Fortsetzung).

			cbm
Stand des Gasmessers am 1.............................. 6 Uhr morgens			cbm
davon ab Stand des Gasmessers am 1.................. 6 » »			»
demnach produziert			cbm
dazu Gasbehälterinhalt am 1................. 6 Uhr morgens			»
			cbm
davon ab Gasbehälterinhalt am 1. .... 6 » »			»
mithin Abgabe			cbm

Die Gasabgabe verteilt sich auf:

	cbm
Straßenbeleucht. ......Brennst. à 130 l	cbm
öffentl. Gebäude ...... pro cbm ......₰	»
.... » » ...... »	»
Privatbeleucht. .... » » ...... »	»
.... » » ...... »	»
Kochen und Heizen » » ...... »	»
.... » » ...... »	»
Motoren .... » » ...... »	»
.... » » ...... »	»
.... » » ...... »	»
mithin verkauft	cbm
Selbstverbrauch Fabrik	»
» Wohnung . . .	»

Verlust: ....l stündl. pro km Rohrnetz (Rohrnetzlänge ......km) .... cbm
für verkaufte ...... cbm Gas sind vereinnahmt M.............. . Demnach für 1 cbm ...... Pf. erzielt.

Es waren vorhanden Anfang des Monats:
...... Straßenfl., ...Privatfl., ...Kocher m. ......Fl., ...Motoren m. ......PS., ...Öfen, ...Anschlüsse
Zunahme ...... do. do. do. ......do. ...... do. ...... do. do. ...... do.
Abnahme ...... do. do. do: ......do. ...... do. ...... do. do. ...... do.
Ende des Monats:
...... Straßenfl., ...Privatfl., ...Kocher m. ......Fl., ...Motoren m. ......PS., ...Öfen, ...Anschlüsse
Spezifikation der Motoren:
Größte Gasabgabe am .... cbm, kleinste Abgabe am .... cbm.

IV. Öfen-Nachweisung.

Im Betriebe waren: Ofen Nr. .... mit .... Retorten vom .... bis .... = ...Retortentage
» » .... » .... » » .... » .... = ...»
» » .... » .... » » .... » .... = ...»
.... bis .... = ...Retortentage
Ab für Ausbrennen: » » .... » .... » » .... » .... = ...»
Retortentage

V. Kosten der Gasproduktion.

	pro 100 kg franko Gaswerk		
Die produz. .... cbm Gas erforderten (einschl. d. Gewichtsverlustes):			
Kohlen zusammen ...... kg, davon Sorte .... kg ℳ		ℳ	
» » .... » »	»	
Reinigungsmaterial	»	
Betriebslöhne	»	
Davon ab Wert der Nebenprodukte:	pro 100 kg	ℳ	
Koksüberschuß . . . . kg ℳ	.... ℳ	»	
Teer . . . . » »	.... »		
Ammoniakwasser, Graphit und Reinigungsmasse . . . . » »	.... »	»	
+ Gasbehälter-Abgang ....cbm à ....₰		ℳ	
÷ » Zugang .... » à .... »		»	
		ℳ	
Demnach kosten die verkauften ....cbm Gas		»	
oder 1 cbm Gas exkl. Betriebskosten, Zinsen etc.		»	

Tafel 10.   (Fortsetzung.)

Einnahmen   **Betriebs-Bilanz.**   Ausgaben

Erlös aus Gas:	ℳ	₰	Kosten der Gasproduktion:	ℳ	₰
Für Straßenbeleuchtung			Betriebskosten:		
» öffentliche Gebäude pr. cbm ....₰			Vorstand		
» .... » » ....₰			Betriebsleiter		
» Privatbeleuchtung » » ....₰			Laternenwärter		
» .... » » ....₰			Ersatzmaterial für Laternen . . .		
» Kochen u. Heizen » » ....₰			Reparaturen		
» .... » » ....₰			Assekuranz		
» Motoren . . . .» » ....₰			Steuern		
» .... » » ....₰			Unkosten		
» .... » » ....«			Betriebsmaterialien		
			Zinsen		
			Abgaben an die Stadt ca.		
Gaseinnahme					
Gasmessermiete					
Apparate- und Leitungsmiete . .			Bilanz (Gewinn)		
Bilanz (Verlust)					
ℳ			ℳ		

Der Installationsgewinn beträgt . . . . ca ℳ..................

Die Bilanz wie oben . . . . » » ....

ℳ..................

Noch zu belasten für Abschreibungen . . . . . . ca. ℳ..................

Demnach netto ℳ.................. Gewinn, Verlust

Vereinnahmt sind pro cbm . . . .₰

dagegen kostet der verkaufte cbm Gas exkl. aller Unkosten und Abschreibungen ....»

Bremen, _____ den .... 191......

Die Gasmesser werden abgelesen am

Erläuterungen.

1 Ofenreparaturen (Ausmauern des Generators, Neueinziehen von Retorten, Neuer Einbau):

2. Ursache eines ev größeren Rohrnetzverlustes:

3.

Gut ausgegaster Koks verliert erfahrungsgemäß sehr schnell das zum Ablöschen verwendete Wasser, schlecht ausgegaster Koks enthält teerige Bestandteile, welche das Wasser festhalten. Ebenso vermögen manche Aschegehalte des Kokses stark Wasser zu halten. In solchen Fällen entsteht eine unnatürlich große Koksausbeute.

Zur Kontrolle der wirklichen Unterfeuerung wird von Zeit zu Zeit ein Vergasungsversuch mit Feststellung der Unterfeuerung gemacht, wobei bei kleinen Versuchsöfen der Koksverbrauch auf der Waage festgestellt werden kann. Bei großen Betrieben mit großen Vergasungsräumen (z. B. Kammern) wird man von der Zuwägung unter Umständen absehen müssen, und besser derartig kontrollieren, daß man die Koksausbeute durch Wägung bestimmt und genau den zum Verkauf verbleibenden Koks bestimmt und die Differenz als Unterfeuerung notiert. Zur Vereinfachung wird hier die sog. Tiegelprobe[1]) zu Hilfe gezogen, indem man aus einigen Versuchen feststellt, wieviel die Koksausbeute nach der Tiegelprobe von der praktischen Auswägung der Koksausbeute einer Retorte oder Kammer abweicht. Dieser Quotient kann dann für ein und denselben Ofen verbleiben. Die Koksausbeute kann dann aus einem Durchschnittsmuster der Kohle nach der Tiegelprobe berechnet werden. Die Erzeugung von Teer und Ammoniak läßt sich leicht an Hand des Verkaufs kontrollieren, weil die Bestände leicht übersehbar sind, der etwaige geringe Selbstverbrauch durch Gewicht bestimmt werden kann.

Die vorbeschriebenen einfachen Kontrollen bedürfen weiter keiner besonderen technischen Kenntnisse. Sie genügen daher für den einfachsten Betrieb, dessen Leiter überwiegend praktische Vorbildung genossen hat. Man kann damit etwa in Betrieben bis zu 500 000 cbm Jahresgasabgabe auskommen. Werden die Betriebe größer, so sind sie das ganze Jahr über mit Exhaustorbetrieb verbunden, meist gehört dazu eine Ammoniakverarbeitung, die Verluste bei unrationell gewählter Kohle werden schon verhältnismäßig groß; es ist daher bei solchen größeren Betrieben mindestens schon zu beobachten, wann eine besondere wissenschaftliche Kontrolle für irgendeine besondere Betriebszahl erforderlich wird. Dazu gehört naturgemäß eine Kenntnis der wissenschaftlichen Hilfsmittel, welche zu Gebote stehen. Es ist also erforderlich, daß der Betriebsleiter auf Grund einer gewissen theoretischen Ausbildung weiß, wann er sich solcher wissenschaftlicher Hilfsmittel zu bedienen hat. Er wird dann in geeigneten Fällen durch Vermittlung seiner Verwaltung derartige Hilfsquellen heranziehen.

Mit wachsender Ziffer der jährlichen Kohlenverarbeitung wird das Risiko von Verlusten bei der Nebenproduktengewinnung einerseits und die Belastung des technisch vorgebildeten Betriebsleiters mit technischen und Verwaltungsgeschäften andererseits so groß, daß die häufige Heranziehung besonderer technischer Beratung zu teuer wird; in solchen Fällen ist die ständige chemische Beratung der Gasanstalt erforderlich.

Fragt man nach den Grenzen dieser verschiedenen Methoden der Betriebsleitung, so kann man etwa folgendermaßen unterscheiden:

Betriebe über 500 000 cbm Jahresgasabgabe und unter 2 000 000 cbm Jahresgasabgabe werden mit einem Betriebsleiter auskommen, welcher auf Grund maschinentechnischer Mittelschulbildung als Spezialist für das Gasfach in der Handhabung der einfachsten chemischen und physikalischen Betriebskontrollen unterrichtet ist. Darüber hinaus empfiehlt sich ein wissenschaftlich-maschinentechnisch oder chemisch-technologisch ausgebildeter Betriebsleiter mit genügender allgemein-geschäftlicher Erfahrung.

Betriebe von etwa 10 000 000 cbm Jahresgasabgabe werden zweckmäßig einem maschinentechnisch wissenschaftlich gebildeten Leiter unterstellt, dem ein Chemiker für die Betriebskontrolle zur Seite steht. Dem Betriebsleiter muß für die technische Überwachung des Betriebspersonals eine Hilfskraft mit mindestens technischer Mittelschulbildung zur Seite stehen.

Je nachdem der Gaswerksbetrieb allein oder in Gemeinschaft mit andern städtischen Betrieben zu verwalten ist, wird diese Organisation bis zur Jahresgasabgabe von etwa 30 000 000 cbm ausreichen. Innerhalb dieser Grenzen werden die häufig auftretenden Baufragen unter der Oberleitung des Betriebsleiters von geeignetem Personal bearbeitet werden können. Darüber hinaus wird Betriebsleitung, chemische Kontrolle und Bau-

---

[1]) Siehe Bd. I Wissenschaftliche Untersuchungsmethoden der Gastechnik.

bearbeitung an drei verschiedenen Stellen bearbeitet werden müssen. Diese drei Stellen finden dann in der Person des Betriebsleiters die erforderliche Verbindung. Zur Vermeidung unnötigen Schreibwerks und zur Herstellung einer angemessenen Verbindung zwischen Fabriksleitung und Verwaltung wird dieser Betriebsleiter die weitgehendste verantwortliche Zuständigkeit besitzen müssen. Bei der Gesellschaftsform privater Werke wird er Vorstandsmitglied, bei kommunalen Betrieben Magistratsmitglied oder Beigeordneter sein müssen.

Das, was für die Leitung der verschiedenen Betriebsgrößen maßgebend war, gilt auch für die dem Betriebsleiter nachgeordneten Stellen großer Betriebe. Bei den größten Betrieben wird daher zuletzt die praktische handwerksmäßige Leitung genau so wie bei den kleinsten Betrieben in die Hand eines vorwiegend praktisch gebildeten Angestellten gelegt, welcher die beste Vermittlung zwischen der wissenschaftlichen Betriebsleitung und dem einfachen Arbeiter darstellt.

Seitdem die Gaswerke einer beträchtlichen Konkurrenz ausgesetzt sind, und seitdem die Differenz zwischen den Gaspreisen einerseits, Rohstoffen und Löhnen anderseits immer kleiner wird, sind auch die kleinsten Werke darauf angewiesen, jeden kleinen Vorteil bei der Verwaltung sowie bei Neu- und Erweiterungsbauten wahrzunehmen. Diese Aufgabe zu erfüllen, kann natürlich nicht einem Gasmeister mit rein handwerksmäßiger oder doch geringer technischer Ausbildung zugemutet werden. Dazu bedarf es von Zeit zu Zeit eines technischen Beraters. In einzelnen Gegenden Deutschlands stehen hierzu erfahrene Zivilingenieure zur Verfügung, welche aus eigener Erfahrung schöpfen und eine unabhängige Stellung zwischen ihren Auftraggebern und den beteiligten Lieferanten einzunehmen vermögen. Verhältnismäßig zur Zahl der deutschen Kleinstädte ist aber die Zahl dieser Beratungsstellen noch klein. Seitens der Eigentümer kleiner Gaswerke (Magistrate) wird auch nicht immer der richtige Zeitpunkt gewählt werden können, wann man einen solchen Berater hinzuzieht, so daß Mängel, Nachteile, Mißverständnisse unausbleiblich sind. Die fortlaufende Beobachtung eines kleinen Werks kann häufig wichtiger sein als die vereinzelte Beratung aus besonderem Anlaß. (Es wird verwiesen auf die Veröffentlichungen von Bürgermeister Twistel, Gasanstaltsdirektor Kobbert im Technischen Gemeindeblatt 1905, Nr. 23.)

Es ist daher ein Zusammenschluß von Städten zu einer gemeinschaftlichen Beratungsstelle um so dringender geboten, als es immer schwieriger wird, die Verwaltungen von einseitig interessierten Einflüssen freizuhalten.

Wenn daher im vorstehenden die Wichtigkeit technischer und chemischer Überwachung der Gasanstaltsbetriebe nachgewiesen ist, so soll damit auch das Erfordernis einer solchen Beratungsstelle in Gestalt eines Vereins oder Zweckverbandes betont werden.

In einem Revisionsverein werden auch die Beratungskosten für die einzelne Stadt und den einzelnen Beratungsfall sehr gering.

2. Fabrikationsbücher, Personal, Instruktion.

Für die kleinsten Betriebe, bis etwa 500 000 cbm Jahresgasabgabe, genügt die Niederschrift aller Betriebsvorkommnisse in einem Tagebuch nach Schema Tafel 1. Täglich werden die Zahlen dieses Buches in das Schema Tafel 2 übertragen. Daraus kann dann monatlich für die Verwaltung und Aufsicht ein Betriebsbericht etwa nach Schema Tafel 10 gefertigt werden.

Unter der Verwaltungsaufsicht (Gesellschaftsvorstand, Beleuchtungsdeputation) steht der Gasmeister (bzw. Gasanstaltsinspektor). Er führt die Bücher nach Tafel 2.

Schema 1 führt bei kleinen Betrieben der einzige Feuermann, bei größeren der erste Feuermann jeder Schicht. Der Gasmeister stellt den Betriebsbericht ebenso nach Tafel 9 oder 10 zusammen und gibt dazu die etwa erforderlichen Erläuterungen. Er ist bei kleinsten Werken gleichzeitig erster Gaseinrichter (Installateur), besorgt auch die im Betriebe vorkommenden regelmäßigen Reparaturen.

Dem Gasmeister wird für die Nebenproduktenausgabe, die Führung eines Magazin-einnahme- und -ausgabebuches, für die Kontrolle von Eingang und Ausgang der Gas-messer, für den Schriftwechsel mit seiner Aufsichtsbehörde und, soweit seine Zuständig-keit reicht, mit den Lieferanten und Abnehmern des Werkes eine Hilfskraft zur Seite gestellt. In den allerkleinsten Betrieben fehlt eine solche Hilfskraft häufig zum Schaden für die Entwicklung des Werkes. Wenn schon auf solchen Werken der Betriebsleiter zweckmäßig mitarbeitet, so muß er doch daneben ausreichend Zeit behalten, mit dem Publikum in Verkehr zu bleiben, um Propaganda zu betreiben, Aufklärung zu schaffen bei Gasverbrauchern und deren Frauen. Auch dort, wo bei einer Zentrale (Gesellschafts-vorstand, Magistrat) die Ausstellung der Gasrechnungen und die Nebenproduktenver-kaufskontrolle besorgt wird, ist es richtig, mindestens stundenweise auf dem Gaswerk eine Hilfskraft arbeiten zu lassen.

Mancherlei Übelständen und vielen Unannehmlichkeiten für Aufsicht und Betriebs-leiter wird dadurch vorgebeugt, wenn zwei voneinander unabhängige Angestellte sich auf dem Werk betätigen müssen.

Die einfachste Materialkontrolle wird etwa nach Tafel 11 erfolgen, ein Gasmesser-buch nach Tafel 12 geführt werden. Magazinkarten und Registrierkassen können auch in großen Betrieben bei genauester Kontrolle das Schreibwerk stark einschränken.

Tafel 11.

Datum	Bezeichnung der Gegenstände	Namen des Entnehmenden	Ort der Verwendung
Seite			

Tafel 12.

	Zurückgelieferte Gasmesser							Gestellte Gasmesser					
Nr. des Gasmessers	Stand d. Gaszählers	Kasse	Flammenzahl 12 Pf. Gasm.	Aut.	16 Pf. Gasm.	Aut.	Fabrik auch Bemerkung von Ankauf (in roter Tinte)	Jahrgang	Nr. des Gasmessers	Stand d. Gaszählers	Kasse	Flammenzahl ...	Fabrik auch Bemerkung von Verkauf (in roter Tinte) / Jahrgang

Tafel 12.

Datum	Konsument		Übertrag ins Rentenbuch Nr./Seite	Grund der Abnahme	Nr. des Arbeits-Zettels (Dringend)	Aufgestellt durch
	Name und Stand	Straße				

Sobald die Betriebe Ammoniakverarbeitung erhalten und ein umfangreiches Installationsgeschäft betreiben, ist es zweckmäßig, in der Betriebsbuchführung eine Trennung eintreten zu lassen. Das vom Vorarbeiter zu führende Betriebstagebuch beschränkt sich dann zweckmäßig auf Ofenbetrieb und Apparatenbedienung. Für die Nebenproduktengewinnung wird ein besonderes Schema geführt. Bei Betrieben mit eigener chemischer Kontrolle scheiden die chemischen Betriebskontrollen aus den Betriebsbüchern aus und werden einem Laboratoriumsbuch einverleibt. Für letzteres erübrigt sich ein allgemeines Schema. Jedenfalls müssen die täglichen Laboratoriumsarbeiten festgelegt werden und gehen am Monatsschluß in das Betriebsberichtsformular über, wie letzteres vorschreibt.

Die Personaleinteilung wird wesentlich von der Bauart des Gaswerks und der räumlichen Verteilung der verschiedenen Betriebszweige bestimmt werden. Im allgemeinen kann man folgende Gesichtspunkte aufstellen:

Die Anzahl der Bedienungsleute bei der eigentlichen Vergasung (Ladung und Entladung der Retorten oder Kammern) wird durch die Konstruktion der Öfen bestimmt. Während in kleinsten Betrieben noch etwa die Regel gelten wird, ein Mann ist erforderlich pro Schicht und Ofen, ist bei mechanischer Kohlenzuführung und Koksbearbeitung etwa die Hälfte erforderlich. Bei Vertikalretorten, Vertikalkammern, Horizontalkammern wird sich das Bedienungspersonal etwa nach der Regel berechnen, daß auf 5000 cbm Tagesleistung ein Mann für Bedienung der Öfen, für Kohle und Koks entfällt. Im übrigen wird für Kühlung, Ammoniak- und Teerwäsche einschl. Exhaustorbetrieb ein Mann — in großen Betrieben mit einem Hilfsarbeiter — genügen. Bei der trockenen Reinigung ist für den Dauerbetrieb die Aufsicht durch einen Vorarbeiter hinreichend. Wieviel Leute beim Entleeren und Füllen der Reinigungskasten erforderlich sind, entscheidet ganz und gar die Bauart des Reinigerraums und die Lage des Regenerierraums zu ersterem. Etwa ein Mann pro cbm Masse bei reinem Handbetrieb und ein Mann pro 10 cbm Masse bei gutem Maschinenbetrieb dürfte in weiten Grenzen als Norm dienen können. Für das Regenerieren der Masse wird etwa die beim Packen der Reinigerkasten benötigte Arbeiterzahl für den ersten Tag ausreichen, später nur die Hälfte und weniger. Es wird hier auf die immerwährende Regenerierung der Masse nach Lux-Allner verwiesen. Dieser Betrieb erfordert natürlich keine Leute zum Regenerieren, die Masse kommt vielmehr vollständig mit Schwefel überladen aus dem Betrieb und wird als ausgebrauchte Reinigungsmasse zum Verkauf gestapelt. Die vorgenannten Bedienungsmannschaften können so verteilt werden, daß ihr Vorarbeiter und ein Teil von ihnen die Bedienung der Stadtdruckregler, das Ablesen des Stationsgasmessers und sonstige Nebenarbeiten auf der Gasanstalt erledigen. Kessel und Ammoniakdestillation, Werkstatt verlangen natürlich eine besondere Besetzung. In Betrieben unter 500 000 cbm Jahresgasabgabe untersteht das ganze Personal direkt dem Betriebsleiter. In größeren Betrieben wird ein Vorarbeiter für den Innenbetrieb und ein Aufseher für den Außenbetrieb erforderlich. Der Vorarbeiter für den Innenbetrieb wird bei Werken zu 2 Millionen ein entsprechend ausgebildeter Metallarbeiter sein, daneben ist ein Maurer für den Ofenbetrieb erforderlich. Bei größeren Anlagen wird dann zweckmäßig geteilt, der Ofenbetrieb einem als Maurer ausgebildeten Vorarbeiter übertragen, der übrige Betrieb einem Metallarbeiter unterstellt. Die erforderliche Verbindung zwischen beiden besorgt ein Techniker als Gehilfe des Betriebsleiters. Bei Betrieben von etwa 10 Millionen Jahresgasabgabe und mehr wird dann zweckmäßig eine Dienststelle eingefügt, welche die Personalien der Arbeiter und Handwerker bearbeitet, so daß der Assistent für technische Arbeiten allein freibleibt. Wenn auch für den kleinsten Betrieb eine rein handwerksmäßige Ausbildung genügt, so ist es doch erwünscht, daß auch ein solcher Angestellter die erforderliche theoretische Ausbildung besitzt, um Preislisten, technische Kalender, technische Zeitschriften mit einigem Verständnis lesen zu können. Dieses geringste Maß technischer Ausbildung vermitteln in Deutschland die sog. Gasmeisterschulen. Sie sind meist technischen Mittelschulen als besondere Abteilungen angegliedert. Es bestehen solche Anstalten in Cöln a. Rh. (Königl. Maschinenbauschule, Cöln a. Rh.), in Bremen (Staatliches Technikum Bremen) und Graudenz (Königl. Maschinenbauschule Graudenz). Ein Auszug aus dem Cölner Lehrplan dieser Anstalten ist diesem Abschnitt als Tafel 13 beigefügt.

Tafel 13.

Königliche Vereinigte Maschinenbauschulen zu Cöln a. Rh.
B. Staatliche Fachschule für Installations- und Betriebstechnik.
Stundenverteilungsplan.
Abteilung für Gas-, Wasser-, Heizungs- und Lüftungsanlagen.

Unterrichtsgegenstände	Klasse			Summa
	III	II	I	
I. Vorbereitender Unterricht:				
1. Deutsch	6	—	—	6
2. Rechnen	6	—	—	6
3. Planimetrie	4	—	—	4
4. Algebra	4	—	—	4
5. Stereometrie	2	—	—	2
6. Physik	2	2	—	4
7. Elektrotechnik	—	2	—	2
8. Chemie	4	—	—	4
9. Geometrisches und Projektions-Zeichnen	6	—	—	6
10. Skizzieren	6	—	—	6
11. Besichtigungen	4	—	—	4
II. Technische Hilfsfächer:				
12. Mechanik	—	4	2	6
13. Allgemeine Materialienlehre	—	2	—	2
III. Fachunterricht:				
14. Technologie	—	4	—	4
15. Wasserinstallation	—	8	—	8
16. Gasinstallation	—	4	—	4
17. Fachzeichnen für Gas- und Wasserinstallation	—	6	8	14
18. Heizung und Lüftung	—	—	8	8
19. Fachzeichnen für Heizung und Lüftung	—	—	10	10
20. Allgemeine Maschinenkunde	—	—	4	4
21. Allgemeine Baukunde	—	2	—	2
22. Übungen in den Werkstätten und Laboratorien und Besichtigungen	—	8	10	18
IV. Besonderer Unterricht:				
23. Buchführung	—	2	—	2
24. Gesetzeskunde	—	—	2	2
Summa	44	44	44	132
Samariterunterricht	—	—	1	1

2. Bericht über die Fachkurse für Installateure und Gasmeister.

Bei den Königlichen Vereinigten Maschinenbauschulen sind seit dem Jahre 1907 Fachkurse für
    a) Gas- und Wasserinstallateure und -Monteure,
    b) Elektroinstallateure,
    c) Elektromonteure und Wärter elektrischer Anlagen,
    d) Gasmeister
eingerichtet.

Dieselben wurden auf Anregung des Deutschen Vereins von Gas- und Wasserfachmännern ins Leben gerufen; sie werden unterhalten aus Mitteln des Staates, der Stadt, mehrerer Handwerkskammern der Provinz und des Vereins der Gas-, Elektrizitäts- und Wasserfachmänner Rheinlands und Westfalens.

Die Kurse haben sich gut entwickelt; auch waren die Unterrichtserfolge durchaus zufriedenstellend.

Stundenverteilungspläne.

I. Vorunterricht für sämtliche Kurse (Dauer 4 Wochen).

Deutsch . . . . 4 Std. w.
Rechnen . . . . 4 » »
Raumlehre . . . . 6 » »
Buchstabenrechnen . . . . 4 » »
Physik . . . . 4 » »
Chemie . . . . 4 » »
Technisches Freihandzeichnen . . . . 6 » »
Geometrisches Zeichnen . . . . 8 » »
Allgemeine Materialienkunde . . . . 4 » »
Gesetzeskunde . . . . 2 » »
Samariterunterricht . . . . 2 » »

Summa 48 Std. w.

II. Fachunterricht (Dauer 8 Wochen).

A. Kursus für Gas- und Wasserinstallateure und -Monteure.

Physik . . . . 4 Std. w.
Technologie . . . . 4 » »
Installationslehre:
  a) Gasinstallation . . . . . . } 12 » »
  b) Wasserinstallation . . . . .
Buchführung und Kalkulation . . . . 4 » »
Fachzeichnen und Skizzieren . . . . 12 » »
Praktische Übungen . . . . 12 » »

Summa . 48 Std. w.

B. Kursus für Elektroinstallateure.

Physik . . . . 2 Std. w.
Allgemeine Elektrotechnik . . . . . 6 » »
Maschinen- und Instrumentenkunde . 2 » »
Installationslehre:
  a) Allgemeines . . . .
  b) Starkstromanlagen . . . . . } 8 » »
  c) Schwachstromanlagen . . . .
Materialienlehre . . . . 2 » »
Buchführung und Kalkulation . . . 2 » »
Fachzeichnen und Skizzieren . . . . 8 » »
Praktische Installationsübungen . . 12 » »
Praktische Übungen im Laboratorium 6 » »

Summa . 48 Std. w.

C. Kursus für Elektromonteure und Wärter elektrischer Anlagen.

Physik . . . . 2 Std. w.
Allgemeine Elektrotechnik . . . . . 4 » »
Maschinenkunde . . . . 4 » »
Meßkunde . . . . 2 » »
Schaltungslehre:
  Starkstrom . . . . 6 » »
  Schwachstrom . . . . 2 » »
Montagelehre:
  Leitungsbau . . . . 6 » »
  Schalttafelbau und Apparate . . . 2 » »
  Maschinenmontage . . . . 2 » »
Geschäftskunde. . . . . 1 » »
Fachzeichnen und Skizzieren . . . . 7 » »
Praktische Montage-Übungen und
  Messungen . . . . 10 » »

Summa . 48 Std w.

D. Kursus für Gasmeister.

Chemie . . . . 2 Std. w.
Physik . . . . 4 » »
Die Gasfabrikation:
  a) Betriebskunde . . . .
  b) Der Ofenbau . . . . } 10 » »
  c) Apparaten- u. Maschinenkunde
Die Rohrlegung und die Straßen-
  beleuchtung . . . . 4 » »
Spezielle Materialienkunde . . . . . 2 » »
Buchführung . . . . 2 » »
Fachzeichnen und Skizzieren . . . . 8 » »
Praktische Übungen . . . . 16 » »

Summa . 48 Std. w.

Für die technisch gebildeten Assistenten kommen für Betriebe unter 10 Millionen Jahresgasabgabe in erster Linie die sog. technischen Mittelschulen in Betracht. Der Unterricht in Physik und Chemie dieser Anstalten kann für die besonderen Erfordernisse des Gasfaches leicht ergänzt werden durch Teilnahme an dem von Zeit zu Zeit veranstalteten Unterrichtskursus für Gasingenieure an der technischen Hochschule zu Karlsruhe. Für größere Werke werden die Assistentenstellen, Betriebsingenieurposten usw. durch Maschineningenieure besetzt, die auf einer deutschen technischen Hochschule vorgebildet sind. Auf einigen dieser Hochschulen wird das Gasfach bereits besonders berücksichtigt, ein besonderer Kursus für Gasingenieure ist in dem Lehrplan der technischen Hochschule zu Karlsruhe vorgesehen. Neben der maschinentechnischen und chemischen Vorbildung sollte aber, wie keinem Technologen, auch dem Ingenieur des Gasfachs eine volkswirtschaftliche Vorbildung nicht fehlen. Besonders in der laufenden Betriebsaufsicht großer Werke, wo die Baufragen besonders bearbeitet werden, tritt das rein Wirtschaftliche auf den Betriebsbeamtenstellen stark in den Vordergrund.

Aus demselben Grunde muß die Vorbildung der Betriebschemiker vornehmlich den technischen Hochschulen vorbehalten werden. Eine praktische Ausbildung, wie sie beim Maschinentechniker Vorbedingung jedes Lehrplanes ist, sollte auch beim Chemiker vor Abschluß des Studiums erfolgen.

3. Arbeitsordnung, soziale Fürsorge.

Der Gaswerksbetrieb ist in ganz besonderem Maße der öffentlichen Kritik ausgesetzt, weil er die verschiedensten Lebensverhältnisse beeinflußt. Private Haushaltung, Handel, Gewerbe, Verkehr und öffentliche Beleuchtung brauchen Gas, beanspruchen dazu den öffentlichen Straßenkörper und verleihen die Gemeinden der Gasfabrik das Monopol für Gasverkauf. Daher leitet die Gesamtheit der Bürger eines Gemeinwesens den Anspruch auf so günstige Arbeitsbedingungen im Gaswerk, daß dieser Betrieb den Zufälligkeiten und Schwierigkeiten des Arbeitsmarktes und den modernen Kämpfen um das sog. Arbeitsrecht nach Möglichkeit entzogen ist. Ist der Betrieb Gemeindebetrieb, dann kommt dazu die Verpflichtung, daß die soziale Gesetzgebung in einer für Privatbetriebe vorbildlichen Weise durchgeführt wird. Ob dabei der Gaswerksbetrieb in der materiellen Versorgung der Betriebsarbeiter sich auf das Übliche beschränkt, um den Arbeitern in Privatbetrieben keinen Anlaß zu weitergehenden Ansprüchen zu geben, oder ob der Betrieb mehr leistet, um auch in dieser Beziehung vorbildlich zu wirken, ist eine Frage, die meist der Zuständigkeit des Betriebsleiters entrückt sein wird; diese Frage ist eben kommunalpolitischer Natur und wird demgemäß an den verschiedenen Orten von verschiedenen zufälligen Mehrheiten der städtischen Körperschaften beantwortet.

Grundsätzliches Erfordernis ist, entsprechend der Gewerbeordnung für das Deutsche Reich, daß jeder Betrieb, der mehr als 20 Arbeiter beschäftigt, eine Arbeitsordnung besitzt, welche an geeigneter Betriebsstelle in stets leserlichem Zustande aushängt und jedem Arbeiter beim Eintritt ausgehändigt wird. Aber auch bei kleineren Betrieben ist es sehr erwünscht, eine solche Arbeitsordnung aufzustellen, um auch den wenigen Arbeitern ihre Pflichten und Rechte klar darzustellen und ihnen ihre Vorgesetzten und deren Zuständigkeit klar anzugeben. Vielen Unzuträglichkeiten wird dadurch vorgebeugt. Ein Haupterfordernis der Arbeitsordnung sind Angaben über Arbeitszeit, Lohnverhältnisse, Beginn und Ende des Arbeitsvertrages. Beim Gaswerksbetriebe ist neben der Arbeitszeit die Art und Weise des Schichtwechsels von großer Bedeutung. Eine normale Arbeitsordnung sollte für gewöhnlich eine längere als zehnstündige Arbeitszeit nicht mehr kennen. Auch der Schichtwechsel sollte derartig vor sich gehen, daß die Wechselschichten nicht mehr als 12 Stunden, bei den kleinsten Betrieben höchstens 18 Stunden umfassen. Für Betriebsschädigungen, welche bei 24 stündiger Wechselschicht vorkommen, wird man die Betriebsarbeiter wohl kaum noch mit Erfolg verantwortlich machen können. Bei größeren Betrieben mit mechanischen Betriebsmitteln ist es wichtig, für die wenigen Arbeitskräfte ausgebildeten Ersatz zu haben. Die geringe Arbeiterzahl beim mechanischen Betriebe hat zur Folge, daß die Lohnausgaben pro 1000 cbm Gasproduktion für die Selbstkosten großer Gaswerke keine ausschlaggebende Bedeutung mehr haben. Aus diesen Gründen empfiehlt sich für die Arbeitsordnung moderner Betriebe der dreifache Schichtwechsel mit 12 stündiger Wechselschicht. Auf Tafel 14 ist ein derartiger Schichtwechsel über drei bzw. vier Wochen verteilt dargestellt. Nach Tafel 15 erhält jede Schicht nach je zwei Wochen einen 24 stündigen Sonntag; es ist eine halbe Ersatzschicht erforderlich. Nach Tafel 14 ist keine Ersatzschicht nötig, jede Schicht arbeitet an zwei Sonntagen je 12 Stunden, hat aber alle drei Wochen einen 32 stündigen Sonntag und über Sonntag und Montag dazwischen

Schichtwechsel bei 8stündiger Arbeitszeit.

Gaswerk Königsberg i. Pr.   Tafel 14.

	früh / mittags / abends / nachts / früh (6 8 10 12 2 4 6 8 10 12 2 4 6)			Tag	Woche
	Schicht I	Schicht II	Schicht III	Montag	I. Woche
	» I	» II	» III	Dienstag	
	» I	» II	» III	Mittwoch	
	» I	» II	» III	Donnerstag	
	» I	» II	» III	Freitag	
	» I	» II	» III	Sonnabend	
Schicht II hat 32 Std. frei	Schicht I		Schicht III	Sonntag	
	Schicht II	Schicht III	Schicht I	Montag	II. Woche
	» II	» III	» I	Dienstag	
	» II	» III	» I	Mittwoch	
	» II	» III	» I	Donnerstag	
	» II	» III	» I	Freitag	
	» II	» III	» I	Sonnabend	
Schicht III hat 32 Std. frei	Schicht II		Schicht I	Sonntag	
	Schicht III	Schicht I	Schicht II	Montag	III. Woche
	» III	» I	» II	Dienstag	
	» III	» I	» II	Mittwoch	
	» III	» I	» II	Donnerstag	
	» III	» I	» II	Freitag	
	» III	» I	» II	Sonnabend	
Schicht I hat 32 Std. frei	Schicht III		Schicht II	Sonntag	
	Schicht I	Schicht II	Schicht III	Montag	IV. Woche
	» I	» II	» III	Dienstag	
	» I	» II	» III	Mittwoch	
	» I	» II	» III	Donnerstag	
	» I	» II	» III	Freitag	
	» I	» II	» III	Sonnabend	
Schicht II hat 32 Std. frei	Schicht I		Schicht III	Sonntag	

Tafel 15.

	Montag	Dienstag	Mittwoch	Donnerstag	Freitag	Sonnabend	Sonntag
	6-2-2-10-10-6	6-2-2-10-10-6	6-2-2-10-10-6	6-2-2-10-10-6	6-2-2-10-10-6	6-2-2-10-10-6	6-2-2-10-10-6

I Woche — ½ Hilfsschicht

II Woche — ½ Hilfsschicht

III Woche — ½ Hilfsschicht

IV Woche — ½ Hilfsschicht

V Woche — ½ Hilfsschicht

VI Woche — ½ Hilfsschicht

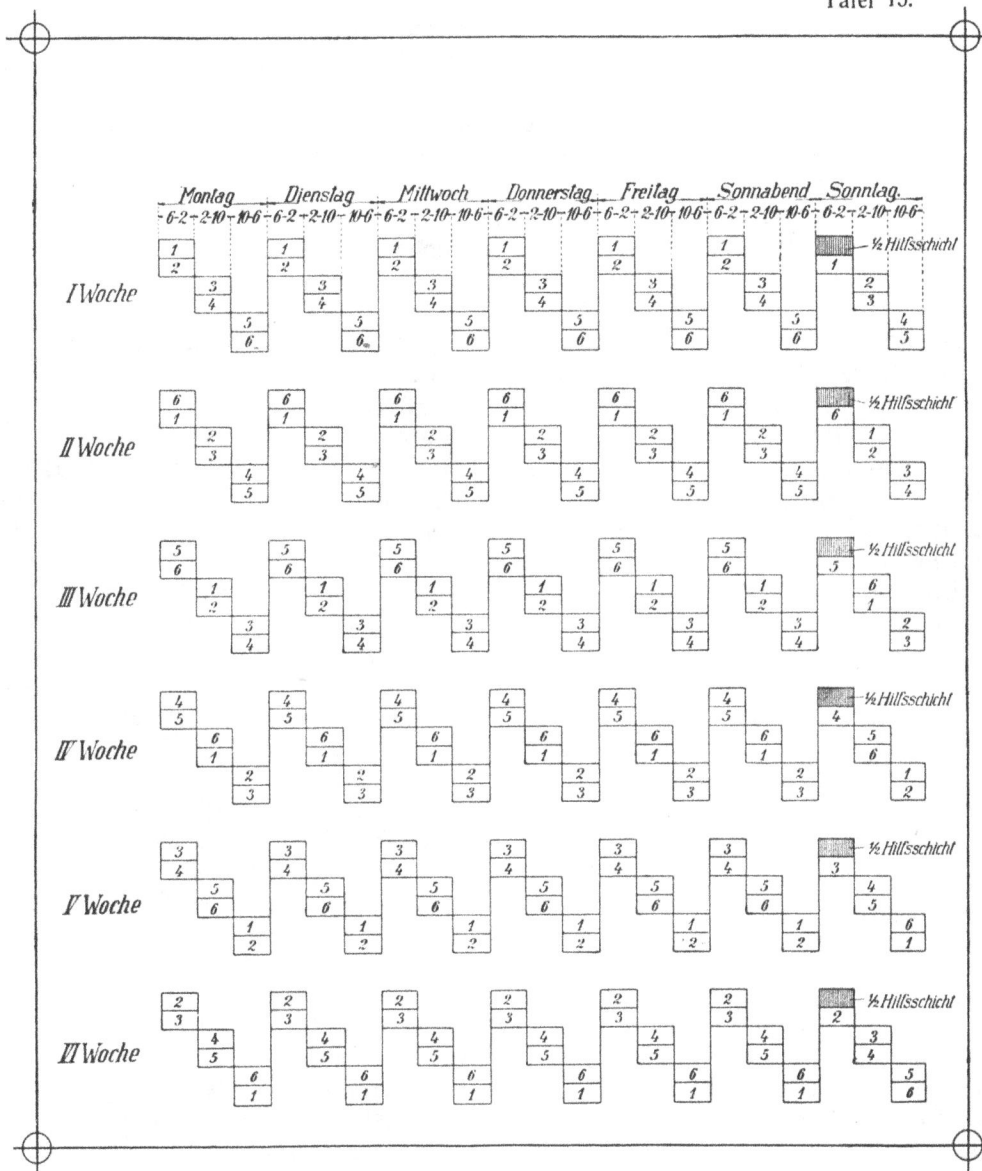

eine 28 stündige Freischicht. Bei modernen Großraumvergasern mit 12 stündiger oder 24 stündiger Destillationsdauer ist ein derartiger Schichtwechsel nicht mehr erforderlich, oder es genügt ein zweimaliger Schichtwechsel von je 8 oder 10 Stunden Arbeitszeit. Für diesen Betrieb wird zweckmäßig eine dreifache Schicht ausgebildet und im Wechsel von je einer Woche abgelöst, so daß die Leute nicht fortgesetzt ausschließlich Ofenarbeit tun. Das hat für den Betrieb den Vorteil einer gewissen längeren Dauer der Arbeitskraft und die Sicherheit, in Notfällen eine größere Zahl ausgebildeter Arbeiter zur Verfügung zu haben.

Für die Lohnverhältnisse der Gaswerksarbeiter werden an den verschiedenen Orten die Verhältnisse der übrigen Industrie oder der anderen städtischen Betriebe von wesentlichem Einfluß sein, obgleich es wohl wenige Industrien gibt, welche sich wirklich mit dem Gaswerksbetrieb unmittelbar vergleichen könnten. Auch eine zu große Zahl von Lohnklassen sollte vermieden werden. In größeren Gaswerksbetrieben wird man daher

7*

zweckmäßig zu selbständiger Lohnregelung kommen müssen. Auch wo eine Gemeinde einheitlich die Arbeitsbedingungen sämtlicher kommunaler Betriebe regelt, sollten für das Gaswerk Sonderbestimmungen getroffen werden. Um den Versuch zu machen, von traditionellen Unterscheidungen, welche durch die Sache selbst nicht bedingt sind, loszukommen, kann man etwa die folgende Einteilung treffen:

Lohnklasse I: Vorarbeiter.
 »   II: Spezialhandwerker.
 »   III: Werkstatthandwerker ohne Spezialausbildung.
 »   IV: Angelernte Arbeiter.
 »   V: Ungelernte Arbeiter.

Die letztgenannte Klasse umfaßt dann nur solche Arbeiter, welche jeden Tag ohne Schaden für die Ausführung der Arbeit gewechselt werden können, als da sind Erdarbeiter und Arbeiter bei ausschließlich untergeordneter Hilfsarbeit.

Die Lohnklasse IV umfaßt in Gaswerken die größte Arbeiterzahl; man wird hierzu alle Arbeiter an Maschinen und Apparaten und Öfen zählen. Zur Lohnklasse III zählen dann die Handwerker ohne Spezialanleitung, zu Lohnklasse II die Handwerker mit spezieller Ausbildung, wie z. B. Schamottemaurer, Gasmesserklempner, geprüfte Maschinenwärter, Elektromonteure u. dgl. Wo indessen durch ortsübliche Übereinstimmung mit den Arbeiterorganisationen oder infolge Tarifgemeinschaften einzelne Handwerkerklassen besondere Bestimmungen erfordern, wird die Bildung der Klasse II überflüssig sein und treten an deren Stelle die Tarifbestimmungen oder Zulagen zu Klasse III. Bei Klasse I ist zu unterscheiden, ob es sich um Vorarbeiter aus dem Handwerkerstande oder um solche aus dem Kreise der angelernten Arbeiter handelt. Die ersteren umfassen die Klasse I, die letzteren werden durch Vorarbeiterzulagen nach der Klasse IV ausgezeichnet.

Weiter ist von besonderer Bedeutung für die Arbeitsordnungen die Gewährung von Alterszulagen. Bei diesen ist zu unterscheiden die Zeit, in der die einzelnen Lohnstufen aufrücken, und die Bedingungen, unter denen etwa ein früheres Aufrücken gewährt wird, oder das Aufrücken in die Alterszulagen versagt wird. Es ist nicht zu verkennen, daß derartige Lohnordnungen mit aufsteigenden Alterszulagen große Vorzüge besitzen. Sie gewähren dem Arbeiter eine angemessene Vergütung für die Fertigkeiten, die er im Laufe der Arbeitszeit erlangt. Insbesondere in Gegenden ohne oder mit nur wenig Industrie hat es besondere Bedeutung für den Betrieb, in dieser Weise gutgesinnte Arbeiter, welche auf ein dauerndes, gleichmäßiges Arbeitsverhältnis Wert legen und dem Betriebe mit wachsender Arbeitsdauer Vorteile bringen, auch entsprechend löhnen zu können. Ein gewisser Mangel liegt natürlich darin, daß die Arbeiter zu der Auffassung gelangen können, daß die Versagung der Lohnsteigerungen nicht geübt werden wird und kann dadurch bis zu einem gewissen Grade der Arbeitseifer und die sonstige Haltung gegen den Betrieb als weniger gut aufgefaßt werden, als wenn die Arbeitsgelegenheit des Arbeiters ungesichert erscheint. In der Praxis wird indessen die Entscheidung, ob diese Nachteile sich geltend machen und ob die Vorteile genügend herausgeholt werden, davon abhängen, ob das Aufsichtspersonal und der Betriebsleiter die nötie Freiheit besitzen und brauchen, um die Arbeitsordnung, insbesondere die Lohnordnung zum Nutzen des Betriebes anwenden zu können. Wo insbesondere kommunalpolitische Strömungen dem Betriebsleiter die erforderliche Entschlußfreudigkeit rauben, wird keine Lohnordnung besonderen wirtschaftlichen Erfolg sichern.

Eine besondere Rolle spielen noch in den Lohnverhältnissen wohlwollender Betriebe:

A. Die Ausführung der Bestimmungen, welche aus § 616 BGB. folgen.

B. Die Bezahlung an den Feiertagen, besonders soweit solche auf einen Wochentag fallen.

C. Die Urlaubsgewährung.

D. Die Berücksichtigung der Kinderzahl.

Im Zusammenhang mit den Lohnfestsetzungen enthalten ferner die meisten Arbeitsordnungen von Gaswerken Zusagen bezüglich Alters- und Hinterbliebenenfürsorge, welche über die gesetzlichen Bestimmungen hinausgehen.

Hinsichtlich § 616 BGB. muß beachtet werden, daß dessen Bestimmung nicht zwingendes Recht ist, und daß es dem freien Ermessen des Richters anheimgestellt ist, im Zweifelsfall zu entscheiden. Für alle Beteiligten ist es aber zweifellos von Vorteil, durch den Arbeitsvertrag darin ein Übereinkommen zu erzielen, wie die Bestimmungen von den Parteien ausgelegt werden sollen. In erster Linie erstreckt sich die Wirkung auf die Gewährung des vollen Lohnes bei Krankheitsfällen für eine gewisse Dauer, welch letztere nach Maßgabe der zurückgelegten Dienstzeit festgesetzt wird. Sodann kommt § 616 BGB. in Frage für die Lohnfortzahlung bei Beurlaubung aus Gründen des Arbeiterfamilienlebens, bei militärischen Übungen usf.

Wenn nun schon die Arbeitsordnung mit der Lohnfestsetzung dem Arbeiter ein möglichst gleichmäßiges Einkommen gewähren will, so wird das sinngemäß sein, ihn die Folgen gesetzlich bestimmter Feiertage nicht fühlen zu lassen, zumal der Arbeitgeber als mittelbare Staatsbehörde wohl meist daran interessiert sein wird, bei seinen Arbeitnehmern Verständnis für und Achtung vor der Bedeutung gesetzlich festgelegter Feiertage zu erhalten. Aus demselben Grunde wird der Arbeitgeber es dem Arbeiter nicht willkürlich überlassen, Erholungspausen sich durch Wechsel im Arbeitsverhältnis zu verschaffen, sondern ihm Gelegenheit geben, einige freie Tage im Jahr zu seiner und der Familie Nutzen ohne Schmälerung des Einkommens zu genießen. Durch all diese Bestimmungen ist allmählich bei städtischen und privaten Gaswerken die Übung entstanden, den Arbeitsvertrag nicht nur auf den Grundsatz von Leistung und Gegenleistung allein zu stellen, sondern mehr hervorzuheben die Verpflichtung des Arbeiters zu einer gleichmäßigen Arbeitsbereitschaft und dem gegenüberzustellen die materielle Sicherung seiner Existenz, einschließlich der Fürsorge für die Familie. Aus dieser Überlegung haben sich dann fast in der Mehrzahl der Lohnordnungen Bestimmungen herausgebildet, welche die staatliche Kranken-, Unfall-, Alters- und Hinterbliebenenfürsorge mehr oder minder ergänzen. Neuerdings kommt dazu die Übung, einen Ausgleich zum Arbeitseinkommen hinsichtlich der verschiedenen Belastung der Haushaltungen durch ihre Kinderzahl herbeizuführen. Es geschieht das durch Zahlung von wöchentlichen oder monatlichen Lohnzulagen nach Maßgabe der Kinderzahl; in der Regel werden diese Zulagen auch von einem gewissen Dienstalter abhängig gemacht.

Schließlich nehmen die modernen Arbeitsordnungen auch Stellung zur Regelung des Arbeitsrechts, indem sie an der Auslegung des Arbeitsvertrages die Arbeiter selbst durch Arbeiterausschüsse beteiligen. Bei der Zusammensetzung dieser Arbeiterausschüsse ist zu unterscheiden, ob sie durch Wahl der Arbeitnehmer allein entstehen oder der Arbeitgeber einen Teil der Mitglieder ernennt, ob der Arbeitgeber den Vorsitzenden ernennt oder der Ausschuß ihn selbst wählt.

Die Versicherung gegen Krankheit, Unfall, Invalidität und Hinterbliebenenversicherung vollzieht sich naturgemäß in erster Linie nach den Bestimmungen der einschlägigen Gesetze, als da sind:

Reichsversicherungsordnung,

Unfallversicherungsgesetz,

Angestelltenversicherungsgesetz.

Es wird auf die mit Anmerkungen versehenen Ausgaben dieser Gesetze hingewiesen.

Viele Gaswerke lassen ihren Arbeitnehmern hierbei die besonderen Vorteile der Betriebskrankenkassen zugute kommen. Nach dem langen Bestehen des Kranken-

versicherungsgesetzes und bei der starken Beteiligung der Arbeitnehmer an der Kranken-
versicherung sind hier erhebliche Meinungsverschiedenheiten kaum noch übrig, sie
können meist, wo sie auftreten, durch Beschluß auf dem Boden der bestehenden Reichsversicherungsordnung behoben werden. Soweit sich Mißstände aus der freien Ärztewahl
ergeben haben, sind diese Differenzen an dieser Stelle nicht weiter zu erörtern, sie treffen
die Industrie im allgemeinen und sind allgemein sozialpolitischer Natur. Dasselbe gilt
von den übrigen Versicherungen, bis auf die Unfallversicherung. Diese letztere ist Gegenstand der Arbeitgeberfürsorge ohne Beteiligung der Arbeitnehmer. Bei den Gaswerken
liegt die Ausführung des Gesetzes vorwiegend in den Händen ehrenamtlich beschäftigter
Beauftragter. Das hat zur Folge gehabt, daß die Unfallverhütung in weitgehendstem
Maße sich der Beratung wirklicher Sachverständiger erfreut hat. Gewisse Mißstände
der ehrenamtlichen Tätigkeit werden sich natürlich nicht überall haben vermeiden
lassen, insbesondere bezüglich der Schnelligkeit des Verfahrens, welches für die Hinter-
bliebenen durch Unfall zu Tode verletzter Arbeitnehmer von besonderer Bedeutung ist.
Von Wichtigkeit ist es, daß von Amts wegen ein Zusammenwirken der Organe der Unfallverhütung der Berufsgenossenschaft mit denen der Gewerbepolizei herbeigeführt
wird. Im Gesetz ist ein solches Zusammenwirken leider noch nicht vorgesehen. Die
Gewerbeordnung für das Deutsche Reich schreibt für Gaswerksbetriebe die gewerbepolizeiliche Genehmigung vor auf Grund eines besonderen Verfahrens. Die Gewerbepolizei hat hierbei Gelegenheit, in ganz besonderem Maße für hygienische und unfall-
verhütende Maßnahmen zu wirken. Die Berufsgenossenschaft dagegen kommt bei Neuanlagen zur Beurteilung der Unfallverhütung erst zu Wort, wenn sie nach Anmeldung der
Betriebseinrichtung oder Betriebsveränderung ihren Vertrauensmann entsendet. Es
kann daher nicht ausbleiben, daß letzterer zu Ansprüchen gelangt, welche mehr oder
minder von den Ansprüchen der Baugenehmigung seitens der Gewerbepolizei abweichen,
wenn nicht ein persönlicher Zusammenhang irgendwie gegeben war, oder die Gewerbepolizei aus eigener Initiative auf die Unfallverhütungsvorschriften der Berufsgenossenschaft Rücksicht nimmt.

Die gewerbepolizeiliche Genehmigung sieht heute auch in weitgehendem Umfange
vor, daß für die Arbeitnehmer der Gaswerksbetriebe gewisse Wohlfahrtseinrichtungen
geschaffen werden. Die Mindesterfordernisse sind: ein Raum für die Betriebsarbeiter,
genügend groß, daß sie, unbelästigt durch Betriebsstaub und Schmutz, ihre Mahlzeiten
einnehmen können, eine Badeeinrichtung und Wascheinrichtung, bei letzterer ist auf die
Feuerarbeiter derart Rücksicht zu nehmen, daß sie zwischen Arbeitsstätte, Waschraum
und Aufenthaltsraum möglichst kurze Wege haben. Wo örtlich Aufenthaltsraum und
Waschräume nahe zusammengelegt werden, muß beachtet werden, daß der Betrieb der
letzteren von den ersteren möglichst abgesperrt ist, mit Rücksicht auf Familienangehörige,
wenn das Zutragen von Essen bei langen Arbeitsschichten erforderlich wird. Vielfach
wird dieser Forderung nicht nur entsprochen, sondern es ist Vorkehrung getroffen,
daß die Baderäume zu bestimmten Zeiten den Familienangehörigen zur Verfügung stehen.

Daß man mit den Aufenthaltsräumen Gelegenheit zur Anwärmung oder gar Bereitung
von Speisen schafft, ist wohl selbstverständlich.

Wie in den meisten modernen Großbetrieben hat man in der Gasindustrie ganz
besondere Veranlassung, dem Alkoholmißbrauch entgegenzuwirken; denn er ist die
vornehmlichste Veranlassung zur Erhöhung der Unfallziffer, auch dann, wenn zwischen
Unfall und Alkohol kein unmittelbarer augenfälliger Zusammenhang besteht. Er ver-
mindert die Lebensdauer der Arbeiter und erhöht damit das Risiko, welches der Arbeitgeber bei den Versicherungen und ergänzenden sozialen Leistungen eingeht. Er ver-
mindert aber auch allgemein die Arbeitsfreudigkeit, denn er trübt zeitweise oder leider
zu oft dauernd den häuslichen Frieden, schafft dadurch wirtschaftliche Sorgen, und die
Folge ist ein gleichgültiger, nervöser, wenig ausdauernder Arbeiter.

Neben den geschilderten Maßnahmen zur Bekämpfung des Alkoholmißbrauchs wird die Hergabe alkoholfreier Getränke in erster Linie an die Feuerarbeiter in weitgehendstem Maße in den Gaswerksbetrieben geübt. Je nach örtlicher Entwicklung werden Kaffee, Tee, Kakao, Milch gratis oder billig den Arbeitnehmern zur Verfügung gestellt; daneben ist auch die Bereitung von Mineralwasser, Limonaden vielfach üblich und er erfreut sich wohl überall eines regen Zuspruchs.

Wie in der übrigen Industrie findet man auch auf Gaswerken neben den notwendigen Dienstwohnungen von Aufsichtsbeamten auch Arbeiterwohnungen mit oder ohne Ackerland. Die Mieten der Arbeiterwohnungen sind dann meist so gestellt, daß ein Teil der Verzinsung des angelegten Kapitals vom Arbeitgeber getragen werden muß. Wo das nicht der Fall ist, und wo man diese Wohnungen zu ortsüblichen Preisen anbietet, werden die verschiedensten Erfahrungen gemacht. Neuerdings werden wohl die Fälle häufiger, daß derartige Wohnungen nicht begehrt sind. Das ist dann teilweise auf Agitation von außen, teilweise aus der Abneigung zu erklären, in dienstfreier Zeit im Abhängigkeitsverhältnis zum Arbeitgeber stehen zu müssen. In Gegenden, wo man dem Genossenschaftswesen auch in den Kreisen der Arbeiter und Unterbeamten Verständnis entgegenbringt, wird es sich daher mehr empfehlen, daß das sonst für Arbeiterwohnungen aufgewendete Geld zur Beteiligung an Baugenossenschaften bereit gestellt wird. Dafür übernehmen letztere die Garantie, in der Nähe des Gaswerkes ihre Wohnungen bis zu einer festgelegten Anzahl in erster Linie Mietern aus dem Kreise der Gaswerksangestellten und Arbeitern zur Verfügung zu stellen.

Je nach Entwicklung des örtlichen Geschmacks finden sich noch andere Wohlfahrtseinrichtungen, als Bibliotheken, Tennisplätze, sonstige Sportsplätze u. a. m., was zum allgemeinen Muster nicht aufgestellt werden kann, weil das Einrichtungen sind, zu denen die geeigneten Führer von Fall zu Fall gegeben sein müssen.

Es darf wohl auch gesagt werden, daß bei der Jugendfürsorge, bei der Förderung von allerlei Sport, bei der Pflege allgemeiner Bildung, bei der technischen Fortbildung der männlichen jugendlichen Arbeiter, bei der hauswirtschaftlichen Fortbildung der Töchter u. dgl. die Städte in so hohem Maße durch Geld, Hergabe von Räumlichkeiten und sonstige Begünstigungen beteiligt sind, daß Sondereinrichtungen für Gaswerksarbeiter allein meist nur eine Zersplitterung der Kräfte eines Gemeinwesens bedeuten können.

4. Einkauf der Rohstoffe, Verkauf der Nebenprodukte.

Im ersten und zweiten Teil dieses Bandes ist die Verwaltungsorganisation privater und kommunaler Gaswerke erörtert. Bei privaten Gaswerken handelt es sich meist um den Zusammenschluß mehrerer Gaswerke unter der Verwaltung eines Eigentümers. Hier wird der Ankauf der Rohstoffe und der Verkauf der Nebenprodukte bei der kaufmännischen Zentralleitung in einer Hand liegen. Dem örtlichen Fabrikbetrieb wird wohl nur wenig Einfluß hierbei eingeräumt sein; anders bei den Kommunalbetrieben. Bei letzteren liegen die Angelegenheiten des Einkaufs und Verkaufs dem Gesichtskreis der Zentralverwaltung selbst kleiner Gemeinwesen viel zu fern, als daß sie dauernd dort bearbeitet werden können. Auch die sachverständige Auswahl wird, wenn überhaupt, nur bei der Fabriksleitung möglich sein. Es soll daher an dieser Stelle der Zusammenhang mit der Fabrikleitung, der Einkauf und Verkauf der Rohstoffe und Nebenprodukte behandelt werden. Es sollen die für den vorbezeichneten Handel maßgebenden Gesichtspunkte, ohne Rücksicht auf das Submissionswesen, erörtert werden.

Kohle ist Naturprodukt. Demgemäß hat der Verkäufer zunächst keinen Einfluß auf die Natur der von ihm verkauften Ware. Sein Einfluß beschränkt sich auf
das Aussuchen einzelner Sorten, und auch hier wird die Abgrenzung in der Bezeichnung
der einzelnen Sorten häufig schwer fallen. Dieserhalb wird auf Band I, die wissenschaftllichen Grundlagen und die wissenschaftlichen Untersuchungsmethoden der Gastechnik verwiesen. Dennoch kann damit nicht gesagt werden, daß der Kohlenhandel
den alten Grundsatz von Leistung und Gegenleistung ausschalten darf. Selbstverständlich wird man bei der gekauften Ware die von der Qualität unabhängigen Unkosten ohne Garantie bezahlen müssen, sobald nur die Lieferung überhaupt erfüllt ist.
Daneben aber wird man einen Wert der Ware vom Standpunkt des Käufers unterscheiden müssen und auch unterscheiden können vom Standpunkt des Verkäufers.
Denn auf dem Einheitspreise ruhen zuerst unabhängig von der Sorte gewisse Grundunkosten der Förderung, dazu kommen Zuschläge für die Verschiedenheiten der Sorten.
Es wird daher zweifellos nach dem heutigen Stande der Technik kein unbilliges Verlangen sein, die Bezahlung in Form von Zuschlägen und Abzügen von den Eigenschaften der Kohlenlieferung abhängig zu machen.

Für die Vergasung kommt hierbei in erster Linie in Frage: Gasmenge, Koksmenge
und deren Heizwert. Als Maßstab für die Qualitätsbeurteilung dienen:

1. das Verhältnis der bei der trockenen Destillation flüchtig werdenden Bestandteile
zum Kohlengewicht;

2. die Menge des Rückstandes (Koks) und seine physikalische Beschaffenheit;

3. der Aschegehalt.

Für alle diese drei Eigenschaften sind im ersten Bande Untersuchungsmethoden
angegeben.

Hier liegt also weder für den Handel noch für die Fabrikation eine Schwierigkeit
vor. Anders ist es mit der Probenahme. Der Interessent des Handels ist geneigt, zu
behaupten, daß ihm von den Kohlengruben keine Qualität gewährleistet wird, daß er
nicht übersehen kann, wann sich die Qualität ändert, und daß daher die Probenahme
eine zu gefährliche Grundlage für die Beurteilung der Kohle wäre.

Im allgemeinen kann man wenigstens von deutschen Kohlengruben sagen, daß sie
hinsichtlich der Betriebsüberwachung und hinsichtlich der Kenntnis ihrer Kohlenförderung derartig gut mit allen wissenschaftlichen Hilfsmitteln ausgerüstet sind, daß
sie von den genannten Eigenschaften ihres Kohlenversandes jeder Grube und jedes
Tages hinreichend unterrichtet sind. Schwieriger ist eine Gewährleistung dort, wo es
sich um die Vermittlung von Schiffstransport handelt, wo also die Grube in Eisenbahnwagen fördert, die Eisenbahnwagen aber nicht an die Gaswerke, sondern an Schiffe
abgegeben werden. Hier wird es unter Umständen nur mit besonderen Unkosten möglich
sein, eine gewisse Sortierung der Kohlen zu gewährleisten. Dann aber wird auch die
Probenahme weniger Schwierigkeiten bereiten. Die geologische Beschaffenheit der für
Vergasung verwendeten Kohlen einer bestimmten Förderungsstelle wird ein bestimmtes
Verhältnis der flüchtigen Bestandteile zur Kohlensubstanz erkennen lassen. Der Rückstand (Koks) hat einen bestimmten Aschegehalt, so daß vielleicht nur dieser Aschegehalt
bei unsortierter, nicht gewaschener Kohle in großen Stücken und in Feinkohle (Grus)
verschieden ist. Bei einer harten Kohle werden sich Grusbeimengungen in bestimmten
Grenzen halten, bei weicher Kohle wird eine geringere Schätzung der unsortierten
nicht gewaschenen Kohle daraus folgen, daß dieses Verhältnis zwischen Staub, Grus
und Stücken stark wechselt. Es bedarf natürlich einer beiderseitigen Vereinbarung
über den Umfang der Probenahme. Die Probe wird zwar nur einen kleinen Betrag der
Schiffsladung darstellen können. Diesem Mangel kann aber in den für den Handel gegebenen Grenzen vorgebeugt werden, indem beide Parteien Probe nehmen und das arith-

metische Mittel der beiderseitigen Feststellung für die Abrechnung maßgebend ist. Gerade bei Gasförderkohle kann ein großer Staubgehalt bei der Vergasung in Retorten große Mängel bei der wirtschaftlichen Ausbeute der Kohle bedeuten. Staub bildet in der Retorte schnell eine Teerkruste, letztere beeinträchtigt die Wärmezuführung von der Retortenwand nach dem Kohlenkern, bei festgelegter Destillationsdauer wird daher ein stark wechselnder Staubgehalt mit Gasverlusten verknüpft sein, d. h. die Gasausbeute wird vorübergehend stark herabsinken. Von dem Staub, der also nicht vollständig ausgegast werden kann, hat der Käufer zwar den Koksgewinn, aber einen bedenklichen Ausfall an Gasgewinn. Bei Großraumvergasern werden diese Nachteile wenig oder gar nicht in Frage kommen. Es erübrigen sich hier Garantien hinsichtlich des Grusgehalts, wenn der Aschegehalt gewährleistet ist, der im Grus größer ist als in Stücken.

Nach dem Vorstehenden und nach den Ausführungen im ersten Bande ist eine Garantie für Koksausbeute wesentlich leichter; ziemlich unbedenklich ist für die Grube die Garantie für Aschegehalt. Letztere Gewährleistung ist selbstverständlich erforderlich, weil die unverbrennliche Substanz weder Gas noch Nebenprodukte gibt, aber Vergasungswärme verschlingt. Der Kokskäufer aber muß den Wert des Kokses nach dem Aschegehalt veranschlagen. Und zwar wird er hierbei nicht nur die absolute Menge, sondern auch die Eigenart der Schlacke berücksichtigen. Da letztere von der Natur der Feuerung wiederum abhängt, so kann der Einkäufer des Gaswerks auf Garantien verzichten, weil er sie selbst nicht zu geben braucht. Die Menge der unverbrennlichen Substanz gibt er aber weiter, wie er sie bekommen hat, sogar im Verhältnis von Kohlengewicht und Koksausbeute vergrößert. Im Konkurrenzkampf kommt er dazu, den Aschegehalt geltend machen zu müssen, und muß ihn daher selbst geltend machen.

Die übrigen Nebenprodukte, Teer, Ammoniak, Cyan, Benzol, Schwefel, sind so sehr von der Behandlung der Kohle in der Vergasung abhängig, daß hier Garantien schwer zu beanspruchen sind. Allenfalls muß der Einkäufer für das Gaswerk auf niedrigen Schwefelgehalt bedacht sein, und jedenfalls beoachten, daß der Schwefelgehalt die Leistungsfähigkeit der Reinigung nicht übersteigt. Im übrigen sind für den Einkäufer, abgesehen von der Kohlenqualität, noch zu berücksichtigen die geographische Lage des Gaswerks zu den Kohlenfeldern, die Transportmittel und die Lieferzeit, nicht zuletzt die Einkaufszeit.

Für Deutschland kommen in erster Linie die Kohlen des Ruhrbezirks, Oberschlesiens, Englands in Betracht. Für Gaswerke liegt der Versand der Ruhrkohle vornehmlich in den Händen des Rheinisch-Westfälischen Kohlensyndikats und den für einzelne Gebiete maßgebenden Kohlenkontors. Hier vollzieht sich der Einkauf einfach in der Art, daß die Gaswerke in erster Linie zu unterscheiden haben: Förderkohle und Waschkohle. Die Auswahl der Gruben ist nur beschränkt. Der Versand erfolgt für die meisten deutschen Gebiete auf dem Eisenbahnwege und auf Binnenwasserstraßen. Lediglich für den Nordosten Deutschlands kommt der Versand auf dem Seewege in Frage.

Die oberschlesischen Kohlen werden ausschließlich durch die Eisenbahn und auf der Oder versandt. Die englische Kohle wird den Nord- und Ostseehäfen zugeführt und von hier aus auf Binnenwasserstraßen und durch den Eisenbahnbetrieb weiter befördert. Die wichtigsten Verbindungsplätze sind: Hamburg, Stettin, Danzig, Königsberg.

Bei den englischen Kohlen wird Förderkohle, gesiebte Kohle und gesiebte und gewaschene Kohle unterschieden. Der weitaus größte Versand nach den deutschen Häfen ist Förderkohle. Die Preisaufschläge für gesiebte oder gesiebte Waschkohlen sind fast immer unverhältnismäßig hoch. Die englische Waschkohle wird nach Deutschland meist als Yorkshirekohle gehandelt; die weichen Marken des Durham-Gebiets kommen meist als Förderkohle an den Markt. Bei den Durhamkohlen unterscheidet man wiederum zwei Klassen, nach dem Aschegehalt und der Ergiebigkeit an Gas. Die Wertzahl der ersten Klasse beginnt etwa bei 185 000 WE pro 100 kg, die Wertzahl der zweiten Klasse geht bis zu 140 000 WE herunter.

Die schlesische Kohle wird vornehmlich durch einige große Versandkontors gehandelt, in beschränktem Maße kommt auch das Handelsbureau der staatlichen Gruben für den direkten Einkauf von Stadtverwaltungen in Frage. Auch hier werden Förderkohlen und sortierte Stück- und Würfelkohlen unterschieden. Am meisten gebräuchlich sind die Würfelsortierungen.

Hinsichtlich der Ausbeute an Gas und Nebenprodukten wird für die Unterscheidung der verschiedensten Kohlenfundorte auf Bd. I verwiesen. Im wichtigsten Nebenprodukt, dem Koks, nimmt der Menge und der Beschaffenheit nach die englische Kohle wohl den ersten Platz ein. Bei den deutschen Kohlen haben beide Gebiete wohl eine gleichgute Auswahl. Welche Kohle nun ein bestimmter Platz auszuwählen hat, um wirtschaftlich arbeiten zu können, läßt sich nicht ein für allemal festlegen. Unser wirtschaftliches Leben unterliegt gewissen Strömungen, die mit dem Auf- und Niedergehen der allgemeinen Geschäftslage Angebot und Nachfrage sehr stark verändern. Dazu kommt gerade bei der Kohle, dem wichtigsten Rohstoffe aller Industrie, der schwerwiegende Einfluß der politischen Lage. Für den überseeischen Transport gilt das in zweierlei Weise: insofern der Preis sich aus dem eigentlichen Materialpreis der Kohle und den Kosten des Schiffstransports zusammensetzt. Der letztere aber wird von den Ernten der getreideliefernden Länder und von dem Gebrauch der Kriegsschiffe aller Seemächte stark beeinflußt.

Auf den Binnenwasserstraßen wiederum spielt der Wasserstand der Hauptflüsse eine große Rolle. Demgemäß setzt der Einkauf von Kohlen voraus, daß der Einkäufer über die Veränderung der maßgebenden Verhältnisse gut und andauernd unterrichtet ist. Es ist seine Aufgabe, aufsteigender Preiskonjunktur durch vorzeitigen, langfristigen Einkauf zuvorzukommen, bei Niedergehen der Konjunktur nicht zu frühzeitig den Bedarf zu decken, in jedem Falle aber alle die Verhältnisse im Auge zu behalten, welche die Sicherheit des Kohlenbezugs in Frage stellen können, als da sind: politische Beziehungen, Arbeiterbewegungen, Wasserstände der Binnenschiffahrt u. dgl. Den erforderlichen Überblick über die Bedingungen auf dem Kohlenmarkt geben die Handelsnachrichten der Tagespresse und die Fachzeitschriften. Einen sehr schätzenswerten Überblick geben auch die Nachrichten für Handel und Industrie, herausgegeben vom Reichsamt des Innern, welche größeren Geschäften und öffentlich-rechtlichen Körperschaften kostenlos verabfolgt werden.

Es wird nun häufig den Fabriksleitern das Material nicht zur Verfügung stehen, woraus sie sich unterrichten können. Alsdann ist naturgemäß eine gewisse Sicherheit gegeben in der Anlehnung an die wirtschaftlichen Vereinigungen. Ganz besonders ist eine solche Anlehnung beim Koksverkauf geboten, wo die Gefahr besteht, daß die Verteilung der Transportkosten unrationell stattfinden könnte. Deshalb sollten namentlich die kommunalen Gaswerke ihren Koksverkauf außerhalb ihres eigentlichen Interessengebiets, also außerhalb ihres Gasversorgungsnetzes nur auf Grund gegenseitiger Verständigung vornehmen. Eine solche Verständigung findet am besten dadurch statt, daß e i n e Stelle über die verfügbaren Mengen an Koks verfügt. Das ist in Deutschland neuerdings aufs beste geordnet durch die Wirtschaftliche Vereinigung deutscher Gaswerke A.-G., Köln, mit ihrer Zweigstelle in Berlin und dem Exportbureau in Hamburg. Wenn jede Gasanstalt, welche ihre ganze Produktion nicht im Gasversorgungsgebiet absetzen kann, der Vereinigung sich anschließt und ihre überschüssigen Mengen dort anmeldet, so müssen naturgemäß pro Tonne versendeten Kokses die geringsten Frachtkosten entfallen, während andernfalls gerade auf verhältnismäßige Kleinmengen große Frachtzuschläge kommen. Eine solche Vereinigung ist dann auch am besten in der Lage, das Interesse der Gaswerke gegenüber den Kokereien mit ihren großen Produktionsmassen vertreten zu können.

Man hat dagegen eingewendet, daß die Gaswerke in eine gewisse Vertrustung ihrer Produktionen geraten. Demgegenüber muß doch beachtet werden, daß in der Wirtschaftlichen Vereinigung vorwiegend öffentlich-rechtliche Betriebsunternehmer vertreten sind. Demgemäß können die Härten eines Syndikats kaum in Erscheinung treten. Dafür bürgt auch der Umstand, daß die Gasproduktion der Wirtschaftlichen Vereinigung gegenüber der Konkurrenz nur klein ist, und in dieser Konkurrenz liegt naturgemäß ein stark preisreduzierender Faktor. Und schließlich ist die Preisfestsetzung innerhalb der Wirtschaftlichen Vereinigung in den Händen eines Beirats, der wiederum alle diejenigen Bedenken geltend machen kann, welche gegen eine derartige wirtschaftliche Vereinigung der Städte einzuwenden wären. Jedenfalls ist naturgemäß eine Monopolstellung der Wirtschaftlichen Vereinigung und damit eine künstliche Verteuerung des Kokses vollständig ausgeschlossen. Es dürfte sich vielmehr empfehlen, daß die Wirtschaftliche Vereinigung nicht nur den außerhalb der Städte ausgeführten Koks vertreibt sondern auch den Verkehr zwischen der Gasanstaltsverwaltung (Kommunalverwaltungen) und den Wiederverkäufern regelt. Denn die kommunalen Verwaltungen sind bei der modernen innerpolitischen Entwicklung schon sehr oft nicht mehr derartig in ihrer Selbstbestimmung frei, daß sie in der Betriebsverwaltung lediglich nach Handelsgrundsätzen arbeiten können. Es schädigt aber schließlich den gesamten Handel, wenn die Produktion öffentlich-rechtlicher Anstalten nach doktrinären, z. B. sozialpolitischen Grundsätzen statt nach handelstechnischen Gepflogenheiten vertrieben wird.

IV. Der Außendienst

von Direktor O. **Meyer**, Dortmund.

Unter der Bezeichnung »Außendienst« werden diejenigen Betriebszweige zusammengefaßt, welche sich mit der Beaufsichtigung, Instandhaltung, Verwaltung und Herstellung von Anlagen beschäftigen, die hinter der Druckstation der Fabrikationsstätte liegen und der Verteilung, Verwendung sowie dem Verkauf des Gases dienen.

In den ersten Jahrzehnten des Bestehens der Gasindustrie befaßte man sich mit dem Ausbau und der Pflege des Außendienstes weniger, als mit der Vervollkommnung und Verbilligung der Herstellung des Leuchtgases.

Fast das gesamte Interesse der Fachwelt wurde von dem Fabrikationsbetrieb, seiner Verbesserung und Verbilligung beherrscht. Die Aufgaben des Außendienstes hatten in jener Zeit noch nicht die Vielseitigkeit wie heute. Der Gasabsatz war gesichert, da es anderweitige zentrale Lichtversorgungsanlagen noch nicht gab. Ferner waren die Beleuchtungsapparate gegenüber den heutigen Lichtquellen so einfach und so wenig empfindlich, daß die heute unbedingt nötige Gleichmäßigkeit der Zusammensetzung des Gases und seines Druckes nicht mit der gleichen peinlichen Genauigkeit beobachtet zu werden brauchte. Die in den 80 er Jahren einsetzende starke Konkurrenz der Elektrizitätswerke und die dadurch bedingte Einführung der starkkerzigen Gaslampen hat die Anforderungen auf dem Gebiete des Außendienstes außerordentlich gesteigert, so daß diesem Betriebszweig heute dieselbe, wenn nicht eine größere Aufmerksamkeit zugewendet wird, wie der Fabrikation des Gases.

Die Arbeiten des Außendienstes umfassen:
1. das Rohrnetz,
2. die Straßenbeleuchtung,
3. den Anschluß der Gasabnehmer,
4. die Gaseinrichtung hinter den Gasmessern,
5. die für die vorgenannten Betriebszweige nötige Buchführung.

---

1. Das Rohrnetz.

Das Rohrnetz besteht aus sämtlichen in den Straßen liegenden, miteinander zusammenhängenden Rohrleitungen, einschließlich der Zuleitungen zu den Laternen und Häusern. Es dient zur Fortleitung des fertigen Gases zu den Verbrauchsstellen und muß daher ständig in einem solchen Zustande erhalten werden, daß das Gas in der nötigen Menge und mit dem für die Verbrauchsapparate nötigen Druck den einzelnen Abnehmern ununterbrochen zugeführt werden kann. Die gleiche Sorgfalt erfordert die ständige Überwachung des Rohrnetzes auf Dichtigkeit, damit unbeabsichtigte und schädliche Gasausströmungen nach Möglichkeit vermieden werden.

Eine der Hauptarbeiten zur Erreichung dieser Aufgaben ist die Freihaltung der Rohre von flüssigen oder festen Ablagerungen, die den freien Querschnitt verengen könnten. Aus dem Gase scheiden sich bekanntlich infolge von Temperaturerniedrigungen Flüssigkeiten ab (in der Hauptsache Wasser, bei der Karburierung verwendete Benzoldämpfe, auch wohl mitgerissene Teerteilchen usw.), welche sich in den für diesen Zweck besonders in die Leitungen eingebauten Wassertöpfen sammeln. Diese Flüssigkeiten müssen in regelmäßigen Zwischenräumen entfernt werden, damit sie nicht durch ein zu starkes Anwachsen in den Wassertöpfen und durch Eintreten in die Leitungen zu Querschnittverengerungen oder gar zum vollständigen Versagen der Rohrleitung Veranlassung geben. Die Ausführung dieser Arbeiten geschieht in einer bestimmten Reihenfolge, welche sich aus einem nach Straßen geordneten, stets auf dem Laufenden zu haltenden Wassertopfverzeichnis ergibt. (Form. 1.)

Form. 1.

lfd. Nr.	Standort des Topfes	Datum der Kontrolle Wasserstand in cm									Bemer- kungen
1	*Kreuzung Burgwall Leuth- u. Nordstr.*	*18. 3.* 30 cm	*20. 5.* 48 cm								
2	*Bremerstraße vor Haus 24*	*20. 3.* —	*26. 5.* —								

Das Verzeichnis wird von den mit der Untersuchung und Entleerung der Wassertöpfe beauftragten Leuten mitgeführt und die event. vorgenommene Entleerung unter Angabe des Datums und der Höhe des vor der Entleerung vorgefundenen Wasserstandes eingetragen. Zur Feststellung der Höhe der Flüssigkeit in dem Wassertopf wird an einer dünnen Kette oder an einem Bindfaden ein ungefähr 5 mm starkes, durch eingeritzte Striche in cm eingeteiltes Rundeisen, welches vor dem Gebrauch mit Kreide eingerieben ist, durch das geöffnete Saugrohr in den Topf herabgelassen, bis es aufstößt. Der Flüssigkeitsstand markiert sich dann deutlich auf dem mit Kreide gefärbten Teil des Eisens. Die Höhe des Wasserstandes wird in dem Wassertopfbuche notiert. Mit einer kleinen, auf das Saugrohr des Topfes aufgesetzten Pumpe wird die Flüssigkeit entfernt und in ein mitzuführendes Gefäß, z. B. eine fahrbare Tonne, gefüllt. Das ausgepumpte Wasser wird zum Gaswerk geschafft und in die Ammoniakwassergrube entleert. Streng zu verbieten ist die Entleerung des Sammelgefäßes in die Kanalisation oder auf die Straße, weil der dann bemerkbar werdende Gasgeruch des Wassers leicht zur Beunruhigung des Publikums, falschen Meldungen und Irreführung des Rohrnetzpersonals Anlaß gibt. Zeigt ein Wassertopf so geringe Niederschläge an, daß beim Abschrauben des Stopfens Gas aus dem Saugrohr austritt, so ist er so weit mit Wasser oder Öl aufzufüllen, daß das Saugrohr einen Abschluß bekommt, damit Gasverluste durch etwa undichte Stopfen vermieden werden. Von Zeit zu Zeit ist durch Nachprüfen der Höhe des Flüssigkeitsstandes der Wassertöpfe festzustellen, ob eine regelmäßige Bedienung derselben tatsächlich stattgefunden hat. Die Notierung der Höhe des Flüssigkeitsstandes vor dem jedesmaligen Auspumpen gibt hierzu ein wertvolles Vergleichsmaterial.

Die übrigen Ablagerungen, welche im Rohrnetz vorkommen können, sind möglich durch Ausscheidungen von Naphthalin, Ablösen des Asphaltanstriches bei neuen Rohrleitungen und durch Fremdkörper, die bei unvorsichtigem Arbeiten im Rohr verbleiben. (Absperrblasen, Strickenden usw.) Das Naphthalin schlägt sich bei größeren

Temperaturdifferenzen und bei Richtungsänderungen des Gasstromes sehr leicht nieder und macht seine störende Anwesenheit durch plötzlich auftretende Druckverminderung im Rohrnetz bemerkbar. Diese Störungen sind häufig schon zu beseitigen durch Spülungen mit Wasser, bei hartnäckigen Fällen durch solche mit Petroleum, Xylol oder sonstigen schweren Kohlenwasserstoffen.

Diese Spülungen werden entweder durch besonders eingebaute Spülrohre in den zu Naphthalinverstopfungen besonders neigenden Rohrleitungen oder von den Straßenlaternen aus bewirkt. Die Spülrohre müssen auf einem Brechpunkt der Rohrleitung angebracht werden. (Fig. 1.)

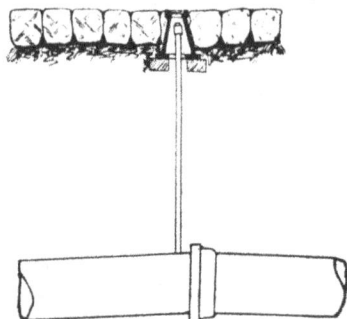

Fig. 1.

Auch die Straßenlaternen, welche zu diesem Zweck verwendet werden, sollen in der Nähe dieser Brechpunkte stehen, damit ein möglichst langes Stück der Leitung von der Spülflüssigkeit durchflossen wird. Zur Vornahme dieser Arbeit setzt man auf einem Spülrohr oder einer Straßenlaterne, von welcher die Brenner entfernt sind, ein U-Rohr auf und führt durch dasselbe das Spülmittel dem Hauptrohre zu. Wenn aber aus irgendwelchen Gründen beide Methoden nicht verwendbar erscheinen, so muß eine Anbohrung am Brechpunkt der betreffenden Rohrleitung gemacht und das Spülmittel durch diese eingeführt werden. Die eingefüllten Flüssigkeiten schwemmen die Naphthalinniederschläge entweder einfach direkt zum nächsten Wassertopf ab (Wasser) oder nehmen es in aufgelöstem Zustande dahin mit (schwere Kohlenwasserstoffe). Auf eine dieser Arten muß eine naphthalinverstopfte Rohrleitung systematisch Stück für Stück ausgespült werden. Durch an den Laternen vorgenommene Druckmessungen kann die Befreiung des Rohres von der Verstopfung festgestellt werden. Während der Vornahme der Spülung ist gleichzeitig der nächste Wassertopf auszupumpen, da sonst leicht durch zu große Ansammlung von Spülflüssigkeiten Störungen durch diese entstehen. In ähnlicher Weise wird auch die Beseitigung von Naphthalinstörungen in Hausleitungen vorgenommen, wenn ein einfaches Ausblasen mit Druckluft oder starkes Abklopfen der Leitung nicht zum Ziele führt. Andere als die oben genannten Verunreinigungen werden ebenfalls durch Druckverminderungen hinter der Querschnittsverengerung bemerkt. In solchen Fällen führen häufig starke Spülungen mit Wasser zum Ziel. Wenn diese die Störung nicht beseitigen, so muß durch Aufgrabung und Öffnen des Rohres der Übelstand beseitigt werden.

Die genaue Kenntnis der Druckverhältnisse in einem Rohrnetz und ihre Erhaltung auf der wünschenswerten Höhe in allen Teilen der Rohrleitungen ist bei der Empfindlichkeit fast sämtlicher Gasapparate gegen Druckschwankungen unbedingt erforderlich. Die Arbeiten, welche nötig sind, um dieses Ziel zu erreichen, müssen so sorgfältig und regelmäßig ausgeführt werden, daß Überraschungen durch auftretenden Druckmangel, der die Folge zu großer Inanspruchnahme der Leitungen ist, so gut wie ausgeschlossen sind. Es sollen nicht erst Beschwerden über mangelnden Druck abgewartet werden, bevor man Maßnahmen zur Verbesserung desselben trifft, sondern die zu erwartende

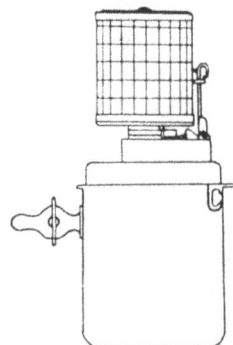

Fig. 2.

besonders starke Beanspruchung eines Rohrnetzteiles soll schon genügen, rechtzeitig Vorkehrungen zur entsprechenden Aufbesserung der Druckverhältnisse zu treffen. Regelmäßig wiederkehrende Druckmessungen durch in den Laternen anzubringende Druckschreiber (s. Fig. 2) und sorgfältiges Vergleichen der entstandenen Druckbilder mit früher an derselben Stelle genommenen Diagrammen geben wertvolle Anhaltspunkte

über die gewachsene oder gleichgebliebene Beanspruchung des untersuchten Rohrnetz-
teiles. Diese Druckmessungen müssen möglichst in der Zeit von Mitte November bis
Mitte Februar stattfinden, da dann der Gaskonsum in den weitaus meisten Fällen sein
Maximum zu erreichen pflegt.

Die Fig. 3 zeigt zwei an gleicher Stelle genommene Druckbilder. Aus denselben
ist ersichtlich, daß das mit x bezeichnete Diagramm genügenden Druck zu allen Tageszeiten aufweist, wogegen das mit y bezeichnete Diagramm in den Mittags- und Abendstunden einen geringeren Druck verzeichnet hat. Ist die mit x bezeichnete Aufnahme

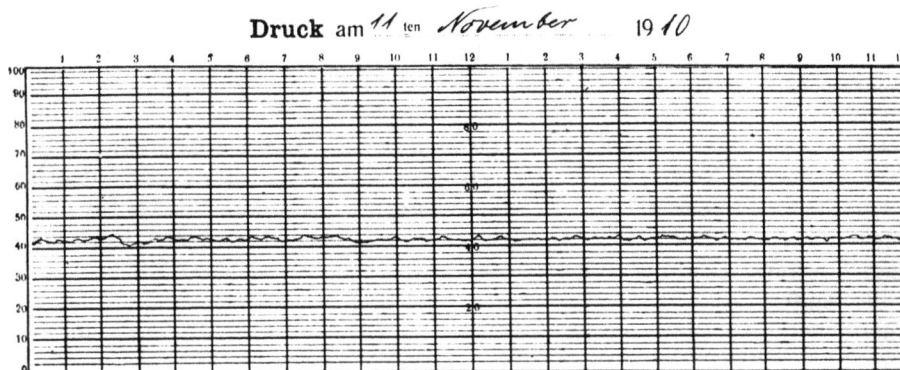

Fig. 3. (x)

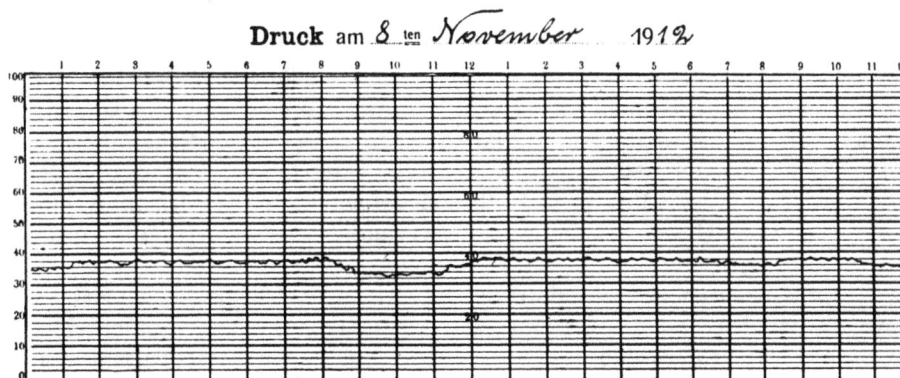

Fig. 3. (y)

im Jahre 1910, die mit y bezeichnete im Jahre 1912 an derselben Stelle und in derselben
Monatswoche gemacht, so ist anzunehmen, daß der Mittags- und Abendkonsum eine
Höhe erreicht hat, die eine Aufbesserung des Druckes in dieser Zeit unbedingt nötig
erscheinen läßt, wenn eine Reihe von Beobachtungen, die über mehrere Tage und die
benachbarten Punkte des Rohrnetzes ausgedehnt werden müssen, diese Druckabnahme
bestätigt. Diese Aufbesserung kann durch Erhöhung des Druckes auf dem Gaswerk
geschehen, wenn der übrige Teil des Rohrnetzes dadurch nicht zu ungünstig in Mitleiden-
schaft gezogen wird. Auch eine geeignete Verbindung der druckschwachen Stelle mit
benachbarten Rohrstrecken, in denen guter Druck vorhanden ist, eine Auswechselung
der betreffenden Rohre gegen größere, die Zuführung eines neuen Speiserohres vom
Hauptversorgungsstrang des Rohrnetzes aus, eine Aufspeisung aus einem unter er-
höhtem Druck (2000 mm WS) stehenden Rohr, aus welchem das Gas durch einen Distrikts-

regler in den aufzuspeisenden Rohrstrang unter dem gewünschten Druck austritt, und anderes mehr können Abhülfe schaffen. Wenn eine zu große Inanspruchnahme einzelner Rohrnetzteile die Ursache einer Druckverminderung ist, so kann ein allmähliches Abfallen des normalen Druckes von einem oder mehreren Punkten aus bis zu dem den geringsten Druck aufweisenden Gebiet beobachtet werden. Zeigen jedoch die Druckbilder ein plötzliches Abnehmen des Druckes an einer bestimmten Stelle, während die in benachbarten Punkten aufgenommenen Diagramme unbeeinflußt bleiben, so liegt eine durch Verstopfung hervorgerufene Querschnittsverengerung vor.

Diese in vorstehendem beschriebenen Feststellungen und die rechtzeitige Beseitigung etwa vorgefundener Mängel durch Neuverlegung von Speiseleitungen und herzustellende Rohrverbindungen gewährleisten einen guten, an allen Punkten des Rohrnetzes während aller Tagesstunden gleichen Druck.

Neben der gleichmäßigen Zusammensetzung des Gases ist aber ein gleichbleibender Druck ein unbedingtes Erfordernis zum guten und einwandfreien Betrieb der Glühlichtbeleuchtung, speziell der Hängelichtlampen, sowie zum guten Arbeiten der Kochgasbrenner, Heizöfen, Motore usw. Das anzustrebende Druckbild ist daher für alle Punkte des Rohrnetzes eine nahezu horizontale Linie, die bei jedem Punkt einen durch die Höhenlage zum Gaswerk bedingten höheren oder tieferen, in sich aber während 24 Stunden gleich bleibenden Druck anzeigt.

Eine dauernde Kenntnis und Kontrolle der Druckverhältnisse wird durch Druckwellenfernzündung für die Straßenbeleuchtung sozusagen automatisch vermittelt. Diese Fernzünder versagen bei ungenügendem Druck den Dienst, da dann die betätigende Druckerhöhung nicht vollständig erreicht wird. Die Verwaltung wird daher schon beim ersten Auftreten einer Verschlechterung des Druckes aufmerksam gemacht und kann unverzüglich mit genaueren Untersuchungen beginnen und für Abhilfe sorgen.

Der in den verschiedenen Stadtteilen herrschende normale Druck wird zweckmäßig auf einem Übersichtsplan eingetragen, in dem auch die Höhenlage der einzelnen Punkte des Stadtgebietes eingezeichnet ist. (Fig. 4.) Durch Vergleichung der aufgenommenen Druckbilder mit den Eintragungen im Plane können dann die wahrscheinlichen Ursachen des event. Druckmangels festgestellt werden. Bei einer Erweiterung des Netzes, welche in stark zunehmenden Städten ja fortwährend vorgenommen werden muß, gibt der die Strecke enthaltende Übersichtsplan auch wertvolle Fingerzeige für die Ausgestaltung der neuen Rohrleitungen.

Bei jedem Gaswerksbetriebe entstehen Gasverluste, welche durch den Betriebsbericht nachgewiesen werden und die Gewinn- und Verlustrechnung nicht unerheblich beeinflussen. Diese Gasverluste sind die Differenz der durch den Stationsgasmesser nachgewiesenen Gaserzeugung und des Gasverbrauchs, welcher im eigenen Betrieb, bei der Straßenbeleuchtung und bei den Gasabnehmern stattgefunden hat.

Diese als Verlust bezeichnete Gasmenge ist zu trennen in scheinbare und tatsächliche Verluste und kann aus den verschiedensten Ursachen entstehen, z. B. Temperaturunterschieden zwischen Stationsgasmesser und Privatgasmesser, Zeitverschiedenheit der Feststellung der erzeugten Gasmenge und der Feststellung des durch Privatgasmesser angezeigten Verbrauchs bei den Konsumenten (scheinbare Verluste), unrichtigem zu geringem Anzeigen einer Anzahl Privatgasmesser, zu hohem Verbrauch der Straßenbeleuchtung gegenüber dem zur Verrechnung gelangenden Verbrauch pro Laternenbrennstunde und nicht zuletzt dem Zustand des Rohrnetzes (tatsächliche Verluste). Das Herabdrücken dieser Gasverluste muß sich jeder Gaswerksleiter angelegen sein lassen, und der beste Weg hierzu ist neben der Beobachtung und Ausschaltung der übrigen Verlustquellen, welche an anderer Stelle noch erwähnt werden, die gute Instandhaltung des Rohrnetzes. Eine gute Verwaltung sieht daher nicht im Beseitigen der zufällig zu ihrer Kenntnis gekommenen Undichtigkeiten ihre Hauptaufgabe, sondern sie sucht

dieselbe im sorgfältigen Überwachen des Rohrnetzes und eifrigen Aufsuchen von schadhaften Stellen, die noch nicht einen derartigen Umfang angenommen haben, daß sie ohne
besondere Hilfsmittel von unbeteiligter Seite durch Geruch bemerkt werden können.
Ein solcher gut eingerichteter Dienst drückt die Gasverluste sehr herab und hebt daher
die Wirtschaftlichkeit des Gaswerks. Seine Aufgabe besteht in dem Absuchen des Rohrnetzes auf Gasentweichungen, so daß jeder Rohrstrang in regelmäßigen Zwischenräumen

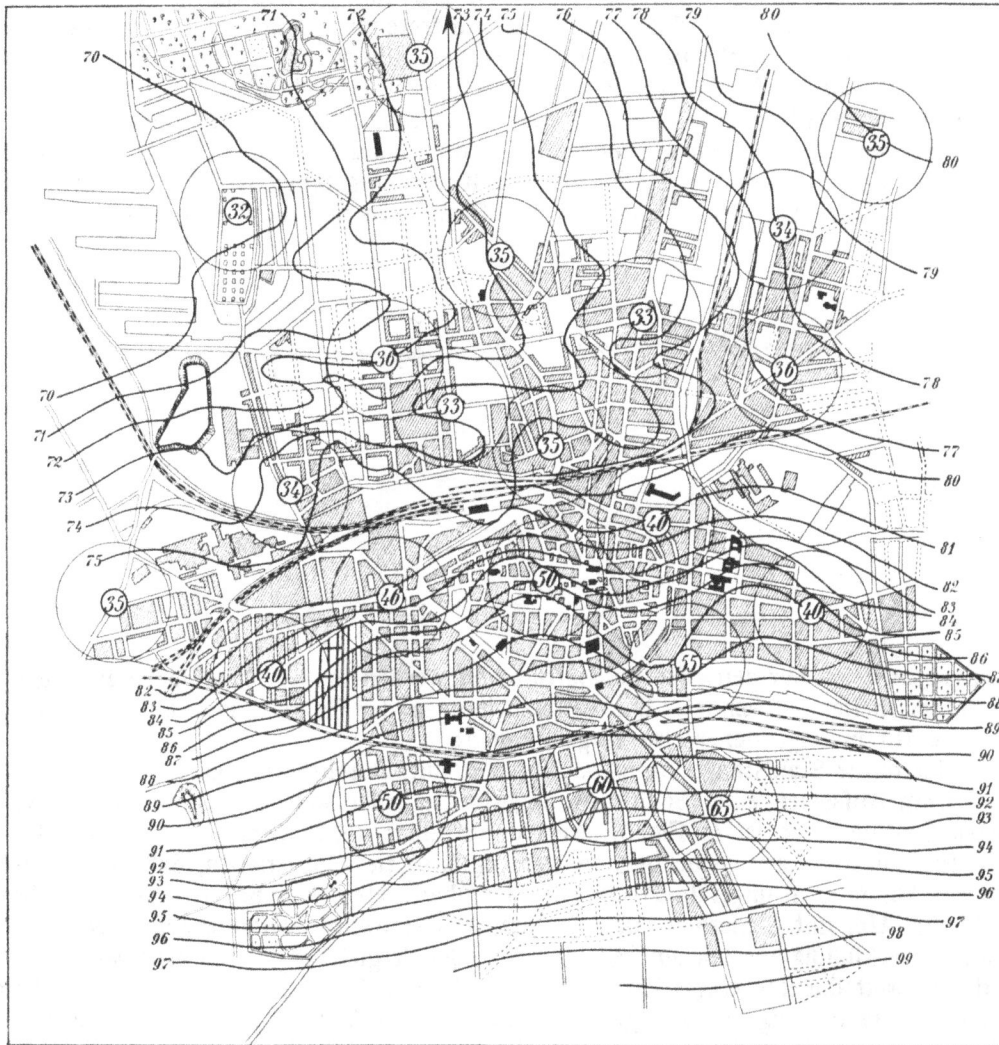

Fig. 4.

erneut einer Untersuchung unterzogen wird. Eine genaue Vorschrift über die Häufigkeit
der Wiederholung der Untersuchungen hängt von dem Zustande des Rohrnetzes und der
Art des Bettungsbodens ab. Rohrleitungen, die in stark aufgeschüttetem Boden liegen
oder in Straßen, in denen andere Leitungen, speziell Entwässerungskanäle, neu verlegt
worden sind oder in denen Bergbau umgeht, werden häufiger untersucht werden müssen,
wie Rohrleitungen, die in vollständig ruhigem Boden sich befinden.

Eine Reihe von Beschädigungen der Gasrohre kann die Gaswerksverwaltung vermeiden, wenn sie für die Anwesenheit eines sachverständigen Beauftragten bei größeren

Aufgrabungen sorgt, welche andere Verwaltungen in mit Gasrohren belegten Straßen ausführen. Derselbe hat die Absteifungen der freigelegten Rohre und ihr ordnungsmäßiges Unterstampfen bei Beendigung der Arbeit zu überwachen. Aber auch bei sorgfältigstem Zufüllen der ausgehobenen Gräben, Einschlemmen des Bodens und Vornahme anderer Vorsichtsmaßregeln kann ein späteres Zusammensinken des eingefüllten Erdreiches und Bewegungen der nächsten Umgebung der Aufgrabung mit Sicherheit nicht vermieden werden. Auch die durch Aufgrabungsarbeiten unberührt gebliebenen Versorgungsleitungen sind daher durch die auftretenden Bodenbewegungen gefährdet und müssen deshalb mit ganz besonderer Sorgfalt überwacht werden.

Die Ausführung der Arbeiten zum Aufsuchen von Undichtigkeiten muß von Leuten vorgenommen werden, die für diese Zwecke besonders ausgebildet sind und das Rohrnetz genau kennen. Je nach dem Umfange und Zustande des zu untersuchenden Rohrnetzes müssen zu diesem Zwecke eine oder mehrere Kolonnen gebildet werden, die aus je zwei Leuten bestehen. Bei kleinen und mittleren Gaswerken sind diese Kolonnen mit Unter-

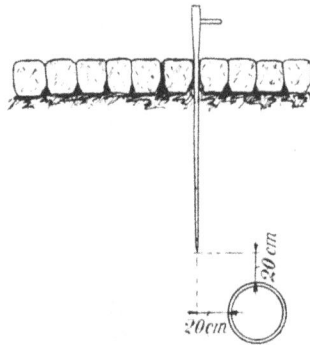   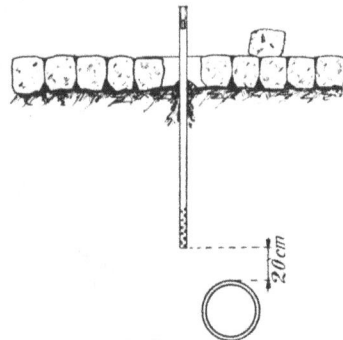

Fig. 5.   Fig. 6.

suchungsarbeiten nur zeitweise beschäftigt und werden in der Hauptsache zu anderen Rohrnetzarbeiten verwendet. Die Untersuchungen der Rohrstränge auf ihre Dichtigkeit werden in folgender Weise vorgenommen:

Eine runde Stahlstange von etwa 18 bis 20 mm Durchmesser, an welcher ein Vierkant zum Aufsetzen eines Schlüssels angestaucht oder welche oben mit einem seitlichen Griff versehen ist (s. Fig. 5), wird unmittelbar neben dem Rohr (10 bis 20 cm seitwärts), dessen Lage genau bekannt sein muß, so tief eingetrieben, daß sie mit ihrer unteren Spitze noch ungefähr 20 cm über der Oberkante des zu untersuchenden Rohres verbleibt. Um mit Sicherheit einer Verletzung des Rohres vorzubeugen, wird an der Stange zweckmäßig ein Zeichen (Kreidestrich oder dergleichen) angebracht, welches angibt, wie weit dieselbe eingetrieben werden soll. Bei dem Schlagen von Probelöchern müssen außer den eigenen Anlagen auch die anderer Verwaltungen vor Schaden geschützt werden. Es ist daher unumgänglich nötig, sich über die genaue Lage dieser Anlage vor Inangriffnahme der Arbeiten zu unterrichten. Das Eintreiben eines Sucheisens wird in einer chaussierten Straße in der Weise ausgeführt, daß die Stange einfach auf die Straßenoberfläche aufgesetzt und mit Hammerschlägen in den Erdboden unter häufiger Drehung um ihre Längsachse eingetrieben wird. In einer mit Kopfsteinpflaster versehenen Straße ohne feste Unterlage wird, wenn nicht bei älterem Pflaster zwischen den Steinen so viel Fuge ist, daß die Stange hindurchgetrieben werden kann, ein Stein mit der Zange in der üblichen Weise entfernt und dann das Eintreiben vorgenommen.

Bei Holzpflaster, Asphaltpflaster usw. mit Betonunterbettung müssen vor Anwendung des Sondiereisens mit Steinbohrern Löcher geschlagen werden, durch welche dasselbe hindurchgetrieben werden kann. Ist die Stahlstange genügend weit eingetrieben, so wird sie nach ein paar Drehungen um ihre Längsachse hochgezogen. Das entstandene Loch wird, wenn es nötig ist, durch ein an seinem unteren Ende offenes und an den Wandungen mit Löchern versehenes Rohr ausgefuttert. (Fig. 6.)

Im allgemeinen hat aber der Boden, der durch das Eintreiben des Eisens zusammengedrückt wird, genügend Standfestigkeit, so daß ein Futterrohr nicht nötig ist. Nachdem in dieser Weise etwa 8 bis 10 Löcher hergestellt sind, also eine Strecke von 25 bis 30 m zur Untersuchung vorbereitet ist, werden in die Probelöcher kleine Blechröhrchen eingesetzt. (Fig. 7.)

In den unteren Teil dieser Blechrohre wird ein Glasröhrchen eingeführt, welches einen mit Palladiumchlorür getränkten, noch feuchten Fließpapierstreifen enthält. Nach Verlauf von etwa 20 Minuten wird das Röhrchen herausgenommen, und es zeigt sich an einer Braun- oder Schwarzfärbung des ursprünglich weißen Streifens, ob durch das Probeloch Leuchtgas entweicht, also Undichtigkeit am Rohrnetz vorhanden ist. Je nach der Stärke der Färbung der Palladiumchlorürstreifen kann man auf die Menge des entweichenden Gases und durch Vergleichung der einzelnen Färbungen ungefähr auf die Lage der schadhaften Stelle am Rohr schließen. Ist z. B. bei den in Fig. 8 dargestellten 12 Löchern bei Loch 1, 2 und 3 keine Färbung des Streifens eingetreten, jedoch bei Loch 4 und 6 eine braune und bei Loch 5 eine schwarze Färbung festgestellt, so ist mit großer Wahrscheinlichkeit die Undichtigkeit bei Loch 5 zu suchen. Die aus den Probelöchern entfernten Versuchsstreifen werden aufgeklebt und mit der Be-

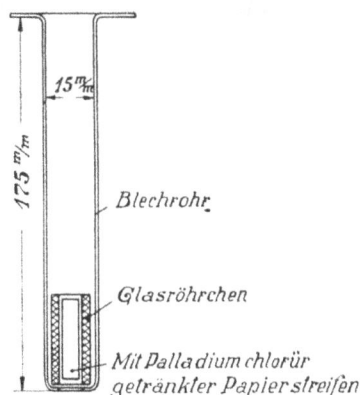

Fig. 7.

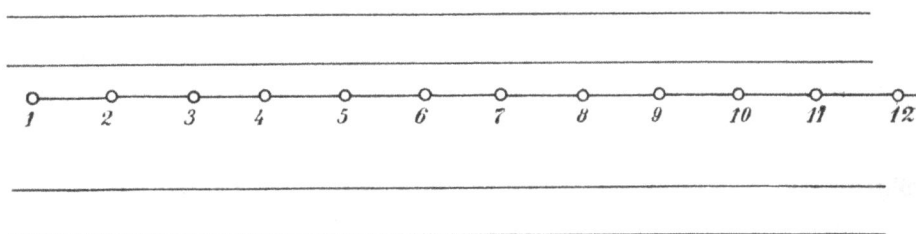

Fig. 8.

zeichnung des Loches versehen, in welchem sie sich befunden haben (s. Fig. 9), damit die Beobachtungen und die anzuwendenden Maßnahmen jederzeit nachzuprüfen sind. Diese Anwendung der Reaktion des Leuchtgases auf Palladiumchlorür zum Aufsuchen von Undichtigkeiten erfordert Zeit. Sie wird daher bei vielen Werken durch ein einfaches Abriechen der aus den Probelöchern entweichenden Luft ersetzt. Leute mit feinen Geruchsnerven können bei einiger Übung auch auf diese Weise an der Stärke des an den einzelnen Probelöchern auftretenden Gasgeruches annähernd die undichte Stelle des Rohres feststellen. Die Anwendung von Palladiumchlorür ist jedoch vorzuziehen, da sie eine bessere Kontrolle der Wahrnehmungen zuläßt, und man von mehr oder weniger geübten und geschickten Leuten nicht abhängig ist.

Unter Androhung strenger Strafen ist jedoch das Anzünden bzw. Ableuchten des aus den Probelöchern entweichenden Gasgemisches behufs Feststellung von Gasentweichungen zu verbieten, da dieses Verfahren leicht Unglücksfälle herbeiführen kann. In den Straßenkörpern bilden sich infolge von Ausspülungen bei Wasserrohrbrüchen oder infolge Zusammensinkens aufgeschütteten Bodens häufig Hohlräume, in denen sich bei Gasentweichungen leicht ein Knallgasgemisch bilden kann. Wird nun ein solcher Hohlraum durch ein Sondiereisen angeschlagen und das aus demselben entweichende Gasgemisch angezündet, so ist eine Explosion die Folge. Äußerlich können derartige Verwerfungen im Straßenkörper häufig nicht erkannt werden.

In Straßen, deren Untergrund aus Boden besteht, welcher Gas schwer durchläßt, führt das Absuchen mit Palladiumchlorürstreifen oder durch Abriechen nicht immer zum Ziele. Es wird daher in solchen Fällen ein Ansaugen der in dem zugänglich gemachten Erdreich sich befindenden Luft angewendet. Dieses Ansaugen geschieht mittels eines einfachen Respirators, welcher durch eine Schlauchverbindung gasdicht mit einem in das Probeloch einzuführenden, am unteren Ende mit Löchern versehenen Rohr verbunden ist. Zwischen Schlauch und Respirator wird ein Glasröhrchen eingeschaltet, das einen mit Palladiumchlorür getränkten Fließpapierstreifen enthält. Vor diesem

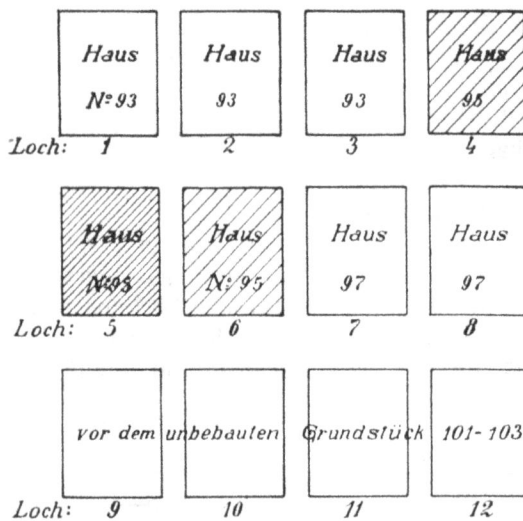

Fig. 9.

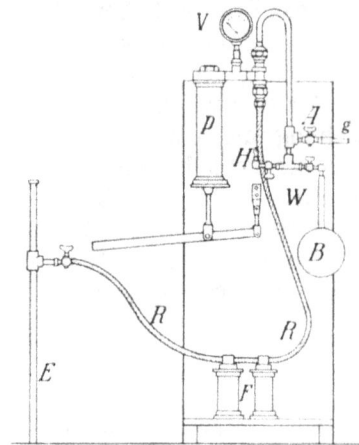

Fig. 10.

Glasröhrchen wird zweckmäßig ein Filter angebracht, welcher durch den Gasstrom etwa mitgerissene mechanische Verunreinigungen zurückhält. Bei dieser Arbeitsweise werden nicht mehrere Löcher gleichzeitig, sondern ein Loch nach dem andern untersucht und ebenfalls aus der Färbung der Fließpapierstreifen die Stelle der Undichtigkeit mit einiger Sicherheit bestimmt. Der Vollständigkeit wegen sei hier noch der Nestlersche Apparat zum Untersuchen von Rohrstrecken erwähnt. Derselbe ist in der Fig. 10 abgebildet und besteht aus einem Gestell, auf welchem sich befindet:

1. die Luftpumpe P mit dem Vakuummeter V zum Ansaugen des Gases,
2. zwei Filter F, durch welche das Gas durchgesaugt wird,
3. der Auslaßhahn A mit einem Glasröhrchen G, in welchem sich ein mit Palladiumchlorür getränktes Papierstreifchen befindet,
4. der Winkelhahn W mit dem Gummibeutel B, in welchem Gasproben zur Untersuchung gesammelt und in das Laboratorium gebracht werden können,
5. der Brennerhahn H zum Verbrennen der Gasprobe.

Ferner sind dem Apparat lose beigegeben: ein Erdrohr E und einige Verbindungsschläuche R.

Der Apparat wird an das zu untersuchende Probeloch herangebracht, das Erdrohr in das Loch eingeführt und durch einen Schlauch mit der Saugpumpe verbunden. Dann wird das im Erdreich vorhandene Gasgemisch durch die Filter gesaugt und durch das mit einem getränkten Fließpapierstreifen versehene Glasröhrchen hindurchgepreßt. Das Gasgemisch entweicht entweder durch den Auslaßhahn in die Luft oder gelangt in den Gummibeutel zwecks späterer Untersuchung. Das Auftreten von Gas zeigt sich dann wieder durch Färbung des getränkten Papierstreifens.

Die vorher beschriebenen Einrichtungen ermöglichen ein Erkennen von vorhandenen Undichtigkeiten. Sie ermöglichen jedoch nicht die Feststellung der Gasmenge, welche in den einzelnen Rohrstrecken verloren geht. Um diese Menge festzustellen und gleichzeitig die Untersuchungen verschiedener Rohrstrecken zu erleichtern, ist vorgeschlagen worden, Absperrtöpfe in das Rohrnetz einzubauen. Diese Vorschläge gingen von französischen Ingenieuren, Bouvier und Gibault, aus. Beide wollen ein Rohrnetz in verschiedene Bezirke teilen und diese Bezirke durch Wasserabsperrtöpfe gegeneinander abgrenzen. In dem abgezweigten, zu untersuchenden Bezirk werden die sämtlichen Gasmesserhähne, die Hähne der Laternenflammen und sonstiger ohne Gasmesser brennenden Flammen geschlossen und dafür gesorgt, daß diese Hähne tadellos dicht abschließen. Dann werden die Absperrtöpfe aufgefüllt und so der zu prüfende Rohrnetzbezirk von dem übrigen Rohrnetz abgetrennt. Nachdem dieses geschehen ist, wird der Bezirk an einen fahrbaren Gasbehälter angeschlossen, welcher aus einer angrenzenden im Betriebe sich befindenden Gasleitung mit Gas gefüllt wird. Mit diesem Gasbehälter wird der Druck in den Rohren des abgeschlossenen Bezirks auf 100 mm WS gebracht, und nach Erreichung dieses Druckes der Gasverlust durch den Behälterstand festgestellt.

Zu diesem Zweck ist der Gasbehälter mit einer Teilung versehen, welche bei dem Sinken der Gasbehälterglocke den Verlust in Litern angibt. Statt des Gasbehälters kann zu der Feststellung der Undichtigkeiten auch ein Experimentiergasmesser verwendet werden, dessen Eingang mit einem strömendes Gas enthaltenden Rohr und dessen Ausgang mit dem zu untersuchenden Rohr verbunden wird. Bei diesem Verfahren muß natürlich vor dem Beginn der Beobachtung in dem speisenden und dem zu untersuchenden Rohr gleicher Druck hergestellt werden. Der Verlust soll bei genügend dichten Rohren je nach dem Durchmesser des Rohrstranges nicht mehr als 50 bis 100 l pro km Rohr und Stunde betragen. Sind auf diese Weise Undichtigkeiten an dem Rohr festgestellt, so müssen dieselben, wie oben beschrieben ist, aufgesucht werden.

Diese Einteilung des Rohrnetzes in verschiedene voneinander abzutrennende Bezirke ist bei neu zu verlegenden Rohrnetzen oder Rohrnetzteilen sehr wohl durchführbar. Besonders zu empfehlen ist sie für Straßen, die mit einer für Gas undurchlässigen Straßendecke versehen sind (Asphalt oder Pflaster auf Betonunterlagen) und viele andere Leitungen außer den Gasrohren enthalten, da die Auffindung von Undichtigkeiten bei solchen Verhältnissen sehr schwierig ist, wie später gezeigt werden wird. Die Absperrtöpfe müssen allerdings so groß gewählt werden, daß eine Verringerung des Querschnittes der Rohrleitungen ausgeschlossen ist. Nicht zu vermeiden sind bei Verwendung der Absperrtöpfe die durch Richtungsänderungen des Gasstromes entstehenden Druckverluste und das Ablagern von Naphthalin. Durch geeignete Konstruktionen können aber diese Übelstände auf ein geringes Maß herabgemindert werden. Selbstverständlich müssen die Absperrtöpfe mit Signallaternen (Fig. 11) versehen werden, welche schon bei einer geringen Querschnittsverengerung verlöschen, damit ein plötzliches Versagen der Gasversorgung durch Ansammlung einer großen Menge von Kondensaten ausgeschlossen ist. Ein selbsttätiger Nachweis von bestehenden Undichtigkeiten findet bei solchen Rohrsträngen statt, die im Grundwasser verlegt worden sind. Das Grundwasser dringt durch vorhandene Undichtigkeiten in die Rohre ein und rinnt bis zum nächsten Wassertopf, den es allmählich füllt. Bei aufmerksamer und regelmäßiger Bedienung der Wassertöpfe und bei ordentlicher Buchführung über die Höhe des Wasser-

standes vor dem jedesmaligen Auspumpen wird durch die großen Wasseransamm-
lungen leicht das Vorhandensein einer Undichtigkeit erkannt werden können.

Ist durch die Untersuchungen annähernd die Lage des Schadens ermittelt, so wird die
Rohrleitung an dieser Stelle aufgegraben und die undichte Muffe oder der Rohrbruch
gesucht. Findet man die undichte Stelle nicht ohne weiteres, so muß in der aufgeworfenen Grube das Rohr rund herum freigemacht
und mittelst Abriechens geprüft werden, von
welcher Seite her in der Richtung des Rohres der
stärkere Gasgeruch wahrgenommen wird. Da von
der undichten Stelle meistens unmittelbar am
Rohr entlang ein Gasstrom nach der durch die
Grube gebildeten Öffnung zieht, so wird bei einiger
Übung und Aufmerksamkeit sehr bald die Richtung, aus welcher derselbe kommt, festzustellen
sein. (Fig. 12.) Nach dieser Seite hin vergrößert
man die Aufgrabung und wird nach kurzer Zeit
die schadhafte Stelle gefunden haben. Der
Schaden wird dann vorläufig, wenn es sich um
einen Rohrbruch handelt, mit feuchtem Ton abgedichtet und mit einem feuchten Leinenver-
band umwickelt, um die Gasausströmung möglichst abzuschwächen. Dann wird die Auf-

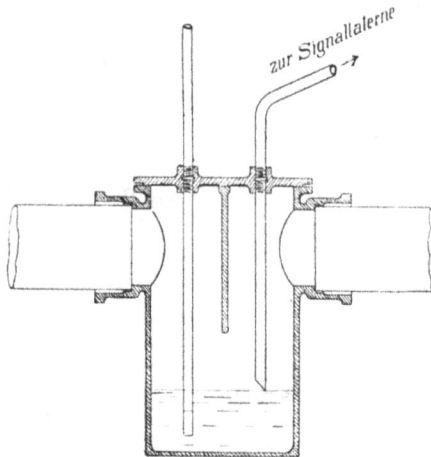
Fig. 11.

grabung so weit ausgedehnt, daß ein Arbeiten am Rohr stattfinden und die end-
gültige Abdichtung und Beseitigung des Schadens durch Einbauen von zweiteiligen
Muffen, Überschiebern, Auswechseln des Rohres oder Formstückes usw. vorgenommen
werden kann. Findet man undichte Muffen, so ist durch vorläufiges Nachstemmen die

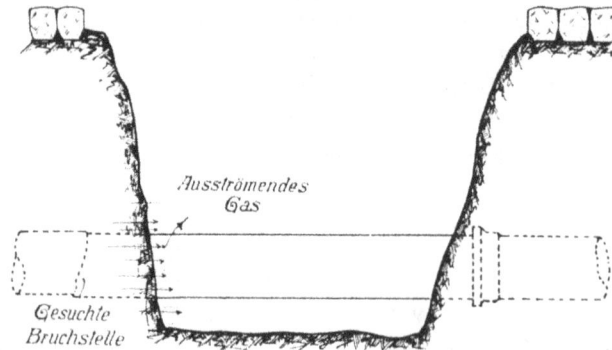
Fig. 12.

Gasausströmung ebenfalls zu reduzieren und je nach Beschaffenheit der Muffe das Aus-
kreuzen des alten Dichtungsbleies und ein vollständig neues Verpacken und Vergießen
der Muffe vorzunehmen.

Bei dem Einbauen neuer Stücke in eine vorhandene Leitung muß dieselbe an zwei
Stellen durchgekreuzt, das auszuwechselnde Stück entfernt und das neue Stück eingebaut
werden. Bei diesen Arbeiten ist die Arbeitsstelle vor Gasausströmungen aus den beiden
offenen Rohrenden zu sichern. Diese Sicherung wird durch Einbauen von Absperrblasen in genügender Entfernung vor dem zu ersetzenden Rohrstück erreicht. Zu diesem
Zwecke wird das Rohr an der betreffenden Stelle angebohrt, durch das Bohrloch eine
dem Durchmesser des Rohres entsprechende Tierblase, Gummiblase usw. eingeführt

und diese mit dem Munde oder einem Blasebalg soweit aufgeblasen, daß sie prall an allen Seiten des inneren Rohres anliegt und den Querschnitt gasdicht abschließt. (Fig. 13.) Dann wird die Blase durch Anbinden an das Rohr gegen Abtreiben gesichert. Bei Rohren über 300 mm Durchmesser werden bei hohem Gasdruck (über 50 mm WS) zwei Blasen hintereinander für eine Abdichtungsstelle benutzt. Dieses geschieht, um eine möglichst große Sicherheit gegen unvorhergesehene Zwischenfälle (Abtreiben oder Platzen der Blasen) zu schaffen. Nachdem die Abdichtung auf beiden Seiten des herauszunehmenden Stückes erfolgt ist, wird die Arbeit des Durchschlagens vorgenommen. Dieselbe muß so geschehen, daß eine Funkenbildung vermieden wird. Die Meißel, Abtreiber usw. müssen daher mit Seifenwasser häufig benetzt und gekühlt werden. Außerdem ist bei dem Anbohren oder Durchschlagen von Gas enthaltenden Rohren dafür zu sorgen, daß durch Verstopfen der entstandenen Löcher mit Lappen, Ton, Putzwolle usw. die Gasausströmungen auf ein möglichst geringes Maß beschränkt werden, damit der diese Arbeit vornehmende Rohrleger, welcher sich nicht mit dem Gesicht über die

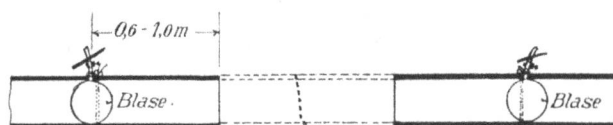

Fig. 13.

Öffnungen beugen darf, vor dem Einatmen von Gas geschützt ist. Sind die Rohrstücke abgetrennt, so wird ein dem Kaliber des Rohres angepaßter Holzstopfen in das offene Rohr hineingesteckt und mit feuchtem Ton abgedichtet, damit nicht Gas beim etwaigen Platzen oder Abtreiben der Absperrblase in großen Mengen entweiche und das im Graben befindliche Personal gefährden kann. Bei Rohren unter 50 mm Durchmesser kann das Durchschlagen auch wohl ohne vorherige Abdichtung mit Blasen vorgenommen und die Rohrenden nach Freilegung des Querschnitts mit Stopfen verschlossen werden. Zur Vornahme solcher Arbeiten sind alsdann aber immer zwei besonders geübte und erfahrene Leute nötig.

Alle an einem im Betriebe sich befindenden Rohrnetz vorgenommenen Arbeiten müssen mit großer Vorsicht und Sorgfalt ausgeführt werden. Die gegen schadhafte Rohrteile auszuwechselnden Stücke müssen, bevor die Arbeit des Trennens der Leitung begonnen wird, am Rohrgraben vollständig zum Einbau vorbereitet in unmittelbarer Nähe der Arbeitsstelle sich befinden. Sämtliche zum Einbauen nötigen Materialien und Werkzeuge, wie Teerstricke, Blei, Hebevorrichtungen usw., müssen in reichlicher Menge und in gutem Zustande vorhanden sein. Die Anzahl der Leute muß ausreichend sein, jedoch ist auch ein Zuviel vom Übel, da dadurch leicht Unordnung entsteht. Jedem Manne ist seine ganz bestimmte Stelle und Tätigkeit anzuweisen, damit die Arbeiten in denkbar kürzester Zeit ausgeführt werden können. Die Bewohner der an die abzusperrende Rohrleitung angeschlossenen und in der Nähe der Arbeitsstelle liegenden Häuser sind vor Beginn der Arbeiten von der Absperrung zu benachrichtigen und aufzufordern, soweit auch bei ihnen die Gaszufuhr unterbrochen ist, während der Gasabsperrung sämtliche Gashähne zu schließen, damit bei Wiederinbetriebsetzung der Leitung durch vorherigen Gebrauch noch offenstehende Hähne Gas nicht ausströmen kann. In den der Arbeitsstelle benachbarten Häusern, in welchen der Gaszufluß nicht unterbrochen wird, ist besondere Aufmerksamkeit auf im Betriebe befindliche Flammen und die Zündflammen anzuempfehlen. Nach Beendigung der Absperrung müssen sämtliche Häuser noch einmal auf etwa vorgekommene Störungen und unbeabsichtigtes Ausströmen von Gas infolge erloschener Zündflammen usw. untersucht werden.

Die möglichst genaue Bestimmung einer Rohrundichtigkeit mittels Probelöchern, wie sie weiter oben beschrieben ist, bietet bei offenem Wetter in unbefestigten chaussierten oder mit einfachem Kopfsteinpflaster versehenen Straßen meistens keine großen Schwierigkeiten. In modern befestigten Straßen, in denen die obere Abdeckung auf eine Betondecke aufgebracht wird (Asphalt, Holzpflaster, Kopfsteinpflaster usw.), verhindert diese Betondecke häufig ein Entweichen des durch Rohrschäden ausgetretenen Gases in die Luft. Es kann daher leicht vorkommen, daß sich das entwichene Gas im losen Boden oder an den Rohrleitungen, Kabeln, Kanälen usw. weit hinzieht und an Kanal- oder Kabelleitungsschächten usw. oder an einer anderen, eine Austrittsmöglichkeit bietenden Stelle durch Geruch bemerkbar wird. Diese Stelle liegt häufig sehr weit von der Ursache des Gasgeruches entfernt. Das Aufsuchen einer Undichtigkeit ist unter solchen Verhältnissen sehr zeitraubend, da häufig an jedem Probeloch gleich starke Gasausströmungen festzustellen sind, weil der ganze Straßenuntergrund mit Gas geschwängert ist. In solchen Fällen verfährt man in der Weise, daß etwa vorhandene Kabelschächte usw., durch Abnehmen der Deckel unter Einhaltung der nötigen Vorsichtsmaßregeln und ständiger Aufsicht gut entlüftet werden und dann die Richtung des in die Schächte eintretenden Gasstromes in ähnlicher Weise ermittelt wird, wie dies bei dem Aufsuchen der Undichtigkeit in einer ausgeschachteten Grube geschieht.

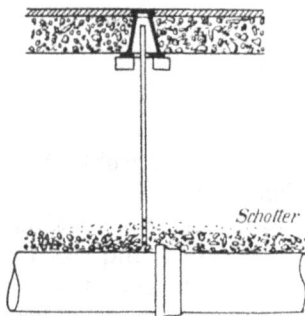

Zu diesem Zwecke werden die Öffnungen der verschiedenen Einmündungen in einen Schacht auf einer Seite desselben mit Ton abgedichtet und festgestellt, ob nach der Abdichtung wieder Gasgeruch in dem vorher gut gelüfteten Schacht auftritt. Ist dieses nicht der Fall, so liegt die Undichtigkeit in dem Rohrstück, das sich vor der betreffenden Schachtseite befindet, oder in der Richtung des nächsten Schachtes, in dem ebenfalls Gasgeruch bemerkt worden war. Auf diese Weise muß sorgfältig jeder Schacht, in dem Gas bemerkt worden ist, und, wenn nötig, jede Schachtwand geprüft

Fig. 14.

werden. Ist dann mit einiger Wahrscheinlichkeit zwischen zwei Schächten die Ursache der Gasausströmung abgegrenzt, so muß diese letzte Strecke mit Sondiereisen besonders sorgfältig unter ständigem Offenhalten der Probelöcher längere Zeit untersucht werden. Im allgemeinen wird bei sorgfältiger aufmerksamer Arbeit diese Methode schließlich zum Ziele führen. Sind keine Schächte oder sonstige Öffnungen im Straßenkörper vorhanden, welche man in der oben beschriebenen Weise benutzen kann, oder führt das Absuchen zwischen zwei solchen Beobachtungspunkten nicht zum Ziele, so müssen probeweise Aufgrabungen ausgeführt und in den aufgeworfenen Gräben nach der früher beschriebenen Weise der Schaden ermittelt werden. Selbstverständlich sind derartige Arbeiten außerordentlich zeitraubend. Es ist daher zweckmäßig, in Straßen, die mit einer undurchlässigen Deckschicht versehen werden sollen, über dem Gasrohr in gewissen Zwischenräumen Riechrohre einzubauen. (Fig. 14.) Wenn diese jedoch ihren Zweck erfüllen sollen, so müssen sie mit ihrem unteren Ende in sehr gut durchlässigem Boden stehen. Ist solcher nicht vorhanden, so muß durch Einfüllen von lockerem Boden, Kies oder Schotter über dem Rohr für die Durchlässigkeit des unmittelbar über dem Rohr sich befindenden Bodens gesorgt werden. Über den lockeren Boden, Kies, Schotter usw. wird zweckmäßig eine Abdeckung (Dachpappe, dünne Bretter oder ähnliches) angebracht, um zu verhüten, daß durch die einzustampfenden Erdmassen die eingebrachte Lockerungsschicht wieder undurchlässig gemacht wird.

Ganz besondere Sorgfalt ist natürlich der Unterhaltung des Rohrnetzes in Gegenden mit Bergbaubetrieb zuzuwenden, da die mit demselben verbundenen Bodensenkungen den Rohrleitungen schwere Schäden zuführen. Solche Rohrnetze müssen schon bei ihrem Bau und bei dem Herstellen neuer Strecken durch Verwendung besonders langer Muffen, schmiedeiserner bzw. Stahlrohre usw. gegen die zu erwartenden besonderen Anforderungen widerstandsfähig gemacht werden. Sind jedoch bei der Herstellung des Netzes besondere Vorsichtsmaßregeln nicht angewendet, so müssen dieselben bei den Unterhaltungsarbeiten nach Möglichkeit gewissenhaft nachgeholt werden. Wenn feststeht, welche Zeche die Bodensenkungen verursacht hat, so wird es möglich sein, dieselbe zur Tragung der Reparaturkosten und der Gasverluste, derjenigen Schäden, welche durch ihren Bergbau verursacht sind, heranzuziehen. Der Nachweis, daß Bodensenkungen die Ursache des Schadens sind, ist jedoch häufig nur sehr schwer und nur mit genauester Beobachtung und Festlegung der begleitenden Erscheinungen zu führen. Es ist deshalb zweckmäßig, bei Aufgrabung einer vermutlich auf Bergbau zurückzuführenden Undichtigkeit einen Beauftragten der Zechenverwaltung hinzuzuziehen, damit gemeinsam der Befund des freigelegten Rohrnetzteiles schriftlich unter Beigabe einer Skizze festgelegt werden kann. In vielen Fällen werden zwischen Gasanstalt und Zeche Abkommen getroffen, nach welchen die Zechenverwaltung jährlich die Erstattung eines gewissen Prozentsatzes der Unterhaltungskosten des Rohrnetzes übernimmt und bei Neuverlegungen von Rohrsträngen die Mehrkosten trägt, die durch Verwendung besonderer Rohrverbindungen oder besonders geeigneten Materials entstehen. •In Bergbaugebieten wird jedoch, auch wenn die größte Sorgfalt bei Neuanlagen angewendet wird, immer eine außerordentlich aufmerksame Beobachtung des Rohrnetzes ausgeübt werden müssen, damit unliebsame Überraschungen nach Möglichkeit auch dort vermieden werden.

Nicht unerwähnt sollen auch an dieser Stelle die Schäden bleiben, welche durch elektrische Ströme (vagabundierende Ströme) an dem Gasrohrnetz in Orten entstehen können, in denen elektrische Bahnen betrieben werden. Die Schäden machen sich durch eigentümliche Anfressung an der Rohroberfläche bemerkbar und verändern das gußeiserne Rohrmaterial in seiner Struktur ganz außerordentlich. Bei dem Auftreten von derartigen Anfressungen muß der Gaswerksleiter sofort mit der Verwaltung der elektrischen Bahnen in Verbindung treten und sie zur Abstellung des Übelstandes auffordern, da nur sie dauernde Abhilfe durch Verbesserungen ihrer Rückleitungseinrichtungen schaffen kann. Die Schäden können sehr großen Umfang annehmen und zu schweren wirtschaftlichen Nachteilen des Gaswerks führen. Sie sind daher sorgfältig zu beachten.

Trotz gewissenhafter Pflege des Rohrnetzes können nicht nur in Bergbaugebieten, sondern auch in Gegenden mit ruhigem Boden plötzlich durch Zufälligkeiten mannigfacher Art Schäden an dem Rohrnetz entstehen, welche sich durch Gasgeruch auf den Straßen, in den Kellern der Häuser, in Kanal- und Kabelschächten usw. bemerkbar machen und oft von dritter Seite erst zur Kenntnis des Gaswerkes gebracht werden. Vielfach ist es üblich, dem ersten Überbringer einer solchen begründeten Meldung eine Belohnung zu verabfolgen, um das Interesse an der Übermittlung solcher Nachrichten zu heben und so früh wie möglich von Gasentweichungen Kenntnis zu erhalten.

Auf jedem Gaswerk muß dafür gesorgt sein, daß zu jeder beliebigen Tages- oder Nachtzeit eine genügend unterrichtete Person erreichbar ist, welche Meldungen annimmt und an die verantwortliche Leitung weitergibt. Zur Erledigung einer solchen Meldung begibt sich ein Beauftragter des Gaswerks mit möglichster Eile an den Ort, wo der Gasgeruch auf der Straße usw. wahrgenommen ist und stellt fest, ob sich in den Kellern oder im Erdgeschoß der in der Nähe stehenden Häuser Gasgeruch bemerkbar macht. Ist dieses der Fall, so führt er durch sofortiges Öffnen der Fenster eine starke Entlüftung der betreffenden Räume herbei und verbietet das Anzünden von offenem Licht und Feuer.

Die Revision auf auftretenden Gasgeruch muß, wenn derselbe im Keller festgestellt ist, auf sämtliche Räume des Hauses ausgedehnt werden, da dieselben durch häufig nicht sichtbare Verbindungen, Wasserleitungsrohre, Telegraphen- und Telephonkabel und in Schutzrohren liegende elektrische Schwach- oder Starkstromdrähte untereinander verbunden sein können. Es kann daher vorkommen, daß im Keller Gasgeruch bemerkt wird, im Erd- und ersten Obergeschoß nicht, wohl aber in den darüber liegenden Räumen. Diese Fälle sind allerdings nicht häufig. Dem Verfasser ist jedoch ein Fall bekannt, bei dem nur im Keller Gasgeruch festgestellt wurde, während die übrigen Räume davon frei waren. Der untersuchende Beamte hielt daher nach Öffnen der Kellerfenster die Gefahr für beseitigt. Einige Stunden später wurde ihm, der mit der Beseitigung eines Rohrbruches auf der Straße beschäftigt war, von den Bewohnern des Hauses ein starker Gasgeruch in einer einzigen Bodenkammer gemeldet, trotzdem in den übrigen Räumen und auch im Keller Gas nicht mehr zu spüren war. Nach langem Suchen wurde festgestellt, daß eine alte unbenutzte Rohrleitung die Bodenkammer mit dem Keller verband, was allen Beteiligten bis dahin unbekannt gewesen war. Ganz besonders eingehend und sorgfältig sind die Beobachtungen der Keller durchzuführen bei Straßendecken, die undurchlässig sind (Betondecke, Asphalt usw.), und im Winter, wenn durch Frost, Glatteis usw. die Oberfläche der Straße undurchlässig geworden ist. Nach Erledigung dieser ersten Feststellungen und der Anordnungen zur Verhütung von unangenehmen Folgen der Undichtigkeit läßt der Beauftragte mit tunlichster Beschleunigung die zum Aufsuchen und Beseitigen des Rohrschadens nötigen Leute herbeiholen, welche sich mit einem stets bereitstehenden Gerätewagen an den bezeichneten Ort begeben, und beginnt in der oben beschriebenen Weise die Feststellung und Beseitigung des Schadens.

Ist die schadhafte Stelle nicht innerhalb weniger Stunden entdeckt, so ist parallel mit den Häusern, in denen Gasgeruch wahrgenommen wurde und unmittelbar vor ihnen ein Graben aufzuwerfen, durch welchen das Gas abziehen kann. Die Fenster, auf der Seite des Hauses, an welcher der Entlüftungsgraben liegt, sind sämtlich zu schließen, um ein Eindringen des am Hause aufsteigenden Gases zu verhüten. Die auf der entgegengesetzten Seite liegenden Fenster sind zu öffnen, bis der Gasgeruch im Hause vollständig geschwunden ist. Läßt sich jedoch durch die vorstehend angegebenen Maßregeln der Gasgeruch im Hause nicht in kurzer Zeit beseitigen, so ist ein Verlassen desselben anzuordnen.

Die Anordnungen und Einrichtungen zum sofortigen Eingreifen bei Meldungen sind je nach der Größe des Gaswerks und des Rohrnetzes sowie der Häufigkeit der Meldungen verschieden. Bei allen Gaswerken müssen sie aber so sein, daß von dem Eingang der Meldung an bis zum Eintreffen desjenigen, der die ersten Maßregeln zur Verhütung eines Unglückes anordnet, eine möglichst geringe Zeit vergeht. Sodann muß mit der größten Beschleunigung eine arbeitsbereite Kolonne mit allen zur Inangriffnahme der ersten Arbeiten nötigen Handwerkszeugen und Apparaten bei Tages- und Nachtzeit zusammengestellt werden können, die die Beseitigung des Schadens sofort energisch in Angriff nimmt. Der oben bereits erwähnte Gerätewagen soll enthalten: einen Sauerstoffapparat mit gefüllter Sauerstoffbombe, eine oder mehrere elektrische Sicherheitslampen, mehrere Sondiereisen, Röhrchen mit Palladiumchlorür, Vorschlaghammer, Hacken, Schaufeln, Spaten und ein vollständiges Rohrlegerhandwerkzeug, Ton und Binden zum vorläufigen Abdichten von Rohrbrüchen.

Die Ausführung der Arbeiten zum Aufsuchen von Undichtigkeiten im Rohrnetz und die Inangriffnahme der Wiederherstellungsarbeiten zur Beseitigung solcher Schäden werden ganz wesentlich erleichtert, wenn die Arbeiten an Hand eines guten Planmaterials vorgenommen werden können. Bei Neuanlagen muß daher mit aller Entschiedenheit darauf gedrungen werden, daß der Unternehmer, welcher das Rohrnetz ausgeführt hat, bei Abnahme desselben einen genauen Rohrnetzplan mitliefert, aus dem die Lage der Leitungen, der Durchmesser derselben, die Lage der Wassertöpfe, Formstücke, Anbohrungen und Abzweige für Straßenlaternen und Häuser, kurz möglichst alle Einzelheiten genau zu ersehen sind.

In früheren Zeiten sind diese Anforderungen leider nicht gestellt, so daß selbst bei gut geleiteten Anstalten noch heute häufig Unklarheiten über die richtige Lage der älteren Versorgungsleitungen bestehen. Aus dieser Unkenntnis des Rohrnetzes entstehen immer Zeitverluste, selbst bei Vornahme des einfachen Absuchens der Leitungen mittels Abbohrung. Bei von dritter Stelle gemeldeten Gasausströmungen auf der Straße kann aber diese Unsicherheit über die genaue Lage der Leitungen zu großen Unannehmlichkeiten führen. Die erste Sorge eines Gaswerksleiters bzw. eines Leiters des Rohrnetzbetriebes muß daher sein, sich ein gutes Übersichtsmaterial über sein Rohrnetz zu verschaffen.

Dieses Übersichtsmaterial muß nicht nur die genaue Lage der Gasrohrleitungen enthalten, sondern es muß auch möglichst die Lage der Rohre anderer Verwaltungen mit andeuten. Wenn ein Sondiereisen zur Herstellung eines Probeloches eingeführt werden soll, so muß der betreffende Mann, welcher diese Arbeiten ausführt, sich nicht nur vor Beschädigungen des Gasrohres sondern auch ebenso vor solchen des Wasserrohres, der elektrischen Schwach- und Starkstromkabel und anderer in der Straße eingebetteter Leitungen hüten. Sind die Verhältnisse hier nicht durchaus klar angegeben, so muß man sich der Hilfe der anderen Verwaltungen bei Vornahme derartiger Bohrungen versichern, um nicht Schaden zu verursachen, ja bei Durchbohrung von Starkstromkabeln vielleicht Menschenleben zu gefährden. Auch bei Ausbesserungen von Rohrbrüchen leisten genaue Pläne sehr gute Dienste, da an Hand derselben das erforderliche Material bereitgelegt werden kann, so daß die Ausbesserung des gefundenen Bruches ohne größeren Zeitverlust geschieht.

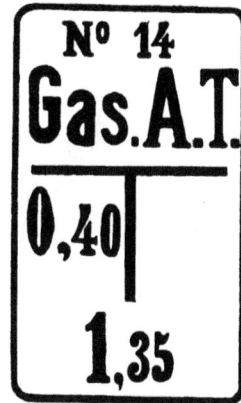

Fig. 15.

Ein gutes Planmaterial für das Rohrnetz soll aus folgenden Teilen bestehen:

1. aus einem Übersichtsplan von ungefähr 1 : 10 000 oder 1 : 20 000, welcher die ganze zu versorgende Stadt mit den vorhandenen und den noch anzulegenden Straßen (Bebauungsplan), soweit dieselben feststehen, wiedergibt. In diesem Plan sind sämtliche Leitungen durch einen einfachen Strich anzudeuten und ihr lichter Durchmesser einzuschreiben.

2. aus Plänen im Maßstab von ungefähr 1 : 1000 oder 1 : 500, welche einzelne kleine Teile der Stadt zeigen und die Einzelheiten der verschiedenen Rohrstränge veranschaulichen. Aus diesen Teilplänen muß die genaue Lage der Leitung, welche durch einzuschreibende, sich auf die Baufluchtlinie beziehende Maße festzulegen ist, die genaue Lage der Wassertöpfe, Absperrtöpfe, Zuleitungen zu Häusern und Laternen ersichtlich sein. Die Lage der Hauszuleitungen wird außerdem noch durch das an jedem Hause anzubringende Schild gekennzeichnet. Diese Schilder enthalten die Maße, welche die Lage der Leitungen und des zu ihnen gehörenden Absperrtopfes genau angeben. (Fig. 15.)

Die Lage der Gasleitungen zu den ebenfalls in den Straßen liegenden Leitungen (Wasserleitung, Kanal, Telegraphenkabel, Schwach- und Starkstromkabel usw.), sowie alle sonstigen wünschenswerten Einzelheiten sollen durch Randskizzen und Bemerkungen erläutert werden. Von großem Werte sind auch kleine Profile der Straßen, die skizzenhaft in diese Teilpläne einzuzeichnen sind und sämtliche in der Straße liegende Leitungen und unterirdische Bauwerke in ihrer Lage gegeneinander veranschaulichen. Diese Einzelpläne werden zweckmäßig in einer Größe von 0,5 ×0,6 m angefertigt, damit dieselben leicht auf die Strecke mitgenommen werden können. Der 0,5 ×0,5 m große

Raum dient zur Aufnahme der Planzeichnungen, während die übrigbleibenden 10 cm
mit Randbemerkungen über vorgekommene Rohrbrüche, stattgefundene Aufgrabungen
usw. und mit Skizzen versehen werden. (Plan Fig. 16.)

Die Vervollständigung dieser Pläne geschieht möglichst sofort nach vorgenommenen
Veränderungen oder Erweiterungen des Gasrohres bzw. vorgenommenen Aufgrabungen
an Hand von Skizzen, welche auf der Strecke angefertigt und mit eingeschriebenen
Maßen versehen werden.

An Stelle dieser Teilpläne, welche für mittlere und große Gaswerke ein unbedingtes
Erfordernis sind, können bei kleineren Gaswerken Skizzenbücher treten, in die durch

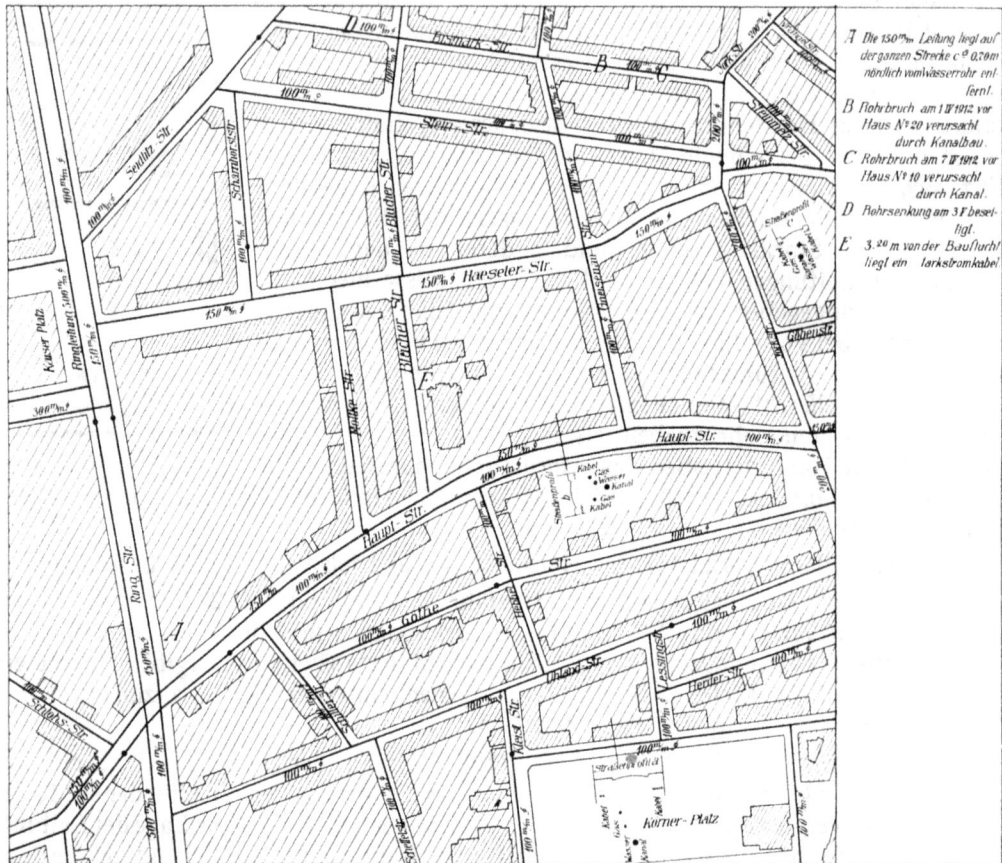

Fig. 16.

den Gaswerksleiter, einen Vorarbeiter oder älteren Rohrleger im Maßstab 1:500 die
einzelnen Straßen in derselben Weise, wie in den Teilplänen eingetragen werden. Diese
Skizzenbücher müssen ebenfalls sämtliche Einzelheiten über die Rohrlage und die einzel-
nen Vorfälle auf den Rohrstrecken enthalten. Sie sind mit einem alphabetisch geordneten
Verzeichnis der Straßen zu versehen, welches die Seiten angibt, auf dem die einzelnen
Straßenteile zu finden sind.

Außer dem vorgenannten Planmaterial bzw. Skizzenbuch ist zweckmäßig noch ein
Buch zu führen, das Aufzeichnungen über das Alter der Rohre enthält. In dieses Buch
müssen sämtliche Neuverlegungen von Rohren vom Beginn des Werkes an mit Datum
und Jahreszahl ihrer Fertigstellung und solche größeren Reparaturen und Auswechse-

lungen von Rohren, die einer Neuverlegung gleichkommen, eingetragen werden. Man kann dann an Hand dieses Buches mit Leichtigkeit das Alter jeder Rohrstrecke bestimmen und bei gelegentlichen Aufgrabungen den Zustand und sonstigen Befund des Rohres feststellen. Auf diese Weise ist es möglich, die richtige Wertverminderung für das Rohrnetz, die in der Abschreibungsquote zum Ausdruck kommt, in einwandfreier Weise festzustellen.

2. Straßenbeleuchtung.

Die öffentliche Beleuchtung der Straßen und Plätze einer Stadt mit Gas muß neben ihrem Hauptzweck, ausreichendes und gutes Licht zu spenden, gleichzeitig vorbildlich für das Arbeiten und Aussehen einer Gasbeleuchtungsanlage sein, so daß sie als Reklame dienen kann.

Mit dem allgemeinen Wachsen des Lichtbedürfnisses sind auch an die Straßenbeleuchtung erhöhte Anforderungen gestellt worden. Die offenen, direkt leuchtenden Gasflammen, welche früher die Straßen erhellten, sind den durch eine nicht leuchtende Gasflamme zum Leuchten gebrachten stehenden oder hängenden Glühkörpern gewichen, welche die 5- bis 7 fache Helligkeit der offenen Schnittbrenner erreichen. Aber auch diese Brenner werden schon an Stellen, welche außerordentlich gut und prunkend beleuchtet werden sollen, durch besonders starkkerzige Gasintensivlampen ersetzt.

Nach Einführung der Niederdruckstarklichtlampen als Einzel- oder Gruppenbrenner, der Preßgas, Preßluft- und Selaslampen ist der Beleuchtungstechniker in der Lage, mit Gas betriebene Lichtquellen von 16 HK bis 5000 HK in beliebigen Abstufungen zur öffentlichen Beleuchtung zu verwenden. Auch die Anbringung der Laternen auf Kandelabern, Wandarmen und in der Mitte der Straße an Überspannungen bereitet keinerlei Schwierigkeiten, so daß heute die bestbeleuchteten Städte vorzugsweise Gas zur Erhellung ihrer Straßen verwenden.

Mit der Verwendung der vorher erwähnten vielgestaltigen Lampenkonstruktionen sind naturgemäß auch die Arbeiten zur Instandhaltung der Straßenbeleuchtung mannigfaltiger und ihre Ausführung schwieriger geworden und erfordern Sorgfalt, Geschicklichkeit und Aufmerksamkeit bei ihrer Erledigung. Sie bestehen in:

1. der rechtzeitigen und regelmäßigen Bedienung der Laternen zum Zünden und Löschen,
2. der Sauberhaltung der Scheiben, Glasmäntel usw. sowie des Inneren und Äußeren der Laternen,
3. der guten Einregulierung und Instandhaltung der Brenner,
4. dem rechtzeitigen Ersatz der Glühkörper, Zylinder, Scheiben, Brenner usw.,
5. der Instandhaltung von etwa vorhandenen Zünduhren oder zentral betätigten Fernzündern,
6. der Instandhaltung der Kandelaber, Wandarme, Straßenüberspannungen, Laternen usw. im äußeren Aussehen.

Die Regelung des Dienstes zur Ausführung dieser Arbeiten und ihrer Überwachung ist natürlich je nach der Größe des Gaswerks, der zu beleuchtenden Stadt und der Zahl und Art der vorhandenen Laternen sehr verschieden. Eine Übereinstimmung für alle vorkommenden Größenverhältnisse ist jedoch insofern vorhanden, als die unter 1 und 2 genannten einfachen Arbeiten bei den gewöhnlichen Laternen mit hängenden oder stehenden Glühkörpern von ungelernten Leuten (Laternenanzündern) im Nebenamt versehen werden können und meistens auch versehen werden (bei kleinen Gaswerken häufig durch die Betriebsarbeiter in den bei der Ofenbedienung usw. auftretenden Arbeitspausen). Die übrigen Arbeiten werden seit Einführung der Gasglühlichtbeleuchtung von ständigen, besonders ausgebildeten Arbeitern (Laternenschlossern) bzw. bei kleinen Werken von den Installateuren oder Fittern ausgeführt.

Die in der Straßenbeleuchtung verwendeten Laternen werden eingeteilt in Abendlaternen, welche von der Zeit des Zündens bis ungefähr Mitternacht brennen, und in ganznächtige Laternen, welche über die Mitternacht hinaus bis zum Sonnenaufgang in Betrieb sind. Im allgemeinen werden je die Hälfte der vorhandenen Laternen als Abend- bzw. ganznächtige Laternen bestimmt. Die Auswahl muß so getroffen werden, daß grundsätzlich an den Straßenkreuzungen und Straßenecken ganznächtige Laternen stehen, und die Übrigen auf Abend- und Nachtlaternen verteilt werden.

Die Zünd- und Löschzeiten werden durch den später zu besprechenden Brennkalender geregelt. Zur besseren Bestimmung der Laternen bei Meldungen über Schäden an denselben sind sie mit Nummern versehen. Die ganznächtigen Laternen haben neben der Nummer noch ein kleines Kreuz oder eine andere Bezeichnung, die sie als solche kennzeichnen.

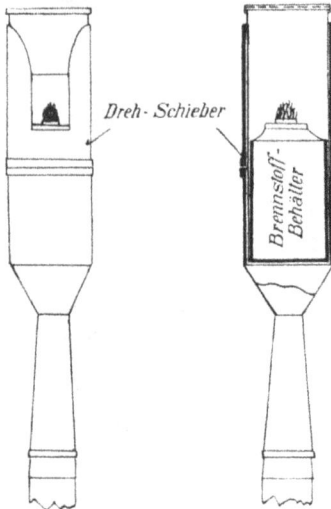

Fig. 17.

Die Ausrüstung der Laternenanzünder, welche die gewöhnlichen Laternen bedienen, besteht in einem, Zündstock genannten, 2,50 bis 3 m langen Stab, auf dem sich eine mit Öl oder Spiritus betriebene Zündlampe befindet, deren Flamme durch eine leicht zu betreibende Schiebevorrichtung vor Wind und Wetter geschützt wird. (Fig. 17.) Ferner aus einer ca. 3,50 m langen Laternenleiter, welche an ihrem unteren Ende mit eisernen Spitzen und oben mit einer Vorrichtung zum Festhalten oder Festbinden an den Balken der Kandelaber oder den Auslegern der Wandarme versehen ist und einem Kasten, in welchem sich das Putzzeug (als Lederlappen, Tuchlappen, ein Kännchen mit Spiritus sowie eine Bürste zum Reinigen der Laternenscheiben) befindet. Das Anzünden der Laternen mit stehendem Gasglühlicht ohne Zündflamme, Kletterzündung oder sonstiger Vorrichtung geschieht nach Öffnen des Brennerhahnes in der bekannten Weise durch eine Boden- oder Seitenscheibe der Laterne. Das Löschen erfolgt durch Schließen des Brennerhahnes.

Die Vorrichtungen zum Betätigen des Brennerhahnes und zum Zünden sind auch bei dieser einfachen Art der Laternen außerordentlich mannigfaltig, und das dazu nötige Handwerkszeug muß sich natürlich den an anderer Stelle beschriebenen Vorrichtungen anpassen. Sind die Laternen mit einer Zündflamme versehen, so tritt an die Stelle des Zündstockes ein mit einem Haken versehener Stab, mit welchem die Laternenhähne, deren Betätigungsvorrichtung ebenfalls außerordentliche Mannigfaltigkeit aufweisen, beim Zünden der Laternen geöffnet oder beim Löschen geschlossen werden. Die Zündflamme entzündet das aus dem Brenner ausströmende Gas. Sie kann als Dauerflamme auch während des Leuchtens der Laternen weiter brennen oder erlischt beim Zünden, um erst beim Löschen sich wieder zu entzünden. Die Konstruktion, bei welcher die Flamme erlischt, wird aus Ersparnisrücksichten meistens bevorzugt. Die Verwendung von Laternen mit Zündflamme ist in der Straßenbeleuchtung überhaupt zu empfehlen. Glühkörper und Zylinder leiden bedeutend weniger als bei dem Bedienen mit der Zündlampe, so daß sich der Gasverbrauch der kleinen Flamme bald bezahlt macht. Auch die Bedienungsleute dieser Laternen führen eine Zündlampe mit sich, welche auf den Stab aufgesteckt werden kann, damit auch bei etwa erloschenen Zündflammen (Sturm, Arbeiten am Rohrnetz) die Laternen gezündet werden können.

Nach Beendigung des Zündens müssen die Anzünder etwa vorgefundene Schäden unter genauer Angabe der Nummer der Laterne an der zuständigen Stelle melden, damit die Beseitigung der Störung sofort vorgenommen werden kann. Die Ausführung der Instandsetzungs arbeiten wird, wie schon vorher angedeutet, nicht von den Laternenanzündern, sondern von den Laternenschlossern oder Fittern besorgt.

Das Geschäft des Zündens und Löschens der Laternen soll für jedes einem Laternenanzünder zugewiesene Bedienungsrevier in ungefähr 20 bis 30 Minuten erledigt sein. Die Zahl der von einem Anzünder zu bedienenden Laternen ist daher je nach der Entfernung der einzelnen Laternen untereinander eine beschränkte und schwankt zwischen 40 und 60 Stück.

Die von den oben erwähnten im Nebenamt tätigen Laternenanzündern abgegebenen Meldungen werden durch die Laternenschlosser oder bei kleinen Gaswerken, welche infolge des geringen Umfanges der Straßenbeleuchtung besondere Leute zur Erledigung der bei derselben vorkommenden Arbeiten aus Mangel an dauernder Beschäftigung nicht halten können, durch Fitter bzw. Installateure erledigt. Diese Leute setzen neue Laternen auf, wechseln schadhafte aus, regulieren die Brenner ein, ersetzen Glühkörper, Zylinder und Laternenscheiben bzw. Mäntel, kurz, sie besorgen alle mit der Straßenbeleuchtung zusammenhängenden Instandhaltungsarbeiten. Ist einer oder mehrere Laternenschlosser vorhanden, so arbeiten diese von der Zeit des Dunkelwerdens ab in der Werkstatt, wo sie mit Reparaturen von schadhaften Laternengestellen, Dächern usw. beschäftigt werden, so daß sie nach Eintritt der Zündzeit leicht zur Erledigung der eingegangenen Meldungen herangezogen werden können. In der Jahreszeit, zu welcher erst nach Beendigung des normalen Tagesdienstes das Anzünden der Laternen beginnt, werden je nach Umfang der Straßenbeleuchtung einer oder mehrere Schlosser als Wache kommandiert, welche ihren Dienst bis zur Erledigung der eingegangenen Meldungen zu versehen haben. Wird die Instandhaltung der Laternen durch Fitter oder Installateure versehen, so ist dafür zu sorgen, daß diese nach dem Zünden der Laternen leicht zu erreichen sind, damit sie etwa gemeldete Schäden sofort beseitigen können.

Ist eine zentral zu betätigende Fernzündanlage vorhanden oder sind automatisch wirkende Zünd- und Löschuhren an den Laternen angebracht, so werden etwa 250 bis 300 Laternen zu einem Revier vereinigt, dessen Bedienung einem Laternen w ä r t e r übertragen wird. Derselbe hat außer der Kontrolle über das Zünden und Löschen das regelmäßige Putzen der Laternen, die Instandhaltungsarbeiten der Brenner, den Ersatz der Glühkörper und Zylinder, die Verglasung usw. und die Instandhaltung der Zündapparate zu besorgen. An die Stelle des im Nebenamte tätigen Laternenanzünders tritt damit ein Laternenwärter, der seinen Dienst im Hauptberufe ausübt und gleichzeitig den Dienst des Anzünders und Laternenschlossers ausübt. Er hat die volle Verantwortung für das tadellose Aussehen und den einwandfreien Betrieb der in seinem Revier stehenden Laternen, da er alle nötigen Arbeiten an denselben selbst besorgen muß. Diese Leute werden zweckmäßig aus den vorhandenen Laternenschlossern genommen oder sie werden als solche vorher vollständig ausgebildet, über die Konstruktion der zu bedienenden Zündapparate eingehend unterrichtet und mit der Handhabung und Arbeitsweise derselben vollständig vertraut gemacht.

Die Ausrüstung dieser Laternenwärter besteht in einem Fahrrad, einer zusammenklappbaren Leiter, welche auf den Rücken geschnallt und während des Durchfahrens des Reviers mitgeführt wird, einem Kasten, in welchem sich das Putzzeug befindet und einem Handwerkskasten, welcher Glühkörper, Zylinder, eine kleine Spirituslampe zum Zünden der etwa ausgebliebenen Flammen, Streichhölzer und das nötige Handwerkszeug zum Einregulieren der Laternenbrenner enthält.

Der Dienst dieser Leute wickelt sich in folgender Weise ab: Unmittelbar nach dem Betätigen der Apparate zum Zünden durcheilen sie ihr Revier mit dem Fahrrad und führen auf dieser Kontrollfahrt die zusammenklappbare Leiter, einige Glühkörper und Zylinder, die Spirituslampe sowie Streichhölzer mit. Finden sie nun einzelne Laternen, die nicht brennen oder deren Glühkörper oder Zylinder schadhaft sind, so haben sie die Mängel sofort durch Zünden von Hand oder Ersatz fehlender oder schadhafter Teile abzustellen. Die bei der Inbetriebnahme der Beleuchtung sich zeigenden Schäden werden also bei dieser Einteilung unverzüglich beseitigt. Die Benutzung der zusammenklappbaren Leiter bei diesen Arbeiten zeigen die Fig. 18 und 19. Nachdem die Wärter ihr Revier nachgesehen und in Ordnung gebracht haben, kehren sie zurück und melden die Versager an den Zündern, die Ursache des Versagens, sowie den Verbrauch an Glühkörpern und Zylindern unter Angabe des Standortes und der Nummer der Laterne. Ein zuverlässiger Laternenwärter wird beim Kontrollieren nach dem Zünden nur wenig Schaden vorfinden, da er ja den Tag über in seinem Revier mit Putzen der Laternen, Einregu-

Fig. 18.

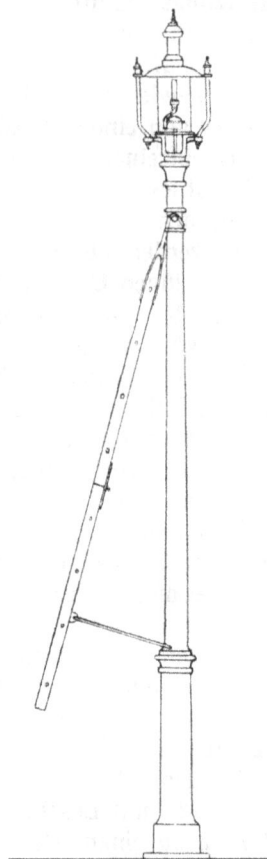

Fig. 19.

lieren und Auswechseln von Brennern, Glühkörpern und Zylindern ständig beschäftigt ist, also vorher die vorhandenen Schäden bemerken und abstellen kann. Nach dem Löschen der Abendlaternen wird das Revier nicht befahren, um den Leuten eine möglichst lange Ruhepause zu gewähren. Unmittelbar nach Betätigung zum Löschen der ganznächtigen Laternen wird jedoch wieder eine Kontrollfahrt durch das Revier unternommen. Bei dieser Fahrt ist nur das Mitführen der Leiter nötig, damit bei event. Löschversagern die Laternen von Hand gelöscht und der Zündapparat wieder richtig eingestellt werden kann. Die übrigen etwa vorgefundenen Schäden werden im Laufe des Tages erledigt. Auch nach dieser Fahrt sind die Meldungen, wie nach dem Zünden, abzustatten.

Sämtliche Meldungen müssen schriftlich auf einem Formular erfolgen.

Die Vorteile, welche durch eine zentrale oder automatische Zündung der Laternen erzielt werden, sind:

1. Gasersparnisse durch pünktliches, gleichmäßiges Zünden und Löschen sämtlicher Laternen.

2. Ein verminderter Verbrauch an Glühkörpern und Zylindern, da Erschütterungen durch ungeschickte Handhabung der Geräte beim Zünden und Löschen vermieden werden.

3. Ersparnisse an Lohnkosten für Bedienungsleute.

Die Druckwellenfernzündung hat außerdem noch den Vorteil, daß sie jede kleine Druckverminderung an irgend einer Stelle des Rohrnetzes durch Versagen der Zünder an dieser Stelle anzeigt, so daß dadurch die Druckverhältnisse ständig überwacht werden.

Die zur Betätigung der Fernzündapparate nötigen Druckerhöhungen (Druckwellen) müssen sorgfältig etwa 10 Minuten vor der Zeit gegeben werden, zu welcher das Zünden bzw. Löschen beendigt sein soll. Es ist mit Sorgfalt darauf zu achten, daß die Welle überall in der nötigen Höhe sicher hinkommt. Die Zündwelle muß aus diesem Grunde besonders an trüben Tagen, an denen die Dunkelheit früh einsetzt, etwas früher wie gewöhnlich gegeben werden, damit sie nicht mit dem Einsetzen des Abendkonsums zusammenfällt und so an einigen Stellen unwirksam bleibt. Das Geben der Welle muß sowohl am Stadtdruckregler des Gaswerks als auch im Beleuchtungsgebiet beobachtet und die Erreichung des vorgeschriebenen Höchstdruckes vom Beleuchtungsgebiet aus dem Mann, der die Druckgebung besorgt, telephonisch gemeldet werden. Dieser Höchstdruck wird dann 3 bis 4 Minuten gehalten, damit man sicher ist, daß die Welle sämtliche Apparate erreicht hat.

Die automatische Zündvorrichtung und die mit Luftdruck und elektrisch betriebenen Fernzünder sind natürlich vom Gasdruck nicht abhängig und die obengenannten Vorsichtsmaßregeln brauchen hier nicht berücksichtigt zu werden.

Die Bedienung der Laternen für hochkerzige Lichtquellen, die mit normalem Gasdruck, mit Preßgas, Preßluft oder mit einem unter Druck stehenden Gasluftgemisch (Selaslicht) betrieben werden, kann bei kleineren Gaswerken, bei denen diese Art der Laternen nicht sehr zahlreich zu sein pflegt, durch das gleiche Personal und in derselben Weise vorgenommen werden wie bei normalen Laternen. Bei größeren Intensivlampenanlagen vereinigt man zweckmäßig 100 bis 150 Laternen, je nach der Entfernung derselben untereinander und der Art ihrer Anbringung als herablaßbare oder fest angeschlossene Lampen, zu besonderen Bedienungsrevieren. Die Reviere werden meistens von zwei Leuten, die sich bei ihren Arbeiten gegenseitig unterstützen und im Abenddienst event. ablösen, in derselben Weise bedient, wie die mit zentraler oder automatischer Zündanlage versehenen Reviere der normalen Laternen. Bei Preßgas- oder Preßluftanlagen und bei den Niederdruckintensivlaternen ist meistens eine zentrale oder automatische Zündvorrichtung eingebaut, durch die das Zünden und Löschen vorgenommen wird. Ist jedoch eine solche Anlage nicht vorhanden, so sind die Lampen mit Zündflammen versehen, welche das Zünden und Löschen durch einfache Betätigung des Hahnes mit einer leichten Stange gestatten, deren Länge der Höhe des Aufhängungspunktes entspricht. Die hochkerzigen Intensivlampen werden ungefähr 5 m hoch und höher angebracht. Die dadurch bedingte große Länge der zur Bedienung der fest angeschlossenen Laternen mitzunehmenden tragbaren Leiter macht den Gebrauch eines Fahrrades bei dem Nachsehen des Reviers unmöglich; auch erfordert die Pflege dieser Lampen eine besondere Sorgfalt und Geschicklichkeit, so daß die obengenannte Mindestzahl der Laternen für ein mit der Leiter bedientes Revier kaum überschritten werden kann. Auch durch die Verwendung von fahrbaren Leitern wird die Zahl der in einem Revier zu bedienenden Laternen nicht wesentlich erhöht werden können. Eine Entscheidung darüber, welche Art der Leitern gewählt werden soll, hängt von den örtlichen Verhältnissen, der Stärke des Verkehrs, Breite der Straßen usw. ab. Eine größere Anzahl Laternen kann zu einem Revier vereinigt werden, wenn Herablaßvorrichtungen angebracht sind, da das Mitführen einer Leiter und das Besteigen derselben fortfällt. Die

Handhabung der Herablaßvorrichtung erfordert aber Geschicklichkeit und Vorsicht bei der Bedienung.

Die Glocken der hochhängenden Invertlampen sind mit Drahtgeflecht aus dünnem Draht zu umgeben, welches beim etwaigen Zerspringen des Glases das Herabfallen der warmen Splitter verhindern soll. Die Einteilung der hochkerzigen Lampen in Abend- und Nachtlaternen erfolgt, wenn es sich um Lampen mit je einem Brenner handelt, nach denselben Gesichtspunkten, wie bei den gewöhnlichen Laternen. Besteht die Anlage jedoch aus Lampen mit mehreren Brennern, so wird die Einrichtung so getroffen, daß in jeder Laterne während der Nachtbeleuchtung nur je ein Brenner im Betriebe bleibt und die übrigen beim Eintritt der Nachtbeleuchtung gelöscht werden.

Wenn die Laternenschlosser, die in Revieren mit Zündanlagen und die mit der Instandhaltung der Intensivlampen beschäftigten Laternenwärter, ihren Dienst richtig versehen sollen, so müssen sie eingehend in der Behandlung der ihnen anvertrauten Apparate und Einrichtungen und ganz besonders in dem Einregulieren der Brenner unterrichtet werden.

Auf diese Ausbildung ist ganz besondere Sorgfalt zu verwenden, da nur ein richtiges Einregulieren der Brenner eine tadellose Lichtwirkung gewährleistet und den Gasverbrauch in der öffentlichen Beleuchtung in normalen Grenzen hält. Auch das Letztere ist sehr wichtig, da nur dann die für die öffentliche Straßenbeleuchtung tatsächlich gebrauchte Gasmenge mit der nach dem Brennkalender berechneten Menge übereinstimmen kann. Wird aber durch mangelhafte Einstellung der Laternenbrenner zuviel Gas in denselben verbraucht, so erhöhen sich die Gasverluste, die Glühkörper leuchten weniger gut als bei richtigem Gasverbrauch und die Wirtschaftlichkeit des Gaswerks wird herabgedrückt.

Den auszubildenden Leuten ist vor allen Dingen das Wesen einer Bunsenflamme als vollständig entleuchtete Flamme einzuprägen und an Beispielen zu zeigen, welches Bild die aus dem nackten Brennerrohr herausbrennende, scharf einregulierte, entleuchtete Bunsenflamme darbieten muß. Bei diesem Unterricht wird der beste Erfolg meistens dadurch erreicht, daß man durch die Leute sowohl Flammen für stehendes wie hängendes Licht selbst einregulieren läßt und ihnen durch Veränderung der Einstellung derselben ihre Fehler vor Augen führt. Wenn nach einiger Zeit eine gewisse Fertigkeit in der Flammeneinstellung erreicht ist, so gewöhnt man die Leute an die richtige Bemessung des Volumens der Flamme, welches der Größe und Form der Glühkörper, die sie zum Leuchten bringen sollen, angepaßt sein muß. Der Mann muß daran gewöhnt werden, scharf zu erkennen, ob die Flamme den aufgesetzten Glühkörper gleichmäßig und vollständig zum Leuchten bringt, ihn also mit gleichmäßigem Glanz versieht, ohne daß kleine Flammenspitzen über das Gewebe hinaus erkennbar brennen.

Die Einregulierung der Laternenbrenner wird grundsätzlich auf der Laterne selbst vorgenommen, da ja in den verschiedenen Höhenlagen der Straßen verschiedener Druck herrscht, nach welchem jeder Brenner besonders einreguliert werden muß. Bei Ausführung dieser Arbeit ist besonders darauf zu achten, daß die Hängelichtbrenner ihre richtigen durch die Erwärmung der ganzen Lampe bedingten Zugverhältnisse haben müssen, ehe eine richtige und bleibende Einstellung erfolgen kann. Je nach der Größe der einzustellenden Lampe sind etwa 7 bis 15 Minuten zur Erreichung dieses Zustandes erforderlich. Der aufsichtführende Beamte kann sich durch häufiges Kontrollieren der Straßenbeleuchtung am Abend leicht durch Beobachtung des Glühens der einzelnen Körper überzeugen, ob die Einstellung der Brenner mit der nötigen Sorgfalt und dem nötigen Verständnis vorgenommen ist. Vielfach werden in der öffentlichen Straßenbeleuchtung kleine, auf jeder Laterne anzubringende Gasdruckregler verwendet, die einen übermäßigen Gasverbrauch des einzelnen Brenners verhindern sollen und seine Einstellung erleichtern. Dasselbe Resultat ist jedoch auch ohne diese Regler durch sorgsame und aufmerksame Einstellung zu erreichen.

Die nötigen Handfertigkeiten zur Ausübung der übrigen bei der Instandhaltung der Laternen und Zündvorrichtungen vorkommenden Arbeiten werden verhältnismäßig rasch erlernt und haben auch nicht die überwiegende Bedeutung, die das Einregulieren der Brenner besitzt.

Auf allen Gaswerken muß Wert darauf gelegt werden, daß sämtliche Laternenanzünder bzw. Laternenwärter ungefähr 30 Minuten vor der jedesmaligen Ausübung ihres Dienstes auf dem Gaswerk oder in besonders dazu bestimmten Räumen sich versammeln. Von dem Versammlungsort begeben sie sich in ihre Reviere, bedienen dieselben und kommen nach Beendigung ihres Dienstes wieder zurück, um ihre Meldungen abzustatten. Die Einhaltung dieser Vorschrift ist nötig, um das rechtzeitige Zünden und Löschen zu gewährleisten und um bei etwaigem Fehlen Ersatzleute heranziehen zu können, so daß der Betrieb der Straßenbeleuchtung ohne Störung sich abwickeln kann. Wird zu früh gezündet oder zu spät gelöscht, so bedeutet das einen Verbrauch an Gas, welches nicht berechnet werden kann, also den sogenannten Gasverlust erhöht.

Das jedesmalige Sammeln der Laternenwärter vor Ausübung des Dienstes hat noch den Zweck, kleine Verschiebungen in der Anzündezeit bzw. Löschzeit vorzunehmen, die bei besonders dunklem oder besonders hellem Wetter nötig sind. Besonders wichtig ist dieses bei Städten, in denen bei Aufstellung des Brennkalenders der Auf- und Untergang des Mondes berücksichtigt ist. Außerdem können die Leute bei Witterungsverhältnissen (Frost, Sturm usw.), die die Straßenbeleuchtung ungünstig beeinflussen, leicht zur häufigeren Revision der Laternen und Hilfeleistung bei dem Beseitigen von Schäden, wie sie im folgenden aufgeführt sind, herangezogen werden. Die Beseitigung der durch Einfrieren der Laternen vorkommenden Störungen geschieht durch Eingießen von Spiritus in einem unter dem Laternenhahn sitzenden kleinen Stutzen (Auftaustutzen), welcher mit einer Verschlußkappe versehen ist. Der Spiritus wird durch einen kleinen in den Auftaustutzen passenden Trichter in das Steigerohr der Laterne solange eingegossen bis die Eisbildung beseitigt ist. Als zweckmäßig hat sich auch das Verdampfen von Spiritus und Mischen der Spiritusdämpfe mit dem zur Stadt gehenden Gase unmittelbar hinter dem Gasdruckregler erwiesen. Die Neigung zum Einfrieren der Gaslaternen wird dadurch bedeutend herabgemindert, wenn dasselbe auch nicht vollständig verhütet werden kann.

Durch plötzlich auftretende Gewitterstürme werden häufig die Gasdruckwellenfernzünder unbeabsichtigt zur Betätigung gebracht. In solchen Fällen sind die Laternenreviere sofort zu kontrollieren. Wird durch schleunigst zu erstattende Meldungen festgestellt, daß die Mehrzahl der Apparate durch Sturm betätigt ist, so sind zweckmäßig eine oder mehrere Druckwellen zu geben, welche die Zünder wieder in die entsprechende Zünd- oder Löschstellung bringen. Sind jedoch höchstens die Hälfte der Apparate oder weniger in Tätigkeit getreten, so muß durch die Laternenwärter und durch Hilfsmannschaften jeder einzelne Apparat durch Betätigung von Hand so rasch wie irgend möglich wieder in die richtige Stellung gebracht werden.

Die laufend auszuführenden Instandsetzungsarbeiten werden, wie vorher gesagt, von den Laternenwärtern bzw. Laternenschlossern ausgeführt. Daneben sind jedoch auch noch Instandhaltungsarbeiten zu besorgen, welche in bestimmten längeren Zwischenräumen zu geschehen haben, z. B. der Anstrich der Laternen, Wandarme, Kandelaber und die Prüfung und event. Auswechselung der Straßenüberspannungen und Herablaßvorrichtungen mit Zubehör. Diese Arbeiten werden auf jedesmaliger Anordnung durch besondere Handwerker und Arbeiter besorgt. Die Ausführung der Prüfungen soll jedoch mindestens jährlich erfolgen.

Die Zeiten für das Zünden und Löschen der Laternen werden durch den sogenannten Brennkalender bestimmt, welcher jährlich aufgestellt wird und für jeden einzelnen Tag die Zünd- und Löschzeiten angibt. Die Aufstellung desselben geschieht unter Berücksichtigung des Auf- und Unterganges der Sonne und für viele kleine Orte auch häufig des Mondes, da bei Mondschein in der Beleuchtung gespart werden soll. In vielen, auch größeren Städten werden in der Zeit von Mitte Juni bis Mitte August die Abendlaternen nicht gezündet und während der kurzen Dauer der Nacht nur die ganznächtigen Laternen betrieben. Vielfach brennen die Abendlaternen auch an Sonnabenden und Sonntagen, sowie an besonders verkehrsreichen Tagen (Märkte, Messen usw.) ein oder zwei Stunden länger, als an den übrigen Tagen der Woche. Auf alle diese besonderen Verhältnisse muß bei der Aufstellung des Brennkalenders gebührend Rücksicht genommen werden. Die genauen Tageszeiten, zu der die sämtlichen Laternen brennen bzw. die ganznächtigen Laternen gelöscht sein sollen, liegen ungefähr 45 Minuten nach Sonnenuntergang bzw. vor Sonnenaufgang.

Bei der Festsetzung der Zünd- und Löschzeiten ist dann noch zu beachten, daß bei denjenigen Laternen, die von Hand bedient werden, eine gewisse Zeit (20 bis 25 Minuten) je nach Einteilung des Reviers und der Entfernung der Laternen voneinander verstreicht, bevor die Arbeit des Zündens und Löschens vollendet ist. Sollen also beispielsweise am 20. Dezember die Laternen mit dem Eintritt der Dunkelheit um 4 Uhr 40 Minuten brennen, so muß der Brennkalender den Beginn des Zündens ungefähr auf 4 Uhr 15 Minuten festsetzen. Kleine, durch die Witterungsverhältnisse bedingte Verschiebungen werden durch das Aufsichtspersonal der öffentlichen Beleuchtung in der bereits erwähnten Weise ausgeglichen. Werden zum Zünden zentrale Fernzündanlagen oder automatische Zündvorrichtungen benutzt, so beträgt die Differenz zwischen der Zeit des fertigen Zündens bzw. Löschens und der Beginn dieser Betätigung nur etwa 10 Minuten, d. h. also: sollen die Laternen in dem oben angegebenen Beispiel sämtlich 4 Uhr 40 Minuten brennen, so ist in dem Brennkalender die Zündzeit auf 4 Uhr 30 Minuten festzusetzen.

Der Übersichtsplan für die Straßenbeleuchtung soll im Maßstab 1:5000 oder 1:10 000 gehalten sein und die Standorte der Laternen mit Nummern und Bezeichnung angeben. Die Bezeichnung muß den Unterschied zwischen Laternen auf Kandelabern, Wandarmen oder Straßenüberspannungen, Abend- oder Nachtlaternen, gewöhnlichen Glühlichtlaternen mit stehendem Licht, solche mit hängendem Licht, Doppelbrennern, Niederdruckstarklichtlampen, Preßgaslampen usw. erkennen lassen.

Der Plan ist immer sorgfältig zu ergänzen, so daß aus ihm jederzeit die Zahl der Laternen, ihre Art und ihre Einteilung ersehen werden kann. Er wird ergänzt durch ein

Form. 21.

Laufende Nr.	Straße	Nähere Bezeichnung	steh. Licht				Invertlicht						Niederdr. Starklicht						Preßgas bzw. Preßluft				Art der		Bemerkungen
			1 Fl.		2 Fl.		1 Fl.		2 Fl.		3 Fl.		2 Fl.		3 Fl.		4 Fl.		500 HK		4000 HK		Stütze	Laterne	
			A	N	A	N	A	N	A	N	A	N	A	N	A	N	A	N	A	N	A	N			
1	Bremerstr.	vor Haus 24	I																				Wandarm	Rech-	
2	Charlottenstr.	„ „ 18			I																		Kandelaber	sechseck	
3	Kreuzweg	Ecke Hauptstraße							I														„	Invert	
4	Hauptstraße	vor Feuerw.													I								„	„	

Buch, in welchem sämtliche Laternen der Nummer nach mit Beschreibung ihres Standortes, Art der Laterne usw. eingetragen werden. Die Einteilung dieses Buches ist aus Form. 21 zu ersehen.

Der Übersichtsplan und das Laternenverzeichnis bilden die Grundlagen der Übersicht über den Umfang der Straßenbeleuchtung. Außer diesen Aufzeichnungen müssen aber noch Bücher geführt werden, welche jederzeit einen schnellen und vollständigen Überblick über die Einteilung des Dienstes, den Verbrauch an Glühkörpern, Zylindern, Laternenscheiben, Glasmänteln, Brennern usw. gestatten.

Bei kleinen Gaswerken ist die Erfüllung dieser Forderung verhältnismäßig einfach, da bei dem geringen Umfang der Straßenbeleuchtung die Eintragungen und Zusammenstellungen, die diesen Überblick gestatten, ohne großen Zeitaufwand vorzunehmen sind. Im folgenden soll eine Einteilung gegeben werden, die sich in verschiedenen größeren Betrieben bisher bewährt hat. Es werden geführt:

1. Ein Revierbuch.

In diesem sind sämtliche Laternenreviere aufgeführt. Es enthält die Namen der Laternenwärter bzw. Anzünder, welche das Revier bedienen, die Straßen bezw. Straßenteile, aus denen es besteht, und die Aufführung der Nummern und Zeichen der in den Straßen der Reviere stehenden Abend- und Nachtlaternen. Aus diesem Buche wird für jeden Laternenanzünder oder Wärter ein Auszug, der sein Revier enthält, angefertigt und ihm ausgehändigt. (Form. 22.)

Form. 22.

Revier: *3.*	Laternenwärter: *Schulzen.*
Straße	**Nummern der Laternen**
Münsterstraße	*1513, 1514, 1515 usw.*

2. Ein Verbrauchsbuch.

In dasselbe werden täglich die Ersatzteile an Glühkörpern, Zylindern, Glasmänteln, Laternenscheiben, Brennern usw. eingetragen. Form. 23 zeigt die Einteilung dieses Buches.

Form. 23.

Lat.-Nr.		Datum der Erneuerung der Glühkörper, Zylinder, Glasmäntel, Laternenscheiben, Brenner.										
1513	Glühkörper	*11.12.*	*13.1.*									
	Zylinder	*10.10.*	*1.2.*									
	Glasmäntel	*13.11.*										
	Lat.-Scheib.	—	—	—								
	Brenner	*11.10.*	*16.9.*									
1514	Glühkörper	*11.1.*	*15.2.*	*25.3.*	*20.4.*							
	Zylinder	*8.5.*										
	Glasmäntel	*15.3.*	*6.7.*	*11.12.*	*8.2.*							
	Lat.-Scheib.	—	—	—	—							
	Brenner	*7.2.*	*19.12.*									
1515	Glühkörper	*5.1.*	*18.2.*	*3.6.*	*26.11.*							
	Zylinder	*24.2.*	*29.9.*									
	Glasmäntel	—	—	—								
	Lat.-Scheib.	*16.2.*	*27.8.*	*13.10.*	*6.1.*							
	Brenner	*4.3.*										

Das vorstehende Verbrauchsbuch wird geführt auf Grund von Meldezetteln, die durch die Leute ausgefüllt werden. Diese Meldezettel sind zu Blocks vereinigt abreißbar und werden von den Laternenanzündern bezw. Laternenwärtern auf ihren Dienstgängen mitgenommen. Die in einem Revier vorgekommenen Schäden werden in die Zettel eingetragen und diese bei Zurückkunft abgegeben.

Auf Grund dieser Meldungen, deren Ausführung der Meister veranlaßt, und der Angaben der Laternenwärter und Laternenschlosser über anderweitige erledigte Reparaturen werden die verbrauchten Gegenstände in das vorbezeichnete Buch eingetragen. Das Form. 24 zeigt einen solchen Meldezettel.

Form. 24.

Meldung aus Revier Nr. 3.

Straße	Lat.-Nr.	Art der Beschädigung	Bemerkungen	Versager
Hauptstr.	*1872*	*Strumpf entzwei*		*683, 1220, 1313*
Charlottenstr.	*620*	*Laternenmantel gesprungen*		
Brüderstr.	*783*	*strömt Gas aus dem Kandelaber*		

3. Ein Revierverbrauchsbuch.

Aus den soeben beschriebenen Meldezetteln wird der tägliche Gesamtverbrauch eines jeden Reviers an Glühkörpern und Zylindern eingetragen, um eine Vergleichung des Verbrauchs der einzelnen Reviere untereinander zu ermöglichen und so Schlüsse auf die Sorgsamkeit und Vorsicht der einzelnen Revierwärter oder die besonderen Eigenarten eines jeden Reviers zu ziehen. (Form. 25.)

Form. 25.

Glühkörper- und Zylinder-Verbrauch der Reviere.

Revier 1.			Revier 2.			Revier 3.			Revier 4.			Revier 5.			Revier 6.			Revier 7.		
Dat.	Gl.	Zyl.	Dat.	Gl.	Zyl.	Dat.	Gl.	Zyl.	Dat.	Gl.	Zyl.	Dat.	Gl.	Zyl.	Dat.	Gl.	Zyl.	Dat.	Gl.	Zyl.
6. I.	*3*	*2*	*8. I.*	*5*	*1*	*3. I.*	—	*2*	*4. I.*	*2*	—	*3. I.*	*1*	—	*5. I.*	*1*	*1*	*3. I.*	*3*	*1*
8. I.	—	*1*	*9. I.*	*1*	—	*5. I.*	*1*	—	*6. I.*	—	*1*	*5. I.*	—	*1*	*7. I.*	—	*1*	*5. I.*	*1*	—

Form. 26.

Lat.-Nr.	Straße	ab-gefahren am	wieder-auf-gestellt am	Art der Beschädigung	entstandene Kosten M.	entstandene Kosten Pf.	Bemerkungen
722	*Brüderstraße*	*7. 2.*	*9. 2.*	*Kandelaberschaft gebrochen*	*50*	—	*stand zu nahe am Bordstein*
510	*Münsterstraße*	*8. 3.*	*11. 3.*	*Kandelaber u. Laterne zertr.*	*83*	*75*	
7	*Charlottenstraße*	*20. 4.*	*22. 4.*	*Kandelaberbock gebrochen*	*32*	*50*	

4. Ein Buch über Schäden, welche durch Zerstörung von Laternen (Abfahren, Zertrümmerung) verursacht sind. (Form. 26.)

5. Eine Nachweisung über Laternen, welche vorübergehend infolge von Bauarbeiten fortgenommen und wieder aufgestellt werden, da diese bei der Abrechnung über die öffentliche Beleuchtung berücksichtigt werden müssen. (Form. 27.)

Form. 27.

| Straße | Laterne Nr. | Tag der | | Bemerkungen |
		Fortnahme	Wiederanbringung	
Münsterstraße	710	7. I.	8. II.	
Hedwigstraße	16	20. II.	23. IV.	
Uhlandstraße	883	10. III.	18. VII.	

6. Ein Berechnungsbuch für die öffentliche Beleuchtung, in welches die Zahl und Art sämtlicher Laternen, welche täglich in Betrieb waren, und die täglichen Brennstunden eingetragen werden. Die monatliche Rechnungserteilung über die öffentliche Straßenbeleuchtung wird nach diesem Buch vorgenommen. (Form. 28.)

Aus den aufgeführten Büchern und Aufstellungen lassen sich leicht die interessierenden Zusammenstellungen über den Verbrauch in der öffentlichen Straßenbeleuchtung ausziehen, und zwar für jedes Revier, jede Laterne, Beleuchtungsart und Laternenart, sowie für jede Straße.

Ein Beispiel zur Feststellung des Verbrauches der Laternen in einer belebten Straße:

Münsterstraße.

Nach dem Revierbuch (Form. 22) stehen in obiger Straße folgende Laternen: Nr. 1513, 1514, 1515.

Nach dem Verbrauchsbuch (Form. 23) haben obige Nummern verbraucht:

	1513	1514	1515	Summa:
Glühkörper	2	4	4	10
Zylinder	2	1	2	5
Glasmäntel	1	4	—	5
Laternenscheiben	—	—	4	4
Brenner	2	2	1	5

Diese Tabelle kann für jeden beliebigen Zeitraum und jede beliebige Laternengruppe mit Leichtigkeit aufgestellt werden.

3. Anschluß der Gasabnehmer.

Der Anschluß der Konsumenten an das Rohrnetz erfolgt auf deren Antrag durch Herstellung einer Zuleitung, deren Lage und lichte Weite vom Gaswerk unter möglichster Berücksichtigung der Wünsche des Antragstellers bestimmt wird. Die lichte Weite der Zuleitung muß möglichst groß gewählt werden und muß sich nach der Größe der anzuschließenden Häuser und dem darin zu erwartenden Gaskonsum richten. Wird die Zuleitung aus Sparsamkeitsrücksichten nur für den vorliegenden Bedarf an Gas bemessen,

Jahr: *1912*   Monat: *Januar*   Form. 28.

Datum	Es haben gebrannt: Abendlaternen — Anfang des Zündens	Löschens	Brennstd.	Nachtlatern. Anfang des Zündens	Löschens	Brennstd.	Laternen mit 1 Glühlichtbrenner — Abend-Laternen Zahl der Laternen	Summe der Brennstd.	Nacht-Laternen Zahl der Laternen	Summe der Brennstd.	Laterne mit 2 Glühlichtbrennern — Abend-Laternen Zahl der Laternen	Summe der Brennstd.	Nacht-Laternen Zahl der Laternen	Summe der Brennstd.	Invert-Laternen — Abend-Laternen Zahl der Laternen	Summe der Brennstd.	Nacht-Laternen Zahl der Laternen	Summe der Brennstd.	Preßgas-Laternen — Abend-Laternen Zahl der Laternen	Summe der Brennstd.	Nacht-Laternen Zahl der Laternen	Summe der Brennstd.	Niederdruck-Starklichtlampen — Abend-Laternen Zahl der Laternen	Summe der Brennstd.	Nacht-Laternen Zahl der Laternen	Summe der Brennstd.	Bemerkungen
1	4¼	2	9¾	2	8	6	3004	29289	1877	11262	66	643½	33	193	138	1345½	50	300	60	585	40	240	120	1170	60	360	
2	4¼	12	7¾	12	8	8	3004	23281	1877	15016	66	511½	33	264	138	1069½	50	400	60	465	40	320	120	930	60	480	
3	4¼	12	7¾	12	8	8	3004	23281	1877	15016	66	511½	33	264	138	1069½	50	400	60	465	40	320	120	930	60	480	
4	4½	12	7¾	12	8	8	2999	23242¼	1874	14992	66	511½	33	264	138	1069½	50	400	60	465	40	320	120	930	60	480	
29																											
30																											
31																											

Zusammenstellung.

	Brennstd.	cbm M.
Laternen mit 1 Brenner	....	....
» » 2 »	....	....
Invertlaternen	....	....
Preßgaslaternen	....	....
Niederdruck-Starklichtlampen	....	....
		M. ....

so ist sie sehr bald zu eng und verursacht durch die Auswechselung unnötige neue Kosten oder erschwert die Zuführung des Gasbedarfs der an sie angeschlossenen Abnehmer. Grundsätzlich soll die lichte Weite der Zuleitung in großen Städten nicht unter 50 mm und in kleineren Gemeinden, wo die Zahl der Bewohner eines Hauses geringer zu sein pflegt, nicht unter 25 mm gewählt werden.

Ist der Besteller des Anschlusses nicht zugleich Besitzer des anzuschließenden Hauses, so muß das Einverständnis des Hausbesitzers zur Vornahme der Arbeiten ebenfalls eingeholt werden. Die Kosten der Zuleitung werden vom Hausbesitzer oder von dem Besteller getragen, der insofern ein Interesse an der Bemessung der lichten Weite der Zuleitung hat. Um daher Streitigkeiten über die Ausführung des Anschlusses zu vermeiden, haben viele Gasanstaltsverwaltungen den Preis desselben vom Straßenrohr bis 1 m hinter Baufluchtlinie durch eine bestimmte, in jedem Fall zu zahlende Summe festgelegt. Die Verlängerung über 1 m über Baufluchtlinie hinaus muß meistens besonders bezahlt werden. Bei anderen Gasanstalten werden die Kosten zur Herstellung der Zuleitung bis 1 m hinter Baufluchtlinie durch das Werk getragen. In allen Fällen aber sind die Zuleitungen, soweit sie in der Straße liegen, Eigentum des Gaswerkes und werden von diesem überwacht und unterhalten. Zuleitungen, die der Überwachung des Werkes unterliegen, sind immer alle diejenigen vom Straßenrohr abzuzweigenden Leitungen, in welchen sich ungemessenes Gas befindet. Es gehören also auch die ohne Zwischenschaltung eines Gasmessers mit dem Straßenrohr in Verbindung stehenden Steigeleitungen dazu, welche durch sämtliche Stockwerke der Häuser führen, und hinter denen die Gasmesser für die einzelnen Etagen angeschlossen sind.

Der Anschluß von Häusern an die Gasleitung in Straßen, die bereits Gasrohre enthalten, ist immer mit Leichtigkeit auszuführen. In solchen Straßen jedoch, die noch nicht an das Rohrnetz angeschlossen sind, wird man den Anschluß nur dann vornehmen, wenn in absehbarer Zeit ein befriedigender, die Anlagekosten der Verlängerung des Rohrnetzes gut verzinsender Gaskonsum zu erwarten ist. Ist dieses nicht der Fall, so muß mit den in solchen Straßen wohnenden zukünftigen Gasabnehmern eine besondere Vereinbarung getroffen werden, die eine Sicherstellung der Verzinsung der aufzuwendenden Kosten bietet.

Ist ein Haus an das Rohrnetz angeschlossen, so erfolgt die Aufstellung der Gasmesser für den einzelnen Konsumenten auf seinen Antrag nach Anerkennung der Bedingungen, unter welchen das Gaswerk den Abnehmern Gas zu liefern bereit und verpflichtet ist. Die Aufstellung der Gasmesser erfolgte früher und vielfach auch heute noch für jedes Stockwerk grundsätzlich im Keller der Häuser. Die Folge war, daß von jedem Gasmesser aus ein besonderes Steigerohr bis zu der betreffenden Wohnung geführt werden mußte, in welcher das Gas verbraucht wurde. In Häusern mit vielen Wohnungen stand daher eine große Anzahl von Gasmessern im Keller nebeneinander und eine große Menge von Steigeleitungen durchzogen das Haus. Diese Art der Gasmesseraufstellung verursachte immer große Kosten, so daß man bei den meisten Gaswerken in neuerer Zeit diese Aufstellungsweise der Gasmesser verlassen hat und zu den vorher erwähnten gemeinsamen, ungemessenes Gas führenden Steigeleitungen übergegangen ist, an welche die Gasmesser für die einzelnen Wohnungen angeschlossen werden. Die dadurch erreichte Verbilligung der Gasanlage für große Häuser leuchtet ohne weiteres ein. Selbstverständlich sind, wie auch vorher erwähnt, diese Steigeleitungen und ihre Auslässe in den Wohnungen besonders zu beaufsichtigen, um ein widerrechtliches Entnehmen von Gas zu verhindern.

Die Aufstellung der Gasmesser geschieht fast immer ebenso wie die Herstellung von Zuleitungen nur durch das Personal und unter Verantwortung des Gaswerks. Einige wenige Gaswerksverwaltungen (z. B. Hamburg) haben diesen Brauch verlassen und auch die Herstellung der Zuleitungen und Aufstellung der Gasmesser den durch die

Gaswerke konzessionierten Installateuren übertragen. Wichtig für die einfache und schnelle Erledigung von Gasmesseraufstellungen ist die Einführung eines Einheitsmaßes für die von dem Gaswerk verwendeten Gasmesser verschiedener Herkunft. Man kann diese Einheitlichkeit der äußeren Abmessungen leicht erreichen, indem man den Gasmesserfabrikanten die äußeren Maße der Gasmesser, speziell die genaue Höhenlage und die Entfernung der Ein- und Ausgangsstutzen vorschreibt. Die Kosten und die Zeit für die Gasmesseraufstellung und Abnahme werden bei der Durchführung dieser Maßregeln bedeutend geringer werden. Die Kosten für die Aufstellung von Gaszählern sollten grundsätzlich dem Gasabnehmer in Rechnung gestellt werden.

Wird die Gasmesseraufstellung nicht bezahlt, so liegt die Gefahr nahe, daß dem Gaswerk durch häufiges An- und Abmelden der Gasmesser bei dem Wechsel von Sommer und Winter verhältnismäßig hohe Kosten erwachsen. Viele Konsumenten werden, um die Gasmessermiete zu sparen, für diejenige Zeit, wo sie sich ohne Gas behelfen können, die Messer abnehmen und später wieder aufstellen lassen (Kochgasmesser für die Wintermonate, Leuchtgasmesser für den Hochsommer). Es sollte daher an die kostenlose Aufstellung der Gasmesser mindestens die Bedingung eines Minimalverbrauchs in einer gewissen Zeit geknüpft werden.

In vielen Fällen wird in letzter Zeit statt der Aufstellung von einfachen Gaszählern, welche dem Gasabnehmer gegen Entrichtung einer Miete überlassen werden, sowohl vom Publikum, wie auch vom Gaswerk die Stellung von Gasautomaten oder Münzgasmessern bevorzugt. Dieselben werden meistens so eingestellt, daß die Miete durch den Gaspreis mitgedeckt wird. Die Annehmlichkeit der Münzgasmesser für Publikum wie Gaswerk liegt auf der Hand. Das Gaswerk spart die Arbeit einer besonderen Ständeaufnahme, Rechnungsausschreibung und die vergeblichen Wege zum Einkassieren des Gasgeldes, und der Konsument hat nicht am Ende eines gewissen Zeitabschnittes größere Geldbeträge zu entrichten, sondern bezahlt seinen Gasverbrauch durch Ein-

Monat ....

Datum	Gasmesser		Straße	Nr.	Leuchtgas		Heizgas		Flammen-zahl	Stand cbm
	neu aufgestellt	übernommen			hin	zu-rück	hin	zu-rück		
	Name									
5. I.	Jul. Kober		Kielstr.	3	I				5	610
6. I.		Anton Wilms	Uhlandstr.	2	I				5	785
8. I.	Wilhelm Hecht		Wilhelmstr.	88	I				10	1 610
10. I.	Karl Jonas		Munstr.	9				I	5	820

wurf von Zehnpfennigstücken von Fall zu Fall. Auch zur Abtragung aufgelaufener Schuldbeträge für Gas kann der Münzgasmesser im Einverständnis mit dem Gasabnehmer verwendet werden. Der Abnehmer bezahlt in diesem Falle das Gas teurer, wie es allgemein üblich ist, und der zuviel bezahlte Betrag wird zur Tilgung der aufgelaufenen Schulden verwendet. Über die Verwendung dieser Beträge wird von Zeit zu Zeit (jährlich) eine Abrechnung vorgelegt.

Von großer Wichtigkeit ist es, die Eintragung eines bei einem Gasabnehmer aufgestellten Gasmessers in die Aufnahmebücher sicherzustellen, so daß die ständige Kontrolle, die Aufnahme des Gasmesserstandes und die Ausschreibung der Rechnung gesichert ist. Die Einrichtungen, welche diese Sicherheit bezwecken, sind mannigfaltiger Art. Im folgenden sollen zwei der gebräuchlichsten Arten für kleine und große Gaswerke beschrieben werden.

Die bezogenen und die von den Gasabnehmern zurückkommenden Gasmesser bezw. Münzgasmesser werden im Magazin vereinnahmt und in einem Lagerverzeichnis unter Eingang notiert. Die aus dem Magazin zur Aufstellung bei den Gasabnehmern ab- geholten Messer usw. werden in dem Verzeichnis unter Ausgang gebucht. Die am Schlusse eines jeden Monats vorhandene Anzahl wird durch Zählen festgestellt und der gefundene Bestand mit dem Ausweis des Lagerverzeichnisses verglichen. Sind die Ein- und Ausgangsbuchungen richtig erfolgt, so müssen der durch Zählen und der durch das Lagerbuch festgestellte Bestand übereinstimmen. Wird ein Gaszähler zur Auf- stellung bei einem Konsumenten von dem mit der Ausführung der Arbeit Beauftragten abgefordert, so muß der denselben herausgebende, für das Lager verantwortliche Beamte sich vor der Ausgabe den Namen und die Wohnung des Konsumenten notieren, bei dem der Gasmesser zur Aufstellung gelangt. Er hat ferner dafür zu sorgen, daß der Messer mit genauer Angabe seines Standortes in das Standaufnahmebuch eingetragen wird, um so die regelmäßige Ablesung und Notierung des Gasmesserstandes sicherzustellen. Wird ein Gasmesser von einem Abnehmer zurückgeholt, so muß er im Standaufnahme- buch gestrichen und im Lagerverzeichnis wieder unter Eingang verbucht werden. Bei kleinen und mittleren Gaswerken bedient man sich zur Durchführung und Kontrolle dieser Buchungen im allgemeinen eines sogenannten Gasmesserbuches, welches neben dem Lager- verzeichnis geführt wird, und in das jeder das Magazin verlassende Gasmesser mit seinem zukünftigen Standort, dem beim Verlassen des Magazins vorhandenen Uhrenstand und sonstigen Merkmalen unter der Rubrik «Hin» eingetragen wird, und in welches auch jeder von den Gasabnehmern zurückkommende Gasmesser in derselben Weise unter der Rubrik »Zurück« verbucht wird. Die Einrichtung des Buches zeigt das Formular 29.

.... 19........   Form. 29.

Nr. des Gas- messers	Verfertiger		Jahreszahl	Automaten		Einheits- preis		Aufgestellt durch	Bemerkungen
	n	tr			Liter- zahl				
52 676	Kr.	1	1907					Schulze	
11 870	P.	1	1903					Schrader	
76 510	Ppb.		1	1898				Buschmann	
22 710	B.	1	1910					Kolberg	

Die Aufnahmebücher werden wöchentlich mit dem Gasmesserbuch verglichen und nach ihm berichtigt. Am Schlusse des Monats werden in einem Auszug, (Form. 30),

Gasmesser pro Monat: *Januar 1912*.   Form. 30.

Nasse														Trockene													Automaten			
hin							zurück							hin							zurück							hin		zurück	
5	10	20	30	50	100	200	5	10	20	30	50	100	200	5	10	20	30	50	100	200	5	10	20	30	50	100	200	5	10	5	10
51	22	1	—	1	—	—	12	3	2	—	—	1	—	171	53	5	2	—	3	—	27	5	2	1	1	—	—	28	6	7	1

die im letzten Monat neu aufgestellten bezw. die von den Konsumenten zurück-
gekommenen Gasmesser nach Größe geordnet aufgeführt und die Differenz der beiden
Rubriken »Hin« und »Zurück« für jede Gasmessergröße und Art gebildet. Diese
Differenz wird dann, je nachdem mehr Gasmesser neu aufgestellt oder zurückgeholt sind,
von dem Lagerbestand einschließlich der in dem Monat bezogenen Gasmesser abgezogen
bezw. hinzugezählt. Die Summe muß den Bestand an Gasmessern ergeben, der mit
dem im Lagerverzeichnis nachgewiesenen und dem durch Zählen festgestellten Be-
stande übereinstimmen muß. Ist keine Übereinstimmung erzielt, so ist festzustellen,
welche Größe, Art und Nummer der Gasmesser fehlen oder zuviel vorhanden sind.
Die sofort aufzunehmenden Nachforschungen werden dann bei der Kürze der Zeit, in
der ein Fehler vorgekommen sein kann, immer bald zum Ziele führen, so daß das
Versehen verbessert werden kann.

Diese Einrichtung wird für größere Gaswerke, deren Installationsabteilung in mehrere
Reviere geteilt ist, leicht unübersichtlich, da mehrere Gasmesserbücher (für jedes Revier
eins), geführt werden, bei deren zeitweiser Überlassung an das Rechnungsbureau Hilfs-
notizen gemacht werden müssen, durch welche leicht Unstimmigkeiten hervorgerufen
werden. Es soll daher im folgenden ein anderes Verfahren beschrieben werden, mit dem
auch auf großen Gaswerken zufriedenstellende Resultate erzielt sind. Auch bei dieser
Einteilung müssen die eingehenden Gasmesser im Hauptmagazin in derselben Weise,
wie vorher beschrieben ist, vereinnahmt und verausgabt werden. Die Nebenmagazine
der einzelnen Installationsreviere führen jedes für sich auch ein Lagerverzeichnis über
ihre Gasmesser und kontrollieren die Bestände vor Abgabe ihrer monatlichen Nach-
weisungen. Im übrigen wickelt sich das Geschäft des Gasmesseraufstellens folgendermaßen ab:

Der mit der Aufstellung eines Messers betraute Schlosser fordert denselben im Lager
unter Angabe der Flammenzahl und der genauen Adresse des betreffenden Gasabnehmers an. Der Gasmesser wird ihm mit einem ausgefüllten und von ihm durch Unterschrift anerkannten Zettel ausgehändigt. Der Zettel wird, nachdem er von dem Schlosser
unterschrieben ist, von einem Block abgetrennt, auf welchem eine Durchschreibekopie

Form. 31.
Nr. 2100.

Datum: *12. Januar 1913.* Besteller: *Joh. Schneider, Schmiedemeister.*
Monteur: *Kleber.* Straße, Nr.: *Hauptstr. 75.*

Nr. des Messers	Fabrikant	Jahr-gang	Fl.	trocken	naß	Stand	Leuchtgas		Heizgas		Automat Liter		Einheits-preis		Zugezogen von
							hin	zurück	hin	zurück	hin	zurück	hin	zurück	
61705	*Kr.*	*1911*	5	*tr.*	—	*763*	*1*								*Berlin*
															Verzogen nach
															war kein Konsument
															Grund der Ab-nahme
															Kenntnis genommen
															Datum: *13. I. 13.* B.

Übernommen von: .... am: ....

zurückbleibt. Auf dem Formular ist das Datum der Ausgabe des Messers, der Name des empfangenden Schlossers und der Name und die genaue Adresse des den Messer erhaltenden Gasabnehmers, sowie sämtliche Merkmale des Gasmessers oder Automaten verzeichnet. Der Ausdruck »Hin« und »Zurück« gibt an, ob der Messer zu einem Gasabnehmer hingebracht oder von ihm zurückgeholt ist. Im übrigen geht aus dem Formular die Art der Ausfüllung hervor. (Form. 31.)

Jeder Zettel hat eine vorgedruckte laufende Nummer, mit welcher auch das auf dem Block zurückbleibende Durchschreibeblatt bedruckt ist, damit der Inhalt etwa verloren gehender Zettel jederzeit wieder festgestellt werden kann. Nach Möglichkeit soll der den Gasmesser aufstellende Schlosser auf dem Zettel noch verzeichnen, von welcher Straße der den Messer erhaltende Gasabnehmer zu seinem jetzigen Aufenthalt zugezogen ist oder bei Abnahme, wohin er verzogen ist usw., damit dem Rechnungsbureau die Arbeit des Umschreibens erleichtert wird. Während der Umzugszeiten werden häufig Gasmesser, welche in einer aufgegebenen und von einer anderen Partei wieder bezogenen Wohnung stehen, auf die neue Partei umgeschrieben, ohne daß sie abgenommen, zum Magazin zurückgeliefert und von diesem wieder neu angefordert worden sind. In diesen Fällen wird der Gasmesser durch den betreffenden Reviervorsteher dem Magazin gemeldet, welches ebenfalls einen Gasmesserzettel ausfüllt und am Fuße des Zettels die Bemerkung macht: Übernommen vom Vorgänger am (Datum). Der neue Wohnungsinhaber tritt als Besteller auf.

Die Gasmesserzettel werden von den Reviervorstehern gesammelt und nach Kontrolle mit den Lagerverzeichnissen mit einem Gaszählernachweis (Form. 32), in dem die

Form. 32.

Gaszähler-Nachweis. *600.*

Revier: *3.* Meister: *Emmerich.*

Monat	Tag	Nr. des Messer-Zettels	Nr. des Messers	Fabrikant	Fl.	trocken	naß	Bemerkung
Jan.	3	150	61 705	Kr.	5	tr.	—	
Jan.	7	151	75 817	P.	10	tr.	—	
Jan.	8	152	76 510	P.	5	—	n.	

einzelnen Zettel nach Nummern eingetragen sind, zum Rechnungsbureau gegeben, welches die Eintragung bezw. Streichung der aufgestellten bezw. abgenommenen Gasmesser im Ständeaufnahmebuch besorgt. Fehlt in dem Gaszählernachweis eine laufende Nummer, so wird dieselbe noch nachgefordert oder eine Aufklärung über ihren Verbleib gegeben. Auf diese Weise kann kein Gasmesserzettel unbemerkt verloren gehen.

Bei der Abnahme eines Messers und Rücklieferung desselben an das Magazin wird genau in derselben Weise verfahren, nur daß dann der Magazinbeamte die Gasmesserzettel unterschreibt und damit die Rücklieferung anerkennt. Nachdem das Rechnungsbüro die neu aufgestellten Gasmesser in die Ständeaufnahmebücher eingetragen hat, wird in einem Auszuge (Form. 33) die Gesamtzahl der von einem Rechnungsrevier eingetragenen bezw. gestrichenen Gasmesser nachgewiesen. Nach diesem Auszuge wird der Aus- und Eingang der Messer in das Magazinbuch (Hauptbuch) eingetragen und der Gesamtbestand (einschließlich des Bestandes der Reviere) unter Berücksichtigung der neu bezogenen Messer festgestellt, wie vorher bei dem Gasmesserbuch bereits beschrieben ist. Stimmt der tatsächliche Bestand, welcher monatlich aufgenommen wird, mit dem

Form. 33.

Gasmesser pro Monat: *Januar 1913.*

	Nasse														Trockene														Automaten			
	hin							zurück							hin							zurück							hin		zurück	
	5	10	20	30	50	100	200	5	10	20	30	50	100	200	5	10	20	30	50	100	200	5	10	20	30	50	100	200	5	10	5	10
I	17	5	3	—	—	—	—	10	1	—	1	—	—	—	300	100	2	1	3	—	—	20	10	2	1	—	—	—	25	3	3	2
II	185	13	—	2	—	1	—	3	5	—	2	—	—	—	150	25	5	1	—	3	—	15	10	—	—	—	—	—	30	10	1	—
III	210	2	3	—	1	3	—	5	—	—	—	—	—	—	175	30	5	—	1	—	—	10	8	—	1	—	—	—	15	5	1	1
IV	13	16	—	—	1	1	1	10	1	—	—	—	—	—	50	70	—	—	—	2	1	34	10	1	—	1	—	—	50	10	4	6
Sa.	425	36	6	2	2	5	1	28	7	—	3	—	—	—	675	225	12	2	4	5	1	79	38	3	2	1	—	—	120	28	9	9

buchmäßig aufgenommenen Bestand nicht überein, so muß ein Fehler unterlaufen
sein, der an Hand der vorher beschriebenen Aufstellungen und Kontrollen leicht festzustellen und zu verbessern ist.

---

4. Gaseinrichtung hinter den Gasmessern.

Die Einrichtungen der zum Gasverbrauch nötigen Beleuchtungskörper und die
Aufstellung von Verbrauchsapparaten hinter den Gasmessern werden nicht ausschließlich von den Gaswerken ausgeführt, sondern sind den Privatinstallateuren in freiem
Wettbewerb zur Ausführung freigegeben. Jedes Gaswerk sollte trotzdem eine rege Installationstätigkeit ausüben, um sich einerseits eine möglichst enge Fühlung mit den Bedürfnissen des gasverbrauchenden Publikums zu erhalten und um andererseits selbst
belebend auf die Einführung neuer Gasapparate für Beleuchtung, Haushaltsbedarf
und technische Verwendung des Gases einzuwirken.

Sind dem Gaswerk durch irgendwelche Umstände jedoch in der vollständig freien
Ausgestaltung seiner Installationstätigkeit Beschränkungen auferlegt, so sollte es sich
diese wenigstens in einem Umfange zu erhalten suchen, der ihm ermöglicht, ein fähiges
und tüchtiges Installationspersonal dauernd zu beschäftigen, damit ihm bei Beschwerden
über mangelhaftes Funktionieren der Gasverwendungsapparate geübte und in der Behandlung aller Vorkommnisse erfahrene Leute zur Verfügung stehen. Leider scheinen die
Bestrebungen, welche den städtischen Gaswerken die Ausführung der Installationen
hinter den Gasmessern erschweren, mehr und mehr Erfolg zu haben. In vereinzelten
Fällen hat man sogar die Aufstellung von Gasmessern den Privatinstallateuren übertragen (Hamburg). Dieselben werden vom Gaswerk zur Ausführung von Privatinstallationen und Aufstellung von Gasmessern konzessioniert und müssen eine geldliche
Sicherheit hinterlegen, aus welcher die Schäden, die dem Gaswerk durch unsorgsame
Behandlung dieser Arbeiten entstehen, oder durch die Verwaltung der Gasanstalt
verhängte Strafen gedeckt werden können. Die allgemeine Einführung dieser Frei-
gabe der Gasmesseraufstellung kann jedoch nicht empfohlen werden, da die Kontrolle
über die aufgestellten bezw. abgenommenen Gasmesser erschwert und der Verkehr
mit den Gasabnehmern durch diese Maßnahmen eingeschränkt wird. Eine solche Einschränkung ist für das Gaswerk immer unangenehm und trägt sicher nicht zur Hebung

des Gasabsatzes bei. Auch ein vollständiger Verzicht auf die Ausführung der Installationen hinter den Gasmessern sollte niemals ausgesprochen werden. Die eigene Ausführung von Privatinstallationen ist ein so wirksames Mittel in dem Konkurrenzkampfe, der in der Beleuchtungsindustrie herrscht, daß die Gaswerke nur unter dem äußersten Zwange dieses Mittel aufgeben sollten. Die Ausübung der Privatinstallation durch das Gaswerk soll jedoch nicht einen scharfen, die Preise drückenden Konkurrenzkampf mit den selbständigen Handwerkern zur Folge haben, sondern soll anregend und vorbildlich in der Ausführung der Arbeiten wirken und als unentbehrlicher, wichtiger Nebenbetrieb angesehen werden.

Das erste Erfordernis zur Erreichung mustergültiger Arbeiten ist neben der Verwendung besten Materials eine gute, ständig überwachte und mit Sorgsamkeit durch immerwährende Belehrung gepflegte Ausbildung des Installationspersonals. Von ganz besonderem Wert ist auch für diese Zwecke die Unterhaltung von Ausstellungs- und Versuchsräumen, in denen sämtliche Apparate vorrätig gehalten, ausprobiert und vorgeführt werden können.

Auf kleinen Werken ist die Einrichtung des Dienstes in der Installation sehr einfach. Außer dem Gasmeister sind meistens nur wenige Fitter zur Erledigung der Installationsarbeiten vorhanden, welche auch noch zur Ausführung anderer Arbeiten herangezogen werden. Hier überträgt der Betriebsleiter selbst den Leuten die Arbeiten, bespricht mit ihnen die Ausführung derselben, gibt das dazu nötige Material heraus und macht die Eintragung in die Lagerbücher und sonstigen Notizen, damit später eine Abrechnung erfolgen kann. Er ist über die eingegangenen Meldungen oder Beschwerden auf das genaueste unterrichtet, so daß ihm die Übersicht über den Betrieb der Installation nicht verloren geht.

Bei mittleren Gaswerken ist der Installationsbetrieb in einer Werkstätte vereinigt und bei großen Gaswerken ist er in einzelne Reviere getrennt, welche möglichst gleichmäßig auf die einzelnen Gegenden der Stadt verteilt sind, damit die Arbeiten ohne durch Zurücklegung größerer Entfernungen entstehenden Zeitverlust erledigt werden können. Die Einteilung der Reviere hat ferner den Zweck, die Reviervorsteher (Meister) mit den von ihnen zu bedienenden Gasabnehmern in nähere Fühlung zu bringen und ihnen eine genaue Kenntnis der Verhältnisse in ihrem Revier zu ermöglichen. Die Ausführung des Dienstes in der Installation wickelt sich bei mittleren und großen Gaswerken in fast gleicher Weise ab, nur daß bei großen Gaswerken die einzelnen Revierbüros die Arbeiten erledigen, welche bei mittleren Gaswerken durch die einzige Installationswerkstatt für die ganze Stadt erledigt werden. In folgendem soll eine für große Gaswerke passende Diensteinteilung beschrieben werden, welche auch bei mittleren Gaswerken mit den nötigen Änderungen anzuwenden ist.

Die schriftlich, mündlich oder telephonisch eingegangenen Meldungen, Beschwerden und Wünsche aus dem Abnehmerkreis werden in ein Meldebuch eingetragen. Solche

Form. 34.

Datum		Name	Straße	Meldung	Weiteres veranlaßt	Tag der Erledigung		Ausgeführt durch	Bemerkungen
Mon.	Tag					Mon.	Tag		
Jan.	3	Kober	Kielstr. 85	undicht	Baum	I	3	Taves	
"	"	Grundmann	Kleinestr. 3	brennt schlecht	Stein	I	3	Müller	
"	"	Hecht	Baumstr. 2	2 Glühk. ersetzen	Stein	I	4	Grund	

Bücher liegen auf dem Hauptbureau des Gaswerks und in jedem Installationsrevier aus. (Form. 34.)

Die auf dem Hauptbureau eingehenden Meldungen werden sofort an das zuständige Revier zur Eintragung in das Reviermeldebuch weitergegeben. Im allgemeinen werden die nötigen Arbeiten morgens und mittags durch die Meister an die Installateure verteilt. In besonders dringenden Fällen müssen jedoch auch in der Zwischenzeit eilige und unaufschiebbare Arbeiten ausgeführt werden können. Die Erledigung der Meldung wird in dem Meldebuch, spätestens am folgenden Tage, vermerkt oder der Grund, weshalb dieselbe nicht erfolgen konnte, angegeben.

Wenn keine schriftliche Bestellung für eine vorzunehmende Arbeit vorliegt, so bekommt der mit der Erledigung derselben Beauftragte einen Auftragszettel mit, welcher von dem Besteller der Arbeit vor Ausführung derselben unterschrieben werden muß. (Form. 35.)

Form. 35.

Bestellung auf Herstellung von Gasbeleuchtungen.

Die *Gasanstalt* hierselbst ersuche ich um
Verlegung einer Gasleitung
in meiner in der *Wilhelm*-Straße Nr. *3* belegenen *Wohnung.*

Deutz, den *3. Januar 1913.*

Name: *Heinrich Schulze*
Stand: *Inspektor.*   Wohnung: *Wilhelmstr. 3.*

Die Beibringung der Unterschrift ist nötig, damit einwandfrei der Besteller der Arbeit feststeht. Nach Vollendung des Auftrages trägt der dienstälteste Schlosser in eine Arbeitsbescheinigung die Anzahl der beschäftigt gewesenen Leute, die auf die Erledigung verwendete genaue Zeit und das gebrauchte Material ein und läßt die Richtigkeit dieser Eintragung von dem Auftraggeber oder dessen Vertreter durch Unterschrift bescheinigen. (Form. 36.)

Die vorher beschriebene Arbeitsbescheinigung soll einesteils Streitigkeiten bei Berechnung der Arbeiten ausschließen, andernteils den Arbeitern als Ausweis über die außerhalb der Werkstatt zugebrachte Zeit dienen, sie ist daher auch dann auszufüllen und zu bescheinigen, wenn die ausgeführten Arbeiten nicht berechnet werden.

Meldungen über Gasgeruch in irgend einem Hause sind vor allen anderen Meldungen mit möglichster Beschleunigung durch sehr zuverlässige Leute zu erledigen, welche über Ursachen der Gasausströmung umgehend (telephonisch) dem Reviervorsteher einen genauen Bericht zu erstatten haben, damit bei schwierigen Fällen weitere Maßnahmen unverzüglich ergriffen werden können. Auch Beschwerden über schlechtes oder ungenügendes Arbeiten der Beleuchtungs- oder anderer Gasapparate erfordern eine beschleunigte Behandlung.

Die Meldebücher und Rapporte über den Dienst in jedem Installationsrevier werden täglich von dem Vorsteher des Außendienstes bezw. dem Gaswerksleiter kontrolliert.

Für die Abendstunden sind auch nach Schluß der normalen Arbeitszeit bis 9 oder 10 Uhr je nach den örtlichen Verhältnissen zweckmäßig einige Schlosser in Bereitschaft zu halten, welche eingehende Meldungen über Störungen in der Beleuchtung oder sonstige Anstände beseitigen können. Diese auch für die Sonn- und Festtage aufzustellende Wache hält sich im allgemeinen in der Hauptwerkstatt auf und in anderen möglichst

Form. 36.

Arbeits-Bescheinigung.

Der Monteur: *Georg* ⎫
Der Hilfsarbeiter: *Müller* ⎬ haben in der

Wohnung: *Wilhelm-* Straße Nr. *17* an der Gasleitung gearbeitet.

Material-Verbrauch	Arbeitszeit
3,50 m $^3/_8''$ Rohr	Monteur: *1* Stunden
2 Stück $^3/_8''$ T	Hilfsarbeiter: *1* Stunden
2 Stück $^3/_8''$ L	
	Berlin, den *3. Januar* 19*12*.
	Unterschrift:
	Name: *Jul. Schorch*
	Stand: *Schutzmann*.

zentral gelegenen Räumen, wenn die Größe der Stadt eine zweite oder dritte Wache nötig macht. Alle Sonntags oder nach Schluß der Arbeitszeit einlaufenden eiligen Meldungen werden dieser Wache überwiesen.

Wie aus dem Vorgehenden ersichtlich ist, sind die Aufgaben der Installationsabteilung sehr mannigfaltig und erfordern zu ihrer Erledigung sehr gut geschultes und erfahrenes Personal. Dieses Personal auszubilden und zu erhalten, ist ohne Ausführung von Privateinrichtungen kaum möglich. Es soll daher nochmals auch an dieser Stelle vor einer allzu eiligen Aufgabe der eigenen Installation nachdrücklich gewarnt werden. Die Privatinstallateure müssen immer die Berechtigung der Ausführung der Leitungen hinter den Gasmessern haben und behalten. Sie werden auch, ohne daß sie besonders konzessioniert werden, gute und einwandfreie Arbeiten liefern, wenn von der Installations abteilung des Gaswerks auf mustergültige und tadellose Ausführung der eigenen Arbeiten gehalten wird. Sind aber dem Gaswerk nur die Abnahme und Revision der von Privatinstallateuren ausgeführten Arbeiten zugewiesen und darf es Privatinstallationen selbst nicht ausführen, so kann leicht ein an Vorschriften klebender Bureaukratismus bei der Abwicklung des Kontrolldienstes die Folge sein. Dadurch werden sowohl die Interessen der Privatinstallateure, wie auch der Gasindustrie empfindlich geschädigt.

Die Ausführung der Installationsarbeiten hat nach den Installationsvorschriften des Vereins Deutscher Gas- und Wasserfachmänner, welche auf der 51. Jahresversammlung in Königsberg i. Pr. im Jahre 1910 einstimmig angenommen worden sind, zu erfolgen. Dieselben enthalten auch die Arbeiten, welche von Privatinstallateuren ausgeführt werden dürfen und ferner die Vorschriften für eine Prüfung der ausgeführten Gasinstallationen.

———

5. Buchführung.

Die Buchführung des Außendienstes erstreckt sich in der Hauptsache auf die Verwaltung des Magazins, die Sicherstellung der richtigen Verbuchung der für die einzelnen Arbeiten entstandenen Ausgaben und die Sicherstellung der Berechnung der gegen Bezahlung ausgeführten Arbeiten für Dritte. Die Einteilung und Handhabung dieser Buchführung ist sehr mannigfaltig. Für ein kleines Gaswerk wird dieselbe mit wenigen Hilfsmitteln sehr einfach und übersichtlich gestaltet werden können, da bei dem geringen Umsatz und der beschränkten Arbeiterzahl dem Betriebsleiter, der selbst alle Arbeiten anordnet und überwacht, die Übersicht leicht möglich ist. Unter allen Umständen ist jedoch auch auf den kleinen Gaswerken ein Lagerbuch zu führen, in welchem sämtliche Ein- und Ausgänge, bei letzteren mit Angabe des Verwendungszweckes, eingetragen werden müssen. Bei mittleren und großen Anstalten wird sich die Buchführung für den Außendienst, soweit sie nicht im vorstehenden schon beschrieben ist, ungefähr folgendermaßen abwickeln:

Form. 37.

Meldezettel für eingelaufene Sendung

von *Hengensberg, Berlin*
Lampenfabrik

Datum: *3. II.* Nr. *21.*
Fracht: *Mk. 7,20.*
Zoll: ....

Bestell-schein Nr.		Menge	Preis		Lagerkonto		Diverse-Konto	
			laut Faktura	effektiv inkl. Fracht etc.	Betrag	Nr.	Betrag	Be-merkung
212	*Messingnippel u. Versch.*	*1000*						
212	*Lampenersatzteile*							

Mengenzettel lfd. Nr......................			Kilo Meter	Liter Stück				Artikel:			
					E i n g a n g						
auf Lager am	Ver-bucht	Fach Nr.:							Preis	Betrag	Summe
	Mon.	Tag	Sorte: Woher?	1/2″	3/4″	1″	2″				
1.4.				*3760*	*1300*	*1100*	*110*				
			Müller & Co. Köln	*700*	*200*	*200*	*100*				

Sämtliche für den Außendienst eingekauften oder durch die eigenen Werkstätten hergestellten Materialien und Gegenstände werden im Magazin abgeliefert. Der Magazinverwalter prüft die Richtigkeit und Güte der Lieferung, macht einen entsprechenden Vermerk auf die Rechnung des Lieferanten oder auf dem Ablieferungszettel der eigenen Werkstätten und trägt die vereinnahmten Gegenstände und Materialien in einen Meldezettel für die eingelaufenen Sendungen ein. (Form. 37.)

Dieser Meldezettel wird nach Ausfüllung von einem Block abgetrennt, auf welchem mittels einer Durchschreibekopie ein festes Blatt zur Kontrolle sitzen bleibt, und wird dann dem Magazinbuchführer ausgehändigt, welcher die Gegenstände und Materialien unter genauer Angabe der Bezeichnung derselben in das Magazinbuch unter »Eingang« einträgt und den Geldwert in einer besonderen Spalte auswirft. (Form. 38, Magazinbuch.)

Die Ausgabe der Gebrauchsgegenstände und Materialien an die mit der Herstellung einer Arbeit beauftragten Leute erfolgt vom Magazin gegen Abgabe einer schriftlichen Quittung über den Empfang der angeforderten Gegenstände. Diese Quittung wird auf einem mit einer vorgedruckten Nummer versehenen Empfangszettel erteilt, auf welchem sich der Name des die Arbeit ausführenden Mannes und die Angabe der Abteilung oder die Adresse desjenigen befindet, für den die Arbeit ausgeführt werden soll. Diese Angaben sind nötig, um die richtige Buchung und Berechnung der Arbeiten zu sichern. (Form. 39.)

Ist die Menge der zu empfangenden Gegenstände so groß, daß ein Zettel nicht genügt, so wird dem Magazinempfangszettel mit der fortlaufenden aufgedruckten Nummer ein Fortsetzungszettel beigegeben, welcher handschriftlich dieselbe Nummer erhält mit dem Zusatz a für den ersten, b für den zweiten Fortsetzungszettel usw. (Form. 40.)

Nach Beendigung der Arbeiten werden die nicht gebrauchten Materialien und Gegenstände auf einen Rücklieferungsschein (Form. 41), welcher in anderer Farbe wie der Empfangszettel zu halten ist, eingetragen und dem Magazin gegen Quittung zurückgegeben. Der Rücklieferungsschein enthält den Namen des die Arbeit Ausführenden und Angabe der Stelle, für welche sie ausgeführt ist, oder die Adresse des Bestellers und einen Vermerk über die Arbeitszeit, welche auf die Erledigung des Auftrages verwendet worden ist.

Die Empfangs- und Rücklieferungszettel werden nunmehr dem Rechnungsbureau zur Feststellung der für die betreffende Arbeit verwendeten Materialien, Gegenstände usw. übergeben. Der sich ergebende Verbrauch und die auf die Herstellung verwendete Arbeitszeit wird dann in das Verbrauchsbuch (Form. 42) eingetragen. Dieses Buch wird dem zuständigen Meister (Reviervorsteher) vorgelegt, welcher auf Grund seines Aufmaßes und der übrigen Kontrolle der Arbeit die Richtigkeit der Aufstellung bescheinigt

Schmiederohre

Form. 38.
Kontroll-Nr. ....
Blatt-Nr. ....

					Ausgang									
Monat	Tag	1/2"	3/4"	1"	2"							Preis	Betrag	Summe
Mai	31	1250	825	710	50									

Form. 39.

Gutschein für Monteur: *Schloßmachers*   Laufende Nr. *7000*
Besteller: *Schneidermeister Gustav Schadel*   Ordnungs-Nr. *16*
Wohnung: Berechnet: *5. Februar*
Straße: *Hohestraße 89*
Die nicht gebrauchten Materialien sind zurückgeliefert   Der Monteur: ....
    (siehe Rücklieferschein)

Ver-ausgabt	Datum		Pos.	St.	Gegenstände	Ver-ausgabt		Zurück			Verbraucht			Emp-fänger
						m	kg	Stck.	m	kg	Stck.	m	kg	
Stöckers	Jan.	22	1	1	³/₄" Rohr	4						4		
			2	1	³/₈" »	3						3		
			3	1	³/₄" Langgewinde						1			
			4	2	³/₄" T-Stücke						2			
			5	4	³/₄" Doppel-Nippel			1			3			
			6	1	³/₄" L-Stück						1			
			7	2	³/₈" T-Stücke						2			
			8	1	³/₈" Kloben						1			
			9	1	³/₈" Muffe						1			
			10	2	³/₈" Haken						2			
			11	1	³/₈" Kloben						1			
			12	2	Spitzen						2			
			13	1	¹/₂" Haupthahn mit Schlüssel						1			
Stöckers	Jan.	25	14	1	³/₄" Rohr	3		1			2			Sch.
			15	1	³/₈" »									
			16	1	³/₄" L-Stück						1			
			17	2	³/₄" T-Stücke									

Form. 40.

Fortsetzung zu Nr. 7000 a.

Ver-ausgabt	Datum		Pos.	St.	Gegenstände	Ver-ausgabt		Zurück			Verbraucht			Emp-fänger
						m	kg	Stck.	m	kg	Stck.	m	kg	
Stöcker	Jan.	28.	18	1	¹/₂" Verschraubung						1			Schloß-macher
			19	3	¹/₂" Muffen						3			
			20	2	50 mm-Drosselklappe						2			

Form. 41.

Rücklieferungsschein.

Lfd. Nr. *7000*   Ordnungs-Nr. *16*
(siehe Empfangsschein)

Monteur *Schloßmachers*

lieferte zurück von dem Bau des Herrn *Schneidermeister Gustav Schade*

Straße: *Hohestraße 89*

Stück		Länge m	kg
1	*³/₄'' Rohr*	*1.00*	
2	*³/₄'' T-Stücke*		
1	*³/₄'' Doppelnippel usw.*		

Empfänger: *Stöckers*   *Köln*, den *29. Januar* 19*13*.
Leitung gelegt und Öfen angeschlossen
Arbeitszeit: *12* Stunden des Schlossers
                  12 Stunden des Hilfsarbeiters.

Form. 42.

Monat: *Januar 1913.*

Konto-Korrent-Fol.	Laufende und Ordnungs-Nr.	Tag	Gegenstand	Einzel-preis	Rechnungsbetrag			
					im einzelnen	im ganzen		
						a) quittiert	b) unquittiert	
			Transport M.					
			Gustav Müller, *Hohestr. 65* *Leitung verlänger*					
Sch. 86	*301/42*	*18. I.*	*3,— m ³/₈'' Rohr*					
			4 Stück Kniestücke					
			3 Stück T-Stücke					
			1 Monteur 2 Stunden					
			Transport M.					

Aufgestellt: *Stenauer*

Nachgesehen richtig:

Kollmann.

oder ihre Richtigstellung veranlaßt. Nachdem dieses geschehen ist, wird aus diesem Buche entweder die Rechnung ausgestellt, wenn die Arbeit für die Privatkundschaft ausgeführt ist, oder der Betrag auf dem im Empfangszettel bezeichneten Konto belastet. Das Verbrauchsbuch wird monatlich abgeschlossen und dem Magazinbüro übergeben, welches

Form. 43.

Glühkörper Fol. 23.

Normal		Juwel		Starklicht	Kollodinierte		Kollodinierte Juwel						
‖‖‖‖ ‖		‖‖‖‖ ‖‖‖‖ ‖‖‖‖ ‖‖‖‖		‖‖‖‖ ‖‖‖‖			‖‖‖‖ ‖‖‖‖ ‖‖‖‖						
7		20		10			15						

Gummischlauch gewöhnl. Fol. 24.

1/4"	1/4"	3/8"	3/8"	3/8"	3/8"	1/2"	1/2"	3/4"	3/4"				
1.— 2.—	1.— 0.50		0.50 2.— 1.—	3.—			0.50 0.50	1.00 2.00 0.50					
3.—	1.50		3.50	3.—			1.—	3.50					

die verausgabten Gegenstände und Materialien auszieht und in eine Zusammenstellung (Form. 43) einträgt, aus welcher der monatliche Ausgang aus dem Magazin in das Magazinbuch, Formular 38, unter Ausgang eingetragen wird. Das Magazinbuch wird ebenfalls monatlich abgeschlossen. Bei einer vorzunehmenden Inventur muß dann der im Magazin tatsächlich vorgefundene Bestand an Materialien mit dem durch das Magazinbuch festgestellten Bestand übereinstimmen.

V. Der Gasverkauf

von Direktor **K. Lempelius,** Berlin.

1. Gasbezugsordnung, Tarife, Gasbezugserleichterungen.

Die Gasbezugsordnung ist für jedes Gaswerk der Grundstock für die Regelung des Verkehrs mit seinen Abnehmern. Die Aufstellung der Gasbezugsordnung ist daher eine Aufgabe, der wie von den Gaswerksleitern, so auch von der Gesamtheit der Gasfachleute, die der Deutsche Verein von Gas- und Wasserfachmännern darstellt, höchste Wichtigkeit beigemessen wird. Der Deutsche Verein hat daher nach mehrjährigen Beratungen, mit denen er auch seine Zweigvereine beschäftigte, auf der Hauptversammlung in Königsberg im Jahre 1910 das Muster einer Gasbezugsordnung[1]) aufgestellt, die sich ebensowohl durch Kürze — ein Haupterfordernis, weil eine Gasbezugsordnung, die von den Abnehmern nicht gelesen wird, ihren Zweck verfehlt — wie durch präzise Fassung und zweckmäßig getroffene Bestimmungen auszeichnet.

Sie umfaßt in 18 Abteilungsziffern alles, was für die Festsetzung des Verhältnisses zwischen Gasabnehmern und Gaswerk von Wichtigkeit ist. Im Zweifel kann man sein, ob es zweckmäßig ist, daß in dieser Gasbezugsordnung, in Ziffer 8, auch die Einsetzung der Gaspreise vorgesehen ist. Statt dessen bewährt sich eine Bestimmung, daß die Festsetzung und Abänderung des Gaspreises unter Innehaltung einer gewissen Frist der Beschlußfassung der städtischen Körperschaften dort zusteht, wo das Gaswerk in städtischem Besitz ist. Ähnlich kann die Bestimmung lauten — etwa, daß die Preisfestsetzung der Leitung des Gaswerks, das dazu der Genehmigung der städtischen Behörden bedarf, zusteht —, wenn das Gaswerk in privatem Besitz ist, da dann die Preise in der Regel auf festen Verträgen mit den Kommunen beruhen und also eine Änderung an die Zustimmung der Kommune gebunden ist. Werden die Gaspreise selbst in die Gasbezugsordnung eingesetzt, so erweist sich nicht selten, daß alle übrigen Bestimmungen der Gasbezugsordnung dauernd bestehen bleiben können, während diese eine Bestimmung über den Gaspreis Abänderungen unterzogen werden muß, so daß mehrfach Nachträge zur Gasbezugsordnung nötig werden und der Bestand an Druckexemplaren dann in diesem Punkte unrichtig ist.

Als Ziffer 19 ist der Gasbezugsordnung das Muster eines Anerkennungsscheines beigefügt, durch den der Abnehmer die Bestimmungen der Gasbezugsordnung als für ihn verbindlich anerkennt, während Ziffer 20 in einem Anhang das Muster von Mietsbedingungen für die Vermietung von Gasapparaten und Beleuchtungskörpern bringt.

Für die Bildung der Gastarife kann die bekannte Biegsamkeit der für den Verkauf des elektrischen Stromes geltenden Tarife in mancher Weise, wenn auch keineswegs uneingeschränkt, vorbildlich sein. Die elektrischen Tarife verfolgen den einzig richtigen Grundsatz, die Preise den Gestehungskosten anzupassen, die für die verschiedenen Verwendungszwecke des elektrischen Stromes außerordentlich große Unterschiede aufweisen.

---

[1]) ›Abgabe und Verwendung des Leuchtgases‹, Verlag von R. Oldenbourg, München.

Auch für den Gasverkauf ist es nötig, die Gestehungskosten des Gases für dessen verschiedene Verwendungszwecke bei der Verkaufspreisbemessung sich genau zu überlegen. Es ist aber klar, daß man dabei für das Gas bei weitem nicht auf die gewaltigen Unterschiede kommt wie bei der Elektrizität, wo sich ergeben kann, daß bei den Kilowattstunden, die zu Weihnachten für besondere Illuminationseffekte in den Läden verbraucht werden, der Gestehungspreis des elektrischen Stromes sich auf M. 1 und mehr für die Kilowattstunde stellt, während bei dem Verkauf an Großabnehmer für motorische Zwecke mit Tag- und Nachtbetrieb schon ein Preis von 4 Pf. einen Nutzen von 50% zu lassen vermag. Elektrizität und Gas sind eben hinsichtlich der Aufspeicherungsfähigkeit Grenzfälle der entgegengesetzten Art. Der Drehstrom besitzt eine Aufspeicherbarkeit überhaupt nicht und der Gleichstrom nur in geringem Maße. Anders das Gas. Die Aufspeicherung in den Gasbehältern hat, praktisch genommen, einen Wirkungsgrad von 100% und ist außerdem billiger als irgendeine andere Aufbewahrungsart ähnlicher Energiemengen, wie sie der Inhalt unserer Gasbehälter darstellt.

Während also die elektrischen Energieerzeugungsanlagen auf das Maximum der Abgabe zugeschnitten sein müssen, auch wenn diese Maximalabgabe im Jahre nur einmal und dann nur kurze Zeit, ganz wenige Stunden auftritt und während der übrigen Zeit des Jahres die elektrische Kraftanlage sehr mangelhaft ausgenutzt ist, bringt es die vorzügliche Aufspeicherbarkeit des Gases zuwege, daß die Gaserzeugungsanlagen nicht dem Höchstbedarf der wenigen Stunden des Jahres, in der die größte Gasmenge von den Abnehmern bezogen wird, zu entsprechen brauchen, sondern lediglich dem Durchschnittsgasverbrauch der Woche des Jahres, welche die stärkste Gasabgabe aufweist. Für das Gas stellen sich diese Verhältnisse noch günstiger dadurch, daß es auch den Sonntagskonsum mit hineinnimmt; Sonntags kann auf Vorrat gearbeitet und so wiederum eine Entlastung der Gaserzeugungsanlage während der übrigen werktägigen Wochentage erreicht werden. Es kommt heraus, daß die Gaserzeugungsanlage noch nicht ein Drittel der Leistungsfähigkeit der Kraftanlage eines gleichwertigen Elektrizitätswerkes zu haben braucht. Diese Verhältnisse sind so gegensätzliche, daß bei der Elektrizität unter Umständen lediglich die momentan von dem einzelnen Abnehmer zur Zeit der Hauptabgabezeit des Werkes verursachte größte Inanspruchnahme des Elektrizitätswerks entscheidend sein kann und es ziemlich gleichgültig ist, wieviel Strom der Abnehmer zu anderen Zeiten abnimmt. Deshalb der Pauschaltarif, der sich lediglich nach der Anzahl der in einem Anwesen eingerichteten elektrischen Lampen oder noch genauer bei Anwendung des Maximalstrombegrenzers nach der Anzahl der höchstens gleichzeitig in Benutzung befindlichen Lampen und anderen stromverbrauchenden Anlagen richtet. Umgekehrt ist es für das Gas verhältnismäßig unwichtig, wann in der höchstbeanspruchten Abgabewoche die Gasentnahme stattfindet. Die Fabrikationsanlagen werden dadurch, wenn normale Gasbehälterräume vorhanden sind, überhaupt nicht beeinflußt. Die Gasbehälter haben teilweise schon aus anderen Gründen, um dem wechselnden Gasverbrauch bei den verschiedenen Witterungsverhältnissen Rechnung zu tragen, bestimmte, durch die Erfahrung festgelegte Größenverhältnisse, die nicht dadurch, wann und wie der einzelne Abnehmer im Laufe der Maximalwoche Gas abnimmt, alteriert werden. Beeinflußt durch die besondere Zeit der Gasentnahme werden in der Hauptsache nur die Rohrleitungen und zwar nur deren Lichtweiten. Ob diese aber etwas größer oder kleiner gewählt werden, macht, wenn man bedenkt, daß die Kosten für die Grabarbeiten, die Straßenpflasterung und auch für die eigentliche Rohrverlegung sich kaum ändern, nur wenig aus. Man wird daher bei dem Gas zu Pauschaltarifen im allgemeinen nur kommen, wenn man ohnehin weiß, wieviel Gas der Abnehmer ungefähr verbrauchen wird[1]).

---

[1]) Beispiel Zabrze: Für Ladengeschäfte kostet ein Hängeglühlicht von 50 Kerzen bei Benutzung während der Geschäftszeit, die zu etwa 1500 Stunden jährlich gerechnet ist, M. 10 pro Jahr, während bei Benutzung während der ganzen Nacht noch außerdem M. 20 erhoben werden.

Hier ist der Ort, die Pauschalierung der Preßluftlieferung für Gasstarklicht zu erwähnen; hierbei spielt die Menge der insgesamt gelieferten Preßluft eben keine besondere Rolle; entscheidend sind die Anlagekosten der Preßluftanlage, die Betriebskosten schwanken nicht besonders, wenn mehr oder weniger Luft geliefert wird.

Wesentliche Unterschiede in den Gestehungskosten zeigen sich für das Gas je nachdem, ob es im Sommer oder im Winter abgenommen wird. Abnehmer, die ausschließlich im Sommer Gas beziehen, können an Selbstkosten des Werkes nur mit den tatsächlichen Fabrikationsunkosten belastet werden, also den Kosten für die vergasten Steinkohlen abzüglich des Erlöses aus dem gewonnenen Koks und den Nebenprodukten, ferner den ausgegebenen Betriebslöhnen und einem Teil der Unterhaltungskosten der Werksanlagen, nämlich denjenigen Unterhaltungskosten, die wirklich in unmittelbarem Verhältnis mit der Benutzung der einzelnen Teile der Gasfabrik stehen, also den Reparaturen der Öfen und ähnlichem, nicht aber beispielsweise mit den Kosten der Dachunterhaltung. Diese Verhältnisse sind zahlreich zum Gegenstand eingehender Untersuchungen mit dem Endziel gemacht worden, darauf einen Tarif aufzubauen, der die einzelnen Arten der Gasabnehmer und ihre Gasabgabe, entsprechend diesen Gesichtspunkten, belastet. Klar durchgeführt sind solche Betrachtungen von dem Freiherrn von Cederkreutz, Direktor des Gaswerks Helsingfors (Finnland) in der Zeitschrift »Wasser und Gas« 1912, Heft 18, und Stadtrat Dr. Velde, Görlitz, »Journal für Gasbeleuchtung« 1913, Seite 293 (vergl. auch hierzu die Betrachtungen des Verfassers dieses in dem Aufsatz von Oberingenieur Albrecht, Berlin: Gaspreise und Preise für elektrischen Strom« »Journal für Gasbeleuchtung« 1914, Seite 52 bis 54, 82 bis 87).

Es könnte scheinen, als ob mit diesen Überlegungen einigermaßen die fortschreitende Einführung des Einheitsgaspreises für den häuslichen Verbrauch im Widerspruch stände und vielmehr die Tarifierung, wie sie lange Zeit nahezu ausschließlich herrschte: Leuchtgas zu einem höheren Preis, Koch- und Heizgas zu einem niedrigeren Preis, mehr am Platze wäre. Die Abgabeverhältnisse des Gases in den verschiedenen Wohnungen weisen aber wesentliche Unterschiede durchweg nicht auf, man kann also bei der Festsetzung des Einheitspreises von vornherein dem Rechnung tragen, daß ein Teil des Gases für Koch- und Heizzwecke, ein anderer für Leuchtzwecke Verwendung findet in einem Verhältnis, das, für die sämtlich versorgten Haushaltungen betrachtet, dann den Einheitspreis gibt, der auch herauskommen würde, wenn man getrennt und zu verschiedenen Preisen das Leuchtgas und das Koch- und Heizgas den Abnehmern zumißt. Die Festsetzung des Einheitspreises für den häuslichen Gasbedarf hat aber immer einen ganz besonderen Vorteil: daß man meistens mit der Zumessung des Gases durch nur einen Gasmesser auskommt. Dies ist von einem nicht zu unterschätzenden wirtschaftlichen, man kann getrost sagen, volkswirtschaftlichen Gewinn, weil die Gasmesser überhaupt lediglich ein notwendiges Übel sind. Sie bringen Kosten, aber im Gegensatz zu den anderen Gasapparaten, wie Kocher, Brenner usw. keine Nutzleistung. Spart man also durch Anwendung nur eines Gasmessers statt zweier nahezu die Hälfte der Kosten für diese, so ist dies ein glatter Gewinn, der sich noch steigert durch die Ersparung der fortdauernden Ablesung des zweiten Gasmessers und der Buchung dieser Ablesungen. Diese Ersparungen können dann verwendet werden zur Verbilligung des Einheitsgaspreises, um ihn umsomehr dem reinen Kochgaspreis anzunähern. Die Wirkung dieser Gaspreisverbilligung ist dann naturgemäß die gleiche wie bei der Verbilligung jeder anderen Verbrauchsware des täglichen Lebens: der Gasabsatz steigt. Der Einheitspreis hat sich als der Weg zu der allgemeinen Verbreitung des Gases in alle Haushaltungen erwiesen, die innerhalb des Bereiches von Gasrohrleitungen liegen.

Bei Festhaltung dieser grundlegenden Gesichtspunkte, die überall zutreffen, ergeben sich aber doch für die Durchführung des Einheitspreises — ein Vorläufer ist häufig die Einführung sogenannter Taxflammen, die das Gas zum Kochgaspreis geliefert erhalten

mit einer festen Zuzahlung für jede Lampe — noch wesentliche Unterschiede. Wenn mit
Recht bei der Mehrzahl der Gaswerke, die den Einheitspreis eingeführt haben, dieser in
gleicher Höhe für den Sommer und Winter in Anwendung steht, kann es doch in anderen
Fällen angezeigt erscheinen, den Einheitspreis im Sommer billiger, im Winter höher zu
stellen. Die Erfahrung hat dies als bewährt erwiesen in einzelnen Orten, in denen das Gas
die Konkurrenz mit der Grudefeuerung zu bestehen hat. Man ist dieser Konkurrentin
dort beigekommen durch die Normierung eines besonders billigen Sommergaspreises, wie
sich dies in der Tat rechtfertigt aus den Überlegungen, die über die Selbstkosten des Gases
früher angestellt sind. Aber dort, wo diese Konkurrentin weniger oder gar nicht in Betracht kommt, scheint es nicht zweckmäßig, im Sommer weniger, im Winter mehr zu nehmen, sondern es ist richtig, einen gleichmäßigen Preis festzuhalten; denn es muß das Ziel
sein, überall und für alle Jahreszeiten für die Speisebereitung das Gas unter völliger Ver-
drängung der Feuerung mit festen Brennstoffen einzuführen; dem wirkt aber die Festsetzung eines billigeren Sommer- und eines höheren Winterpreises entgegen, weil ohnehin
im Winter infolge des Leuchtgasverbrauches die Gasrechnungen steigen und diese Steigerung sich verstärkt geltend macht, wenn der Winterpreis höher als der Sommerpreis ist.
Der Abnehmer bekommt dann den Eindruck, daß er am Gas sparen müsse, und die Folge
ist, daß er im Winter sich von dem Gas zur Kohle bei seiner Speisebereitung wendet;
das muß vermieden werden.

Eine berechtigte Abkehr von dem Gaseinheitspreis für häusliche Zwecke findet statt
durch die Einräumung einer Verbilligung für das zur zentralen Warmwasserbereitung
dienende Gas. Solche Einräumungen für Sonderzwecke rechtfertigen sich dadurch, daß
es sich darum handelt, dem Gas neue Abgabegebiete zu erschließen, die es sich noch nicht
in allen Haushaltungen eroberte. Hat sich erst einmal die Gaswarmwasserversorgung
allgemein durchgesetzt, dann kann sie in den Einheitspreis eingezogen werden, der dann
entsprechend billiger zu stellen ist. Sehr interessant ist auch das Vorgehen des Magi-
strats in Zoppot, dem bekannten Ostseebad. Daselbst wird für die Monate Oktober bis
Mai eine Preisermäßigung von 40% auf den Einheitspreis von 15 Pf. gewährt, sobald eine
gewisse, nach der Größe der Anlage bestimmte Mindestverbrauchsmenge überschritten
wird. Die Berechtigung zu diesem Vorgehen liegt in den eigenartigen Verhältnissen der
Gasabgabe daselbst, die im Sommer während der Badesaison weit höher ist als im Winter[1]).

Ein vollkommenes Mißverstehen des Einheitsgaspreises ist es, wenn man, wie dies
vereinzelt geschehen ist, die starre Form eines absolut feststehenden Preises des Kubikmeters Gas für alle und jede Gasabgabe festsetzt. Der Einheitgaspreis hat seine Berechtigung — man kann sagen, er ist eine Notwendigkeit — lediglich für die normale häusliche
Verwendung des Gases. Alle anderen Verwendungen des Gases: der Großgasbezug überhaupt, dann die gewerbliche Verwendung des Gases, sei es als Wärme-, sei es als Kraft-
quelle, sind unter allen Umständen von dem starren Einheitspreis auszunehmen. Bei der
Elektrizität wird es niemandem einfallen, für diese Verwendungszwecke den festen Einheitspreis der Kilowattstunde des gewöhnlichen häuslichen Stromverbrauches zu rechnen
Daß man beim Gas ebenso verfahren muß, ist eine Erkenntnis, die bisher noch nicht überall
in den Gasfachkreisen sich durchgesetzt hat. Es ist auch beim Gase nötig, für jede besondere Verwendungsart sich über die wirklichen Gestehungskosten ein gänzlich ungeschmink-
tes Bild zu machen. Ungeschminkt heißt in diesem Falle: man soll nicht in fälschlicher
Weise die Gestehungskosten des Gases für den einzelnen Verwendungszweck und den besonderen Abnehmer für höher ansehen, als sie es in Wirklichkeit sind und wie man dies
findet, wenn man der Sache auf den Grund geht. Diese zu hohe Bewertung der Selbstkosten ist eine noch nicht überwundene Untugend, die sich daher schreibt, daß man überhaupt früher und auch noch jetzt zum Teil die Gaspreise lediglich nach fiskalischen Gesichts-

---

[1]) Vergl. hierzu auch den Vorschlag des Herrn Direktors Menzel im Gasjournal 1912, S. 97.

punkten bemessen hat, von der Meinung ausgehend, je höher man den Gaspreis macht, desto mehr wird verdient, ohne dabei zu bedenken, daß billige Preise, insbesondere für gewerbliche Verwendungszwecke, erst einen Konsum mit Einnahmen und Reinüberschüssen neu schaffen, den man bei hohen Gaspreisen überhaupt nicht hat, weil das Gas dann nicht mit den anderen Heizmitteln den Wettbewerb aufzunehmen vermag. Als ein Beispiel der Tarifierung des Industriegases möge Köln angeführt werden. Dort wird für das Gas, das ausschließlich zu industriellen Zwecken entnommen wird, ein Preis von 10 Pf. berechnet. Auf diesen Preis gibt es aber ganz erhebliche Rabatte, und zwar bei einem Verbrauche

vom   5001. bis zum   15000. cbm auf jedes cbm 1 Pf.
»   15001. »   »   30000. »   »   »   »   2 »
»   30001. »   »   50000. »   »   »   »   3 »
»   50001. »   »   100000. »   »   »   «   4 »
» 100001. »   »   250000. » wird das Gas mit 7 Pf.

für das Kubikmeter in Rechnung gestellt. Außerdem erhält der Verbraucher neben den obigen Rabattsätzen auf den ganzen Verbrauch einen Rabatt in Pfennig von 1/75000 des Verbrauches über 100 000 cbm für das Kubikmeter, also bei einem Verbrauch von jährlich 250 000 cbm einen Extrarabatt von 2 Pf. Von 250 000 cbm ab wird das Gas zu einem Preise von 5 Pf. für das Kubikmeter abgegeben, aber ein weiterer Rabatt nicht gewährt. Dieser Preis läßt noch einen namhaften Nutzen, was man daraus erkennen kann, daß eine große Anzahl von Orten des rheinisch-westfälischen Industriereviers das Gas aus den Kokereien zu 2½ bis 3 Pf. für das Kubikmeter in die Gasbehälter jedes Ortes geliefert erhält, während genaue Rechnungen, die von Gaswerksleitern benachbarter größerer Gaswerke durchgeführt sind, ergeben haben, daß sie das Gas noch weniger kostet. Die ferneren Kosten, die für die Zuleitung des Gases zu industriellen Großabnehmern entstehen, stellen sich, bezogen auf das Kubikmeter Gas, meistens im Verhältnis zu der Abnahmemenge weit geringer als durchschnittlich die Kosten der Zuleitung des Gases zu den gewöhnlichen Verbrauchsstellen, wie den Miethäusern usw. Immer mehr findet sich neuerdings auch die Festsetzung, daß für industrielle Gasentnahme der Preis von Fall zu Fall auf Grund der besonderen Verhältnisse bestimmt wird. Überhaupt wird man dann den größten Erfolg haben, wenn bei der Preisstellung allen Verhältnissen so Rechnung getragen wird, wie es einesteils den berechtigten Anforderungen des einzelnen Abnehmers und anderseits den Interessen des Gaswerks entspricht. Die größte Vielseitigkeit der Tarifbildung zeigt wohl, im Wettbewerb mit dem Rheinisch-Westfälischen Elektrizitätswerk, der Tarif des Gaswerks Gelsenkirchen.

Dort betragen die Grundpreise:

für Leuchtgas 13 Pf. pro cbm,

» Koch- und Heizgas 11 Pf. pro cbm; dann kommen aber die Sonderbestimmungen:

A. Gasentnahme durch getrennte Gasmesser und Leitungen:

a) Das Leuchtgas wird wie folgt berechnet:

Die ersten 1000 cbm des Jahresverbrauchs, also von 1 bis 1000 cbm, zu 13 Pf. pro cbm. Die folgenden 1000 cbm des Jahresverbrauchs, also von 1001 bis 2000 cbm zu 12 Pf. pro cbm. Die folgenden 3000 cbm des Jahresverbrauchs, also von 2001 bis 5000 cbm zu 11 Pf. pro cbm. Der über 5000 cbm hinausgehende Verbrauch zu 10 Pf. pro cbm.

b) Das Koch- und Heizgas wird wie folgt berechnet:

1. Mit 10 Pf. pro cbm, wenn zur Beleuchtung der vorhandenen Räumlichkeiten teilweise Gas benutzt wird.

2. Mit 8 Pf. pro cbm, wenn in der Hauptsache Gas zur Beleuchtung dient und eine vom Gaswerk zu bestimmende Mindestmenge an Leuchtgas abgenommen wird.

3. Mit 7 Pf. pro cbm, wenn ausschließlich Gas zur Beleuchtung dient und eine vom Gaswerk zu bestimmende Mindestmenge an Leuchtgas abgenommen wird.

B. Gasentnahme durch einheitliche Gasmesser und Leitungen für verschiedene Verwendungszwecke:

c) Einheitspreis 11 Pf. pro cbm bei mindestens 30 cbm Abnahme im Monat, sonst 13 Pf. Dieser Preis gilt für Wohnungen mit regelmäßiger Koch- und Heizgasabnahme während des ganzen Jahres, für Gewerbetreibende, Läden usw. nur im Sommerhalbjahr, während im Winterhalbjahr 13 Pf. mit Staffel nach A. a) berechnet werden.

d) Doppeltarifzähler nach besonderem Tarif mit 13 Pf. Grundpreis während der sogen. Sperrstunden (Abendstunden) und ermäßigten Preisen während der übrigen Stunden des Tages und der Nacht. Hierbei ist der Verwendungszweck des Gases· gleichgültig.

Für den Doppeltarif wird folgende Berechnung festgesetzt:

	Nur Gas		Gas und Elektrisch	
Abendgas 5 bis 9 Uhr	ohne Vertrag Pf.	mit Vertrag Pf.	ohne Vertrag Pf.	mit Vertrag Pf.
erste 1000 cbm	13	13	13	13
zweite 1000 »	12	12	12	12
folgende 3000 »	11	11	12	11
Rest	11	10	12	11
Nacht- u. Tagesgas				
erste 1000 cbm	9	9	10	9
zweite 1000 »	8	8	9	8$\frac{1}{2}$
dritte 1000 »	8	7	8	8
Rest	7	7	8	7

e) Einschätzungstarif:

Hierbei ist der Verwendungszweck des Gases gleichgültig. Ein Teil der abgenommenen Gasmenge wird zum Leuchtgaspreise von 13 Pf. pro cbm mit Staffel nach A. a) berechnet, der Rest zum Preise von 8 Pf. und 7 Pf. pro cbm. Die mit 13 Pf. zu berechnende Gasmenge wird je nach Zahl oder Größe der Räumlichkeiten oder der angeschlossenen Apparate auf Grund der von der Gaskommission jeweils festgesetzten Bestimmungen ermittelt. Zurzeit gelten folgende Festsetzungen:

				monatlich	jährlich				Mehrverbrauch monatl. 50 cbm à 8 Pf. Rest à 7 Pf.
Für 1 Zimmer und Küche				8 cbm	96 cbm à 13 Pf.				
» 2 »	»	»	»	10 »	120 »	»	»	»	
» 3 »	»	»	»	12 »	144 »	»	» ·	»	
» 4 »	»	»	»	15 »	180 »	»	»	»	
» 5 »	»	»	»	20 »	240 »	»	»	»	
» 6 »	»	»	»	25 «	300 »	»	»	»	
» 7 »	»	»	»	30 »	360 »	»	»	»	
» 8 »	»	»	»	40 »	480 »	»	»	»	
» 9 »	»	»	»	50 »	600 »	»	»	»	
» 10 und mehr Zimmer			60 »	720 »		»	»	»	

Badezimmer, Speisekammern, Klosette, Flure und Dienstbotenräume zählen nicht mit.

Für Geschäfte usw. wird Einschätzung nach Grundfläche der Läden mit mindestens 8 cbm Gasverbrauch pro Jahr auf 1 qm Ladenfläche, in besseren Geschäften bis zu etwa 12 cbm erfolgen, unter Berücksichtigung des bisherigen Leuchtgasverbrauches — soweit dieser bekannt ist. Bei vorherrschendem Tages- und Nachtkonsum können die niedrigen Zahlen Anwendung finden. Werkstätten, Lagerräume, Stallungen oder sonstige wenig benutzte Räume sind nach durchschnittlicher Brennzeit und angemessener Lichtstärke einzuschätzen. Der über den eingeschätzten Grundverbrauch hinausgehende Gaskonsum kann bei Vertragsabschlüssen mit 7 Pf. berechnet werden. In Sonderfällen kann, sofern dies angemessen erscheint, eine 8 Pf.-Zwischenstufe eingeschaltet werden.

C. Gasentnahme durch Münzgasmesser (sog. Automatenmesser).

f) Bei bezahlten oder gemieteten Gaseinrichtungen, sofern Koch- oder Heizgas mit abgenommen wird:

1. Das Gas kostet 12 Pf. pro cbm (für 10 Pf. werden ca. 830 l Gas abgegeben). Messermiete wird nicht erhoben. Doch ist eine bestimmte Mindestmenge abzunehmen. Kaution wird nicht erhoben.

2. Das Gas kostet 11 Pf. pro cbm (für 10 Pf. werden ca. 900 l Gas abgegeben). Messermiete wird besonders erhoben, aber keine Kaution. Dieser Tarif gilt nur für Wohnungen, unter Voraussetzung eines entsprechenden Verbrauches.

g) Bei Gaseinrichtungen, welche vom Gaswerk kostenlos oder gegen Zuschußzahlung erstellt sind:

Für ältere, kostenlos ausgeführte oder neuere Anlagen mit einem Zuschuß von M. 14 gegen bar oder M. 16 gegen zehnmonatliche Raten à M. 1,60. 1 cbm Gas = 14½ Pf. = 690 l für 10 Pf. (keine Miete für den Automatenmesser, keine Aufstellungskosten). Für neuere Automatenanlagen mit einem Zuschuß von M. 27 gegen bar oder M. 30 bis M. 33 gegen 21 monatliche Raten à M. 1,40. 1 cbm = 13 Pf., ca. 770 l für 10 Pf. (keine Miete für den Automatenmesser, keine Aufstellungskosten).

Für industrielle Verwendung ist eine Erweiterung der Bestimmung zu A. b) getroffen, danach kosten:

Die ersten	5000 cbm	des Jahresverbrauches à 10	Pf.
» folgenden	5000 »	» » » »	9 »
» »	5000 »	» » » »	8 »
» »	20000 »	» » » »	7 »
» »	30000 »	» » » »	6½ »
» »	100000 »	» » » »	6 »
der Rest	. . . .		5½ »

Eine weitsichtige, die Bedürfnisse wie die Selbstkosten sorgsam erwägende Preisbemessung des Gases genügt wohl, um ihm alle die industriellen Verwendungszwecke zuzuführen, in denen es wettbewerbsfähig ist, kann aber noch nicht dem Gas auch Eingang in sämtliche Wohnungen verschaffen. Die Industrie verfügt immer, wenn eine Einrichtung ihr rentabel erscheint und die Kosten nicht allzu hoch sind, über das nötige Geld zur Anlage; der kleine Privatmann aber ist nicht in dieser Lage, sondern er muß das Anlagekapital für eine Einrichtung, wie sie die Anlage einer Gasleitung darstellt, in der Regel aus seinen laufenden Einnahmen bestreiten, und das ist bei der weitaus überwiegenden Zahl der Haushaltungen eine kaum erschwingliche Belastung; hierzu kommt noch, daß für Wohnungsmieter eine solche Ausgabe häufig nach kurzer Zeit völlig verloren ist, wenn sie sich aus irgendwelchen Gründen entschließen, die Wohnung zu wechseln. Hier müssen Gasbezugserleichterungen eintreten, wie die Herstellung kostenloser Steigleitungen, Hergabe der Inneneinrichtungen und Beistellung aller Gasverbrauchsgegenstände gegen Miete. Auf diese Weise sind besondere Erfolge erzielt worden in München. Das Gaswerk hat ein 28 Seiten starkes Buch herausgegeben, ausgestattet mit Abbildungen aller einzelnen Lampen und Apparate, die dort zur Miete zu haben sind, unter Angabe des stündlichen Gasverbrauchs sowie des vierteljährlichen Mietspreises. Es kosten an vierteljährlicher Miete eine Lyra 60 Pf., eine Schirmlampe mit zweiteiligem Zug 90 Pf., ein Pendel 45 Pf., eine Zuglampe M. 1,20, eine geschlossene Herdplatte mit drei Rundbrennern M. 1,05, eine Herdplatte wie vor mit einer Wärmestelle und mit abnehmbarer Brathaube M. 1,60, ein Gasherd mit zwei Koch- und zwei Wärmstellen sowie einem Bratraum M. 2,25, ein Gasherd mit vier Kochstellen, einem Brat- und einem Grillraum und Grillvorrichtung mit Spieß M. 4,20. Ein anderes Beispiel: In Trier beträgt die monatliche Miete:

für 1 Wandarm oder Lyra (stehend oder hängend) . . . M. 0,10
  » 1 Zugampel. » 0,25
  » 1 Kochapparat je nach Größe . . . . » 0,15 bis 0,35
  » 1 Bratofen mit Zubehör . . . . » 0,50
  » 1 Heizofen je nach Größe . . . . » 0,30 bis 1,60
  » 1 Plättenerhitzer   . . . . » 0,15 bis 0,25
  » 1 Fernzüdung . . . . » 0,25

In Essen sind die Preise:

a) Gaskochherde und Tische:

1 Einlochkocher . . . . M. 0,10
1 Zweilochkocher mit Nachwärmer . . . . » 0,20
1 Dreilochkocher mit Nachwärmer . . . . » 0,30
1 Dreilochkocher, Bratrost, Spieß und Backofen . . . . » 0,50
1 Vierlochkocher . . . . » 0,40
1 Backofen mit Bratrost und Spieß (nach Auswahl) M. 0,40 bis . » 1,—
1 Kippvorrichtung mit 2 Plätteisen . . . . » 0,20
1 Bügelofen für Schneider mit 2 Feuern . . . . » 0,50
1 Kochplattentisch (Untergestell) . . . . » 0,20

b) Gasheizöfen.

Die Miete für Gasheizöfen wird in jedem einzelnen Falle nach Auswahl besonders festgesetzt. Sie beträgt M. 0,80 bis M. 30. Für die Anlage der Gasinnenleitungen gegen Teilzahlung hat das Essener Gaswerk ein Übereinkommen mit den Installateuren getroffen. Es ist darin bestimmt, daß in jeder Wohnung die Leitungsanlage einschließlich der Apparate und Lampen bis zu M. 100 Kosten verursachen darf. Soweit der Rechnungsbetrag M. 100 überschreitet, hat der Besteller den Mehrbetrag an den Installateur direkt zu zahlen. Für den Betrag bis zu M. 100 übernehmen die städtischen Gaswerke die Zahlung an die Installateure, wogegen die Leitung mit sämtlichen Einrichtungen in den Besitz der städtischen Gaswerke übergeht. Die städtischen Gaswerke ziehen zwei Jahre lang, also in 24 Monatsbeiträgen, das verauslagte Geld von dem Besteller gleichzeitig mit der monatlichen Gasrechnung wieder ein. Bis zur Zahlung der letzten Teilzahlung verbleibt die Anlage in vollem Umfang Eigentum der städtischen Gaswerke, und es darf seitens des Benutzers keinerlei Änderung oder Entfernung vorgenommen werden.

Überhaupt gehen, wenn Gaswerke Gegenstände gegen Miete mit Eigentumserwerb geben, diese gewöhnlich nach 12 oder 24 Monaten in den Besitz des Mieters über. Außer dem Bruttopreis der Apparate werden zuweilen 5% Zinsen für die ganze Zeit berechnet.

Das Gaswerk Potsdam liefert 600- und 1000-kerzige Niederdruckstarklichtlampen leihweise bei Eigentumserwerb gegen M. 1 Zahlung pro Lampe und Monat bei der 600-kerzigen Niederdruckstarklichtlampe und M. 1,50 pro Lampe und Monat bei der 1000-kerzigen Niederdruckstarklichtlampe. Die Lampen gehen nach Ablauf von 5 Jahren kostenlos in das Eigentum des Mieters über.

2. Münzgasmesseranlagen und ihre wirtschaftliche Bedeutung.

Wenn auch die angegebenen Gasbezugserleichterungen, die samt und sonders darauf hinauslaufen, den Gasabnehmern die Einrichtungskosten für das Gas ganz abzunehmen oder doch zu verbilligen, sich als sehr wirksam erwiesen haben, so ist doch die in der neuesten Zeit bemerkbar gewordene allgemeine Verbreitung des Gases in den minderbemittelten Volksschichten erst möglich geworden durch die umfassende Einführung der Münzgasmesser in Deutschland. Die Münzgasmesser sind eben in Verbindung mit den ihnen beigegebenen Leitungen und Gaseinrichtungsgegenständen der Weg, den Gasabnehmern alle Vorteile, die ihnen das Gaswerk zu bieten vermag, auf einmal zu bringen. Es zeigt die massenhafte Einführung der Münzgasmesser, wie sie jetzt in Deutschland stattfindet, in erfreulicher Weise, daß der grundlegende Gesichtspunkt: die Kreditfähigkeit der Gemeiden, denen es leicht wird, Geld zu beschaffen und Geld auszugeben, wenn es Zinsen bringt, ausgenutzt werden muß zum Vorteile derer, die wohl laufend Zahlungen zu leisten vermögen, aber kein Kapital besitzen und erst recht nicht eine Kreditwirtschaft führen können, wie sie für Stadt und Staat eine gesunde Erscheinung ist, auf der unser augenblickliches Wirtschaftsleben in der Hauptsache beruht. Die Kreditgewährung an die Gasabnehmer — eine solche ist die kostenlose Einrichtung der Gasleitungen nebst Lampen und Kochern, während als Zinsenzahlung die laufenden Einnahmen aus dem Gasverbrauch des Abnehmers einkommen — ist in vollkommenster Weise gesichert eben durch die Münzgasmesser, denn sie vermeiden alle Verluste des Gaswerks an Schuldnern, die, ohne ihre Gasrechnungen zu begleichen, sich ihren Verpflichtungen entziehen. Die sofortige Barbezahlung für das Gas stellt zudem einen immerhin ins Gewicht fallenden Zinsgewinn gegenüber der nachträglichen Berechnung des Gasgeldes und seiner späteren Einziehung dar. So ist der Gasverkauf durch die Münzgasmesser in Verbindung mit der kostenlosen leihweisen Hergabe der Leitungen und Gasapparate der einfachste Weg, den breitesten Schichten der Bevölkerung das Gas zu bringen, wenn der Münzgasmesser-Gaspreis durch einen Aufschlag auf den gewöhnlichen Gaspreis ohne weiteres alle Mietszahlungen ablöst.

Als bewährte Bedingungen für die Lieferung des Gases durch die Münzgasmesser können die nachstehenden, in Barmen erlassenen gelten:

1. Die Beantragung einer Automateneinrichtung hat unter Benutzung des vorgeschriebenen Formulars und mit Zustimmungserklärung des Hausbesitzers versehen bei den Wasser- und Lichtwerken, unter Anerkennung dieser Bestimmungen, schriftlich zu geschehen.

2. Es bleibt der Entscheidung der Direktion der Wasser- und Lichtwerke überlassen, ob diesem Antrage entsprochen oder er abgelehnt wird.

3. Die Kosten der Gasautomateneinrichtung trägt das Gaswerk; sie besteht außer der erforderlichen Zuleitung aus:

      a) einem fünfflammigen Automaten,

      b) der Rohrleitung im Hausinnern,

      c) einem Gaskocher für 2 bis 3 Feuer,

      d) einem oder mehreren Beleuchtungsgegenständen für zusammen höchstens fünf Flammen.

Automateneinrichtungen für Beleuchtungszwecke allein werden nicht hergestellt. In dem Ausstellungsraum des Gaswerks sind die Kocher und Lampen, welche zu den Automaten geliefert werden, zur Auswahl gestellt.

4. Die gesamte Automateneinrichtung mit allem Zubehör bleibt dauernd Eigentum des Gaswerks. Die Miete dafür ist in dem Preis des gelieferten Gases eingeschlossen. Die Einrichtung darf daher eigenmächtig von dem Gasabnehmer weder verändert noch entfernt oder verkauft werden. Für abhanden gekommene, ebenso für mutwilliger- oder fahrlässigerweise beschädigte Teile haftet der Gasabnehmer. Glühkörper, Glaswaren werden nur einmal kostenlos geliefert, Ersatz dafür ist zu bezahlen; im übrigen geschieht die Unterhaltung der Automatenanlage auf Kosten des Gaswerks.

5. Bei etwaigem Versagen der Geldeinnahme-Einrichtung des Gasautomaten erfolgt die Berechnung des Gasverbrauchs nach dem Hauptzählwerk des geeichten Gasmessers oder nötigenfalls durch Schätzung unter Zugrundelegung des für das Kubikmeter festgesetzten Einheitspreises von 16 Pf.

6. Die gegenseitige Kündigungsfrist des Mietverhältnisses ist eine vierwöchige. Auch ein Wohnungswechsel ist vier Wochen vorher anzuzeigen. Wird eine gekündigte Einrichtung nicht käuflich erworben, so ist das Gaswerk berechtigt, aber nicht verpflichtet, die Lampen, Apparate und Leitungen zu entfernen.

7. Von allen Beschädigungen oder Störungen, besonders solchen, bei welchen Gas entweicht, hat der Abnehmer dem Gaswerk sofort Anzeige zu erstatten.

8. Es steht dem Gaswerk das Recht zu, die gesamte Automateneinrichtung und den Verbrauch des Gases jederzeit an Ort und Stelle prüfen zu lassen.

Als sehr zweckmäßig erwiesen hat sich die Bestimmung, daß es dem Gaswerk in jedem Falle überlassen bleibt, darüber zu befinden, ob die Anlage ausgeführt werden soll oder nicht. Diese Bestimmung hat den Zweck, dem Gaswerk die Ablehnung unrentabler Anlagen zu ermöglichen. Man ist dabei in Barmen keineswegs engherzig verfahren. In der Regel ließ sich bei Anwendung der Bestimmung erreichen, daß nunmehr der Hausbesitzer zu einer Beisteuer sich bereit fand, denn sogleich, nachdem mit der Einrichtung der Münzgasmesser in Barmen begonnen war, fanden sie einen solchen Anklang, daß in Häusern, bei denen wegen besonders hoher Einrichtungskosten, nötiger langer Leitungen und dergleichen das Gaswerk von seinem Verweigerungsrecht Gebrauch machte, die Mieter einen Druck auf den Hausbesitzer ausübten und ihm mit Auszug drohten, wenn er es nicht erreiche, daß bei ihnen Gasautomaten eingerichtet würden. Der ganzen Bevölkerung bemächtigte sich der dringende Wunsch, Gas zu erhalten. Voraussichtlich schon im Jahre 1915 oder 1916 werden alle Haushaltungen in Barmen Gas haben mit Ausnahme weniger, die weit in der Gemarkung außerhalb der Stadt und des Gasrohrnetzes liegen. Im Jahre 1908 wurde mit der Einrichtung der Münzgasmesser begonnen und 1400 solche Anlagen ausgeführt. Im Jahre 1909 kamen fernere 3300 Haushaltungen hinzu, im Jahre 1910: 2700, im Jahre 1911: 3200 und im Jahre 1912: 5800. Im ganzen sind dies 16 400 Haushaltungen. Dabei besitzt Barmen überhaupt nur 35 000 Haushaltungen, und es waren davon schon vorher etwa 15 000 angeschlossen. Die Kosten für die Einrichtung der Münzgasmesseranlagen haben im Durchschnitt niemals M. 100 überschritten einschließlich des Münzgasmessers selbst. Der Gasverbrauch hat sich so gut entwickelt, daß im letztabgelaufenen Jahre auf jede Münzgasmesseranlage 252 cbm entfielen, also zu dem Einheitspreis von 16 Pf. eine Zahlung von reichlich M. 40. Wie rentabel dabei die Gasleitungen sind, ergibt sich aus der Betrachtung, daß die Selbstkosten des Gases noch nicht 8 Pf. sind einschließlich aller Spesen, so daß also die anderen 8 Pf., gleich M. 20 jährlich, für die Verzinsung und Amortisation der Münzgasmesseranlage, wofür M. 10 anzusetzen sind, und als Reinüberschuß ebenfalls M. 10 verbleiben. Es ergibt das also einen Reinüberschuß von mehr als 10%.

Erschwert ist die Einführung der Münzgasmesser zuweilen durch den Widerstand, der ihnen aus Installateurkreisen bereitet wird. In Barmen wäre es unter allen Umständen ausgeschlossen gewesen, sämtliche Anlagen durch die eigenen Leute des Gaswerks auszuführen bei der Massenhaftigkeit des Verlangens nach diesen Anlagen. So gab sich von selbst der Weg, daß zwischen dem Gaswerk und der Installateurinnung Einheitspreise vereinbart wurden, zu denen seitens der Handwerksmeister auf Kosten des Gaswerks die Leitungen zur Ausführung gelangten. Es wurden für die einzelnen Bezirke seitens des Innungsvorstandes die Handwerksmeister bezeichnet, die als Bewerber um die Ausführung solcher Anlagen auftraten, und es ist dann auf diese Weise den Handwerksmeistern ein lohnender Verdienst zugeflossen, mit dem sie sehr zufrieden sind. Man braucht sich nur zu vergegenwärtigen, daß 15 000 Münzgasmesseranlagen einen Wert von rd. M. 1½ Mill. darstellen, wovon etwa die Hälfte auf die Leitungsanlage entfällt, also auf Arbeiten, die den Installateuren seitens des Gaswerks bezahlt werden. Diese Arbeiten haben dazu geführt, daß Handwerksmeister nach Barmen zuzogen und ferner Gesellen sich selbständig machten, so daß es der installierenden Handwerksmeister zu viele wurden. Man wird deshalb im Interesse des ansässigen Handwerks darauf Bedacht nehmen, diesem die Arbeiten zuzuwenden, zumal, wie es am Barmer Beispiel deutlich erkennbar ist, die Arbeit an den Münzgasmeseranlagen mit der Zeit im wesentlichen aufhören muß, wenn sämtliche Haushaltungen Gas haben und dann nur noch solche hinzukommen, die einen Bevölkerungszuwachs darstellen.

In Berlin ist der Zuwachs an Münzgasmesseranlagen so gewaltig geworden — im Kalenderjahr 1912 allein 60000 —, daß man glaubte, bremsen zu müssen und den neuhinzutretenden Münzgasabnehmern die Verpflichtung auferlegte, jährlich mindestens 300 cbm zu entnehmen oder aber den Fehlbetrag mit 3 Pf. für das Kubikmeter bar auszuzahlen.

Die wirtschaftliche Bedeutung der Münzgasmesseranlagen in Berlin und ihre Wichtigkeit für die dringend erwünschte Zurückdrängung des Petroleumverbrauches kann am besten durch die Tatsache illustriert werden, daß gegenüber diesen 60 000 im Jahre 1912 neu hinzugekommenen Berliner Münzgasmesseranlagen die Berliner Elektrizitätswerke im ganzen am 1. April 1912 nur 36 286 Elektrizitätszähler im Betrieb hatten, also kaum mehr als die Hälfte der Zahl der in jenem Jahre allein schon an Münzgasmesseranlagen neu hinzugekommenen Gasabnehmer.

Das Wachsen des Gasverkaufs durch die Münzgasmesser in ganz Deutschland ergibt sich aus der von der Zentrale für Gasverwertung im Einvernehmen mit der vom Deutschen Verein von Gas- und Wasserfachmännern gebildeten Kommission für den Betrieb von Gaswerken laufend monatlich veranstalteten Statistik, die im November 1909 begann. Damals wurden durch die Statistik erfaßt 189 118 Münzgasmesser: im November 1913 waren es bereits 884 289 Münzgasmesser also mehr als das Vierfache. Die Zunahme in einem Jahre beträgt, auf den Stand des Vorjahres bezogen, rund 40%, und es ist keine Aussicht, daß sich dieses Verhältnis so bald ändert, denn die Anzahl der Städte, die sich zur Einführung der Münzgasmesser entschließen, wächst fortwährend und auch, wie es scheint, die Nachfrage an den Orten, in denen sich die Münzgasmesser bereits namhaft eingeführt haben. Ausnahmen gibt es, aber wohl nur da, wo ganz besondere Verhältnisse vorliegen, wie beispielsweise im oberschlesischen Kohlenrevier. Dort legt die Bergarbeiterbevölkerung im allgemeinen keinen besonderen Wert darauf, das Gas zum Kochen zu verwenden, weil sie die Kohle teilweise umsonst, teilweise ganz billig erhält. Auf diese Weise ist die Gasabgabe für die einzelne Münzgasmesseranlage nicht so bedeutend, daß man im Preise besonders entgegenkommen könnte, und dadurch verlieren dann diese Anlagen auch wieder an Anreiz für die Beleuchtung. Dann ferner ist die Nachfrage nach Münzgasmesseranlagen zuweilen geringer, wenn schon ausgiebig Apparate und Leitungen in Miete eingeführt sind und nachdrücklich propagiert werden. Im ganzen hat sich aber, wie die angezogene Statistik erweist, der Münzgasmesser als das wirksamste Mittel für die Einführung des Gases überhaupt ungefähr ebenso in Deutschland erwiesen, wie das bekanntermaßen in England der Fall ist. Nicht lange mehr wird es dauern, daß die jährliche Zunahme der Münzgasmesser in Deutschland ebenso groß sein wird wie die Zunahme an gewöhnlichen Gasmessern.

Bei dem Einkassieren der in die Münzgasmesser hineingelegten Geldbeträge haben sich zwei unterschiedene Verfahren eingeführt. Das eine hat für jeden Münzgasmesser zwei verschließbare Kassetten nötig, deren eine, Büchse A, sich am Münzgasmesser, die andere, Büchse B, in Verwahrung des Gaswerks befindet. Monatlich oder zweimonatlich, je nach dem Zeitraum, der für das Einkassieren der Münzgasmessergeldbeträge festgesetzt ist, wird an jedem Münzgasmesser die volle Büchse A gegen die leere Büchse B ausgewechselt, während gleichzeitig der Stand des Automatengasmessers sowie der Stand des Geldzählwerks und die von dem Konsumenten durch seine Zahlungen vorausbezahlte Gasmenge, die er noch nicht verbrauchte, notiert werden. Aus diesen Zahlen wird in der Buchhaltung des Gaswerks zunächst der Geldsollbestand ermittelt, der in der Kasse sein muß, und dann schließlich in der Kasse die Kassette von zwei Beamten geöffnet, der Inhalt in die Geldzählmaschine geschüttet, worauf die gezählte Geldmenge mit der in der Buchführung errechneten verglichen wird. Dieses Verfahren läßt sich aber nicht überall gut durchführen. Während es sich in Worms ausgezeichnet bewährte, mußte in Barmen, wo sonst alles nach dem Wormser Vorbild eingerichtet wurde, sogleich davon Abstand genommen werden; denn das Gelände in Barmen ist sehr bergig; die Straßen sind vielfach so steil, daß sie für Fuhrwerke nur nach einer einzigen Richtung befahrbar sind und der Handkarren, dessen die Leute des Gaswerks bedürfen, welche die Kassetten der Automaten auswechseln, auf vielen Straßen nicht ohne Gefahr verkehren kann, abgesehen von der großen Kraftleistung, die zu seiner Bewegung nötig ist. Ein großer Teil der Stadt ist tatsächlich für diesen Einkassierungskarren ungangbar. Man ließ daher das ganze System fallen und die Geldbeträge den Automaten durch einen Beamten unmittelbar entnehmen, der gleichzeitig die Stände notiert. Die Kontrolle ist einfach dadurch gegeben, daß man das nächste Mal einen anderen Beamten schickt und dann der von diesem vorgefundene Geldbetrag mit den Zahlenablesungen übereinstimmen muß. Dieses Verfahren hat ebenfalls zu irgendwelchen Anständen nicht geführt und ist überhaupt wohl das verbreitetste. Es hat den Vorteil, daß an Arbeitskräften gespart und auch die umständliche Aufbewahrung der freien Kassetten auf dem Gaswerk vermieden wird.

---

3. Die Abrechnung mit den Gasabnehmern.

Ablesen der Gasmesser. Bücher und Karten.

Früher war das Verfahren der Abrechnung mit den Konsumenten ziemlich allgemein so, wie es jetzt noch bei den kleineren Werken ist. Aus den Aufnahmebüchern werden bei diesen die Stände in die Konsumentenbücher übertragen, dann der Verbrauch nebst den Beträgen ausgerechnet und die Gasrechnungen danach ausgeschrieben.

In den Konsumentenbüchern werden die einzelnen Konten am Schlusse des Jahres abgeschlossen und danach ermittelt, ob etwa Rabatte zu gewähren sind, wenn die Abgabebedingungen solche bei größerem Gasbezuge vorsehen. Diese Rechnungen sind etwas vereinfacht, wenn die Ausrechnung sogleich in dem Aufnahmebuch erfolgt. Dann wird außerdem nur noch eine Liste geführt, um den Verbrauch aufzuaddieren.

Bei diesem Verfahren sind Bücher nötig, und diese haben den Nachteil, daß sie mindestens jedes Jahr neu angelegt und die Namen der Abnehmer hineingeschrieben werden müssen; ferner, daß die Reihenfolge der Abnehmer schon im Laufe des Jahres nicht mehr stimmt, weil ein Teil der Abnehmer den Ort verläßt, andere an ihre Stelle treten oder auch ortsansässige Abnehmer umziehen.

Diese Nachteile können vermieden werden durch die reinen Kartensysteme. Bei ihnen kann jederzeit, wenn ein Abnehmer ausfällt, dessen Karte ebensowohl aus den Paketen der Aufnehmerkarten wie aus den Paketen der Konsumkarten, die in der Buchhaltung des Gaswerks geführt werden, herausgenommen und, wenn der Abnehmer nur umzieht, anderswo an der entsprechenden Stelle wieder eingefügt werden. Dies ist insbesondere von Wichtigkeit bei Städten, in denen der Zugang zeitweise ganz besonders groß war, wie beispielsweise in Neukölln, das im Jahre 1900: 90 000 Einwohner, im Jahre 1905: 152 000 Einwohner, am 1. Mai 1913: 271 000 Einwohner hatte, also seit dem Jahre 1900 um 181 000 Einwohner gewachsen ist und das wohl mit zuerst das reine Kartensystem zur Einführung brachte, weil es sonst überhaupt nicht zurecht kam. Eine vorzügliche Durchbildung hat dieses System in Karlsruhe erfahren. Sie ist ein Verdienst des Herrn Verwalter Hoffmann von den städtischen Gas-, Wasser- und Elektrizitätswerken in Karlsruhe, dem auch die nachstehende Beschreibung zu danken ist:

»Die Standaufnahmekarten (kurz Standkarten genannt) sind in Ringbücher nach Einzugsbezirken und Straßen geordnet. Sie dienen zur Aufnahme der Stände der Gasmesser, der Wassermesser und Elektrizitätszähler und werden auch von dem Auffüller-Personal beim Auffüllen der nassen Gasmesser zum Eintragen der Kontrollstände benutzt. Die Standkarten haben sechs Jahreskolonnen, so daß sie sechs Jahre ausreichen und erst nach Ablauf dieser Frist wieder erneuert werden müssen. Die für die Münzgasmesser (Automaten) bestimmten Stand- und Entleerungskarten reichen nur für vier Jahre aus, weil der Aufdruck mehr Platz beansprucht.

Bei der Aufnahme werden die Stände der Gasmesser, Wassermesser und Zähler in jedem Anwesen gemeinschaftlich und gleichzeitig aufgenommen. Jeder Abnehmer hat drei Ringbücher zur Hand, die in einem ledernen Schutz- und Transportkasten untergebracht sind; eines dieser Ringbücher enthält die Gasmesserstandkarten, ein zweites die Wasserstandkarten, ein drittes die Zählerstandkarten.

Die Ringbücher haben den außerordentlichen Vorteil, daß Standkarten neu hinzukommender oder abgehender Konsumenten ohne weiteres in die betreffende Straße und unter die richtige Hausnummer einrangiert oder aus denselben entfernt werden können.

Die Konsumkarten sind in gleicher Weise wie die Standkarten nach Bezirken, Straße und Hausnummer geordnet, und zwar nach vier Arten getrennt:

für Gasmesser,
» Münzgasmesser,
» Wassermesser,
» Zähler.

Diese Konsumkarten werden in eisernen Ventaschränken bewahrt, und jede Kartenabteilung ist der Konsumverrechnungsabteilung überwiesen, die sich mit der betreffenden Verrechnungsart zu beschäftigen hat. In der betreffenden Konsumverrechnungsabteilung werden aus den Standkarten die aufgenommenen Stände in die Konsumkarten übertragen und dort der Verbrauch berechnet.

Diese Konsumkarten sind zweifellos ein wesentlicher Fortschritt. Sie sind so angelegt, daß sie bei Gas und Strom auf je vier Jahre ausreichen, bei Wasser sogar auf sechs Jahre. Die Karten bedürfen daher jeweils erst nach diesen Zeitabschnitten einer Erneuerung. Sie gewähren bei der Konsumverrechnung einen Überblick über den Verbrauch sowohl im ganzen Vorjahr als auch innerhalb eines bestimmten Zeitabschnittes im Vorjahr; es läßt sich daher auf Grund der Karteneinträge sofort kontrollieren, ob der betreffende Messer richtig funktioniert, ob ein außergewöhnlicher Verbrauch vorliegt oder ob eine falsche Standaufnahme wahrscheinlich ist.

Durch diese Karten fällt die ungemein zeitraubende und dringende Arbeit der alljährlichen Neuanlage der Aufnahmebücher für 35 000 Abonnenten fort. Es können bei den Konsumkarten in gleicher Weise wie bei den Standkarten mit Leichtigkeit alle Veränderungen und Neuzugänge an Abonnenten durch Ausrangieren oder Hinzufügen von

Karten vorgenommen werden, während bei dem seither üblichen System der Aufnahmebücher Blätter eingeklebt oder herausgeschnitten werden mußten.

Die Anlage der Konsumkarten erfolgt erstmals in sehr einfacher Weise unter Verwendung der Adressiermaschine. Der Adressenaufdruck auf die Konsumrechnungen erfolgt unter Verwendung der »Succeß«-Adressiermaschine, nachdem zuvor die einzelnen Adressen auf Grund der Einträge des Kontrollbuches mittels einer Stanzmaschine hergestellt wurden. Die Adressen der gesamten Abonnenten werden in Blechschränken aufbewahrt. Sie sind dort in gleicher Weise und in gleicher Reihenfolge wie die Standkarten und Konsumenten nach Bezirken, Straße und Hausnummer geordnet.

Vor Beginn des Einzugsverfahrens werden sämtliche Rechnungen mit den Adressen bedruckt und hierauf dem Beamten übergeben, der die Rechnungsausfertigung mittels der Borroughs-Additionsmaschine zu besorgen hat.

Sind die Stände aus den Standkarten in die Konsumkarten übertragen, bei welchem Anlaß gleichzeitig und sofort der Verbrauch in der Konsumkarte ausgerechnet wird, so gehen die Konsumkarten tourenweise an den ersten Beamten des Additionsmaschinenbetriebes, der dann einerseits die Konsumkarten mit den ausgerechneten Beträgen, anderseits die Rechnungen mit den aufgedruckten Adressen zur Verfügung hat. Während der maschinellen Ausfertigung der Rechnungen vergleicht er die Konsumkarten und Rechnungsadressen miteinander und fertigt alsdann mittels der Maschine nach diesen Rechnungen (nicht nach den Konsumkarten) einen Kontrollstreifen (zugleich Einzugsliste für die Gelderheber), in der die Gesamtbeträge jeder Rechnung chronologisch aufgeführt und zusammenaddiert sind.

Die Konsumkarten gehen sodann an den zweiten Beamten des Maschinenbetriebes weiter, der auf Grund der Konsumkarteneinträge mittels der Additionsmaschine die Verbuchungen und Additionen der Einzugsbeträge in besonderen Einzugslisten — Ersatz für die Abonnentenbücher — vornimmt. Diese Einzugslisten werden in gleicher Weise wie die Standkarten in großen Ringbüchern aufbewahrt.

Da der zweite Beamte auf Grund der Konsumkarten die Verbuchung und Addition der Einzugsbeträge vornimmt, so müssen, sofern beim Ausfertigen der Rechnungen kein Versehen unterlaufen ist, die Gesamtbeträge der Einzugsliste und des Kontrollstreifens übereinstimmen, was weiterhin dadurch noch festgestellt wird, daß der Gesamtbetrag der Kubikmeter oder Kilowattstunden mit dem Einheitspreis multipliziert wird, wobei sich wiederum die Gesamtgeldsumme ergeben muß, wenn beim Ausrechnen der einzelnen Beträge kein Irrtum unterlaufen ist.

Die auf diese Art tourenweise ausgefertigten und kontrollierten Rechnungen gehen sodann samt den Kontrollstreifen an die Kasse und werden dort in das Aufrechnungsbuch des Gelderhebers eingetragen, der den betreffenden Bezirk zu kassieren hat.

Der Erheber prüft an Hand des Kontrollstreifens die ihm übergebenen Rechnungen auf ihre Richtigkeit.

Im Interesse der Einzugserleichterung ist auf den Umstand Rücksicht genommen, daß manche Abonnenten, insbesondere Hausbesitzer, oft für eine größere Anzahl über das ganze Stadtgebiet verbreiteter Anwesen Beträge zu entrichten haben, die alle an einer bestimmten Zahlstelle zusammen eingezogen werden können. In diesen Fällen sind sämtliche Konsumkarten (nach Gas, Wasser und Strom getrennt) an der Stelle vereinigt, wo die Zahlung erfolgt, so daß jeweils der Gelderheber alle Rechnungen zugewiesen erhält, die in seinem Bezirk bezahlt werden. In der Konsumkartothek sind dagegen an den Stellen, wo der Verbrauch stattfindet (nicht der Einzug), gelbe Leitkarten einrangiert, die auf die Zahlstelle hinweisen, an der sich die Konsumkarte befindet, die allein für die Berechnungen und für die Erhebung maßgebend ist. Will daher ein Beamter beispielsweise in eine Konsumkarte Kaiserstraße 50 den Stand eintragen, so findet er unter dieser Hausnummer eine gelbe Leitkarte, die besagt: »Zahlstelle Goethestraße 9«. Er ist dadurch genötigt, die Konsumkarte Goethestraße 9 aufzusuchen, dort den Stand einzutragen und die Berechnung vorzunehmen. Im Interesse einer glatten Abwickelung des Einzugsverfahrens hat sich diese Maßnahme als sehr zweckdienlich erwiesen«.

So in Karlsruhe. In vieler Weise ganz ähnlich wurde früher in Barmen verfahren. Man ist aber dort dann noch einen wesentlichen Schritt weiter gegangen. Auch in Barmen werden die Gasmesserstände bezirksweise durch Beamte, und zwar alle zwei Monate aufgenommen und in einzelne Karten eingetragen. Diese sind nach dem allgemeinen Lauf der Abnehmer sortiert. Die Karten dienen auch zur Ausrechnung der zu zahlenden Beträge. Nach den Karten werden die Quittungen auf maschinellem Wege durch die Elliot-Fisher-Maschine ausgeschrieben. Während des Schreibens entstehen infolge Durchschlags gleichzeitig Verbrauchs- und Kassenlisten, wobei das automatisch wirkende Rechenwerk gleichzeitig die Addition der Listen in allen ihren Kolonnen besorgt. Eine Übertragung der Stände und Beträge in besondere Bücher oder Bögen fällt hierdurch weg, da die Verbrauchslisten in ihrer Zusammenfassung die sogenannten Konsumentenbücher ergeben. Die Verbrauchslisten, die in Form von Konsumentenbüchern zusammengefaßt werden, bleiben bei der Verrechnungsstelle, während die Kassenlisten nach ihrer Verbuchung gleichzeitig mit den Quittungen der Kasse überwiesen werden und den Nachweis für die Einnahmen bilden. Es werden auch keine besonderen Hebelisten mehr aufgestellt. Nach dem Barmer Verfahren, das übrigens auch noch bei manchen anderen Werken sich bewährt, sind auf dem Bureau nur zwei Arbeiten nötig: 1. die Ausrechnung der Beträge in den Aufnahmekarten, 2. die Ausfüllung der anderen Formulare durch die Elliot-Fisher-Maschine, die dabei die genügende Anzahl von Durchschlägen für die verschiedenen Bestimmungen und auch die Rechnungen selbst herstellt, die an die Abnehmer gegeben werden.

In Barmen waren für Gas-, Wasser- und Elektrizitätswerk zusammen mit jedesmal 28 500 Quittungen früher nach dem reinen Kartensystem 7 Personen mit der Ausschreibung der Quittungen beschäftigt. Das Gehalt betrug durchschnittlich monatlich (weibliche Schreibkräfte) 7 mal M. 100 = M. 700 oder im Jahre 12 mal M. 700 = M. 8400. Nach Einrichtung der maschinellen Ausschreibung waren an Gehältern nur noch zu zahlen monatlich durchschnittlich M. 400 (M. 100 pro Person und Monat) oder pro Jahr 12 mal M. 400 = M. 4800. Erspart wurden somit jährlich M. 8400 minus M. 4800 = M. 3600. Vier beschaffte Maschinen kosteten insgesamt M. 11 000, sind also in drei Jahren amortisiert. Die Einführung dieses in Barmen sich ausgezeichnet bewährenden Verfahrens ist dem dortigen Stadtkämmerer, Herrn Weggen, zu danken. Er hat sich dabei wieder emanzipiert von den Adressiermaschinen und den reinen Additionsmaschinen, die vorher in Barmen in guter Bewährung gestanden hatten. — Von anderen Orten wird berichtet, daß sich dort für die gleichen Arbeiten die Underwood-Maschine und die Remington-Maschine gut bewähren[1]). Die einzige Operation, die jetzt noch der Geistesarbeit überlassen bleibt, ist die Ausrechnung der Beträge in den Aufnehmerkarten. Vielleicht kann hier die Erfindung des Herrn Karl Schumann, Borna, eintreten, der an den Gasmesser eine Druckvorrichtung gekuppelt hat, die, wenn sie der Aufnehmer durch das Eindrücken eines Hebels betätigt, auf einem Streifen ohne weiteres die verbrauchte Gasmenge und den Geldbetrag durch Umrahmung kenntlich macht. Eine Konstruktion des Herrn Betriebsinspektors Kolár-Budapest druckt sogleich diese Zahlen.

---

[1]) Vergl. auch das Buch »Moderne Geschäftseinrichtungen in Elektrizitäts-, Gas- und Wasserwerken« von Oberrevisor Immisch-Bielefeld (Selbstverlag).

4. Instandhaltung der Gaseinrichtungen.

Für jedes Gaswerk, das erfolgreich arbeiten will, ist es nötig, das Vertrauen seiner Abnehmer zu besitzen. Dieses Vertrauen kann aber nur erworben und dauernd erhalten werden durch eine fortwährende unmittelbare Fühlung zwischen Abnehmern und Gaswerk. Diese Fühlung muß sich insbesondere darauf erstrecken, daß der Gasabnehmer von dem Gaswerk ohne weiteres Rat sich erholen kann in allen Angelegenheiten, die seinen Gasbezug und die Verwendung seines Gases betreffen. Das Gaswerk und seine Beamten müssen jedem Abnehmer insbesondere dann zur Verfügung stehen, wenn der Abnehmer sich über Störungen und Unvollkommenheiten irgendwelcher Art zu beklagen hat, die sich in seiner Gasbeleuchtungsanlage oder bei den Koch- und anderen Apparaten geltend machen. Nur zu leicht sind die Abnehmer, wenn sie nicht gewohnt sind, sich dann nötigenfalls an das Gaswerk zu wenden oder wenn etwa das Gaswerk sich überhaupt nicht bereit findet, bei solchen Vorkommnissen kostenlos Rat zu erteilen, der Ansicht, daß es an der Beschaffenheit des Gases fehle. Sie verlieren das Zutrauen zum Gaswerk, und dieser Mangel an Vertrauen teilt sich dann sehr bald weiteren Kreisen mit durch den Bericht von Mund zu Mund. Derjenige, der an gemeindlichen Einrichtungen — und solche sind die weitaus überwiegende Mehrzahl der Gaswerke — eine anscheinend berechtigte Kritik übt, findet immer ein williges Ohr. Das Beispiel des Darmstädter Gaswerks kann deshalb allen Werken zur Nachahmung empfohlen werden. Das Darmstädter Werk schreibt zur Sommerszeit in die Zeitungen:

Haben Sie Klagen

über Ihre Gasverbrauchs-Apparate oder Ihre Gasbeleuchtung,
so wenden Sie sich wegen unentgeltlicher Beratung an das
Städtische Gaswerk, Frankfurterstraße 29.   Fernruf 92.
Unsere Installateure zeigen auf Verlangen rote Ausweiskarten vor.

Zur Winterszeit heißt es: »Haben Sie Klagen über Ihre G a s b e l e u c h t u n g oder sonstige Gasverbrauchsapparate usw.« Dieses Vorgehen hat infolge des sachgemäßen Rats, den die Abnehmer auf diese Weise kostenlos erhalten, dann die Wirkung, daß die Gasabnehmer um so mehr Zutrauen zu den Gaseinrichtungen überhaupt fassen und sie umfassend durch alle die Apparate ausgestalten, die ihnen in Haus und Gewerbe zu nützen vermögen.

Ein solches Verfahren kann noch weiter unterstützt werden dadurch, daß, wie es beispielsweise von dem Gaswerk Saalfeld (Thür.) geschieht, abends die Gaswerksbeamten alle Privatgaslichter, die ihnen zu Gesicht kommen, scharf beobachten und gefundene Mängel am nächsten Tage ohne weiteres dadurch, daß sie sich von selbst an die Inhaber der Einrichtungen wenden, durch Reinigung und Einstellung bei Abenddruck beseitigen. Hierfür wird dort keine Arbeitszeit berechnet. Bei guten Abnehmern kommt es dem Gaswerk auch auf einen kostenlos gelieferten Glühkörper nicht an.

Dies ist das richtige: Tunlichstes Entgegenkommen den Abnehmern gegenüber, damit sie die Gaswerksbeamten wirklich stets als gute Freunde betrachten lernen.

Noch etwas weiter als die vorgenannten Werke geht beispielsweise das Gaswerk Hagen (Westfalen). Es macht bekannt:

An unsere Gasabnehmer!

Um unserer Kundschaft die Instandhaltung der Gaslampen zu erleichtern, haben wir die Einrichtung getroffen, daß von jetzt ab Beauftragte des Gaswerks von Zeit zu Zeit bei unseren Konsumenten vorsprechen, um sämtliche Lampen unentgeltlich nachzusehen, die Brenner zu reinigen und einzuregulieren.

Ebenso werden auch durch diese Leute die Gaskocher und sonstigen Gasverbrauchs-apparate auf Wunsch nachgesehen und auf ihre Brauchbarkeit geprüft. Kleinere Mängel, die der Mann sofort abstellen kann, werden ebenfalls unentgeltlich beseitigt.

Glühkörper und Glasersatz ist selbstverständlich nicht inbegriffen. Alle Ersatz-teile müssen unserem Beauftragten zur Verfügung gestellt werden. Gute Ersatzteile können auch vom Gaswerk gegen mäßige Berechnung bezogen werden. Ein kleines Quantum von allen Lampenersatzteilen führt der Kontrolleur stets mit sich und hat sie auf Wunsch zu dem jedem Gegenstande aufgeklebten Preise an die Kundschaft abzugeben.

Wir bitten unsere verehrten Abnehmer, von dieser Einrichtung fleißig Gebrauch machen zu wollen.

Die Direktion der städt. Gas-, Wasser- und Elektrizitätswerke
gez.: F r a n k e.

In Trier ist das Gaswerk dazu übergegangen, einige seiner Installateure dauernd mit einem festen Materialbestande zu versehen, dessen Abgänge jeden Abend verrechnet wer-den. Jeder dieser Installateure versieht einen Stadtbezirk. Die Gasabnehmer bezahlen für seine Mühewaltung nur den Preis der verwandten Materialien. Die Kosten der Ar-beitsleistung selbst nimmt das Gaswerk auf sich zu Lasten seines Propagandafonds. Mit dieser Einrichtung ist das Publikum ebenso zufrieden wie das Gaswerk, dem, wie es mit-teilt, als jährlicher Zuschuß für einen Installateur mit Gehilfen eine Ausgabe von etwa M. 300 entsteht.

Das Gaswerk Ludwigshafen (Rhein) hat die Stadt in vier Bezirke eingeteilt, in deren jedem ein Gaswerksinstallateur die Lampen und Herde überwacht und die dabei nötigen kleineren Arbeiten ausführt. Auch in dieser Stadt wird der Arbeitslohn von dem Gas-werk getragen, während die Gasabnehmer die verwendeten Materialien bezahlen. Die Kon-trolle über die Tätigkeit der Arbeiter und der Überblick über die besuchten Gasabnehmer wird durch eine Karte bewirkt.

Nach diesen typischen Beispielen verfahren noch eine sehr große Anzahl von Gas-werken. Wieder andere haben vollständiges Abonnement für die Gasbeleuchtung eingerich-tet, so das städtische Gaswerk zu Detmold, das zu diesem Abonnement mittels eines An-schreibens in Postkartenformat einlädt, dem sogleich eine Bestellpostkarte eingebogen ist. Ein anderes Beispiel: Die Dortmunder A.-G. für Gasbeleuchtung bestimmt den Abon-nementenpreis nach der Zahl der Flammen und nach der Art der Benutzung der beleuchte-ten Räume. Im allgemeinen werden folgende Sätze maßgebend sein:

a) für Gasthöfe, Restaurants, Wirtschaften, welche über 12 Uhr nachts hinaus ihre Lokale offenhalten, pro Glühlicht und Monat 50 Pf.,

b) für Gasthöfe, Restaurants, Wirtschaften usw., welche um 11 Uhr nachts schließen, pro Glühlicht und Monat 40 Pf.,

c) für Ladengeschäfte, welche spätestens um 10 Uhr abends schließen, pro Glühlicht und Monat 35 Pf.,

d) für in Privatwohnungen benutztes Gasglühlicht pro Glühlicht und Monat 30 Pf.,

e) für Invertlicht pro Glühlicht und Monat 50 Pf.

In Berlin hat die Auergesellschaft, wie auch die Tochtergesellschaft Spardaran der Firma Ehrich & Graetz ein solches Abonnement eingerichtet, und es bestehen solche Ein-richtungen ebenfalls an sehr zahlreichen anderen Orten. In Berlin erbietet sich ferner das städtische Gaswerk zur Instandhaltung der Flur- und Treppenbeleuchtung und berech-net für einmaliges Nachsehen und Reinigen im Monat 10 Pf. für jede Flamme, wobei es un-brauchbar gewordene Glühkörper und andere Brennerteile zu mäßigen Preisen ersetzt.

Hierzu gehört auch die von zahlreichen Orten eingeführte Vermietung von Gasfern-zündungen für die Innenbeleuchtung. Es werden z. B. von einer Reihe von Gaswerksver-waltungen die Multiplex-Gasfernzündungseinrichtungen häufig mietweise auf ein Jahr

abgegeben zum Mietpreise von etwa 25 Pf. pro Flamme und Monat. Glühlichtanlagen
in Verbindung mit Multiplex-Gasfernzündung werden von dem Gaswerk regelmäßig kostenlos beaufsichtigt. Glühkörper, Zylinder und sonstige Ersatzteile berechnet das Gaswerk
zu den vereinbarten Preisen.

5. Aufklärung durch Vorträge, Schulen u. Ausstellungen.

Dem Publikum das Gas nahezubringen, neue Abnehmer zu gewinnen und die vorhandenen Abnehmer dadurch, daß sie gelehrt werden, wie sie sparsam mit dem Gas umgehen
und doch viel damit erreichen können, als treue Kunden in ihrer Anhänglichkeit an das
Gas zu bestärken, ist wie kein anderes Mittel die Veranstaltung von Vorträgen über das
Gas und seine Verwendung geeignet. Als es sich darum handelte, das Kochen auf Gas
einzuführen, wurde man sich sehr bald darüber klar, daß diese Aufgabe am besten in die
Hand einer Frau gelegt werde. Fräulein Hohtmann war es, die mit großem Erfolge lange
Jahre hindurch sich dieser Aufgabe unterzogen hat. Als sie von der Bühne abtrat, ruhte
diese Art der Werbung einige Zeit, bis ihr in Fräulein Josepha Wirth eine neue ausgezeichnete
Kraft erstand. Nicht das kleinste Verdienst Fräulein Wirths ist es, daß sie eine sehr große
Anzahl Schülerinnen gehabt hat, die nun wieder ihrerseits weiter wirken, so daß sich
Fräulein Wirths Schule über ganz Deutschland verbreitet hat. Auf eine breitere Basis
wurde diese Vortragtätigkeit gestellt seitens der Zentrale für Gasverwertung, entsprechend
der Bestimmung in deren Satzungen, daß es zu den Aufgaben der Z. f. G. auch gehört, den
Mitgliedern Damen für Werbezwecke und Vorträge zu empfehlen und zur Verfügung zu
stellen. Es ist dabei das Verdienst der Führerin der deutschen hauswirtschaftlichen Frauen-
bewegung, Frau Hedwig Heyl, mit richtigem Blick unter den vielen sich ihr anbietenden
Kräften solche herausgefunden und der Zentrale für Gasverwertung nachgewiesen zu
haben, die außer großer Lust und Liebe zur Sache auch das erforderliche Geschick nach
jeder Richtung besaßen. Hierzu gehört als erste Voraussetzung eine große Fertigkeit in
der Speisebereitung, dann aber vor allen Dingen Verständnis für die Technik der Verwendung des Gases in den Koch-, Warmwasser- und ähnlichen Apparaten sowie den Beleuch-
tungseinrichtungen. Das Wichtigste ist aber Takt, damit die vortragende Dame überall
in dem Kreise, dem sie jeweils das Gas nahezubringen hat und dessen Zusammensetzung
außerordentlich wechselt, sich so zurechtfindet, daß sie mit der Zuhörerschaft wirklich
in einen näheren Konnex während ihres Vortrages tritt. Hierin ist mitbegriffen, daß die
Dame über rednerische Talente verfügt. Vorträge dieser Damen der Zentrale für Gasverwertung sind in allen Gegenden Deutschlands bisher schon etwa 1200 gehalten worden.
Die Zentrale für Gasverwertung stellt die Damen den ihr angehörigen Werken kostenlos
zur Verfügung. Das Werk hat den Damen lediglich ihre Reisespesen zu vergüten und
ferner für den Vortragssaal, die Rohrleitungen, das Gas, die Lebensmittel, welche beim
Vortrage gebraucht werden, und für eine weibliche Hilfskraft zu sorgen. Ebenso trägt es
Fracht- und Transportkosten einschließlich des Aus- und Einpackens für die Apparate,
welche von der Zentrale für Gasverwertung ihrer Dame mitgegeben werden.

Die Vorträge dieser Damen haben eine außerordentliche Belebung der häuslichen
Gasverwendung zur Folge gehabt. Sie haben aber weitergehend Anregungen dahin gegeben,
daß jetzt eine ständig steigende Zahl größerer und auch mittlerer Gaswerke dazu übergegangen ist, Damen teils von Fräulein Josepha Wirth, teils von der Zentrale für Gasverwertung ausbilden zu lassen und dauernd in Dienst zu nehmen, um ständig an dem einzelnen
Orte anregend und belehrend für die Hausfrauen und auch für die Köchinnen zu wirken.
Häufig ist die Tätigkeit dieser Damen verbunden mit der Veranstaltung einer ständigen
Ausstellung, in der bewährte Ausführungen der Apparate für alle häuslichen Verwendungszwecke und auch für die Industrie gezeigt und erläutert oder aber auch verkauft werden.

Diesen Weg hat das Gaswerk München beschritten und bei der Ausstattung des Raumes es mit großem Geschick vermieden, daß er den Eindruck eines Ladens macht. Vielmehr sind die Einrichtungen so getroffen, daß mehrere Räume vollständig als Küchen, Badezimmer, Wohnzimmer ausgebildet sind und durch die künstlerische Vollendung ihrer Durchbildung besonders gewinnend auf die Besucher wirken.

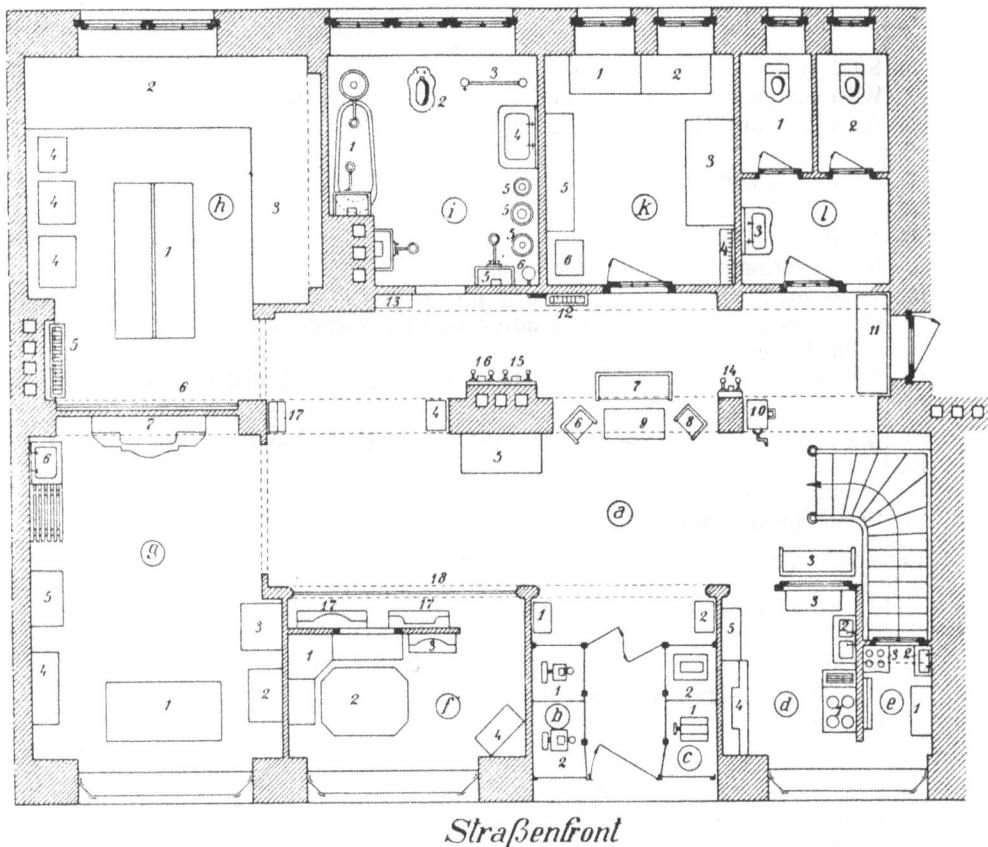

Straßenfront

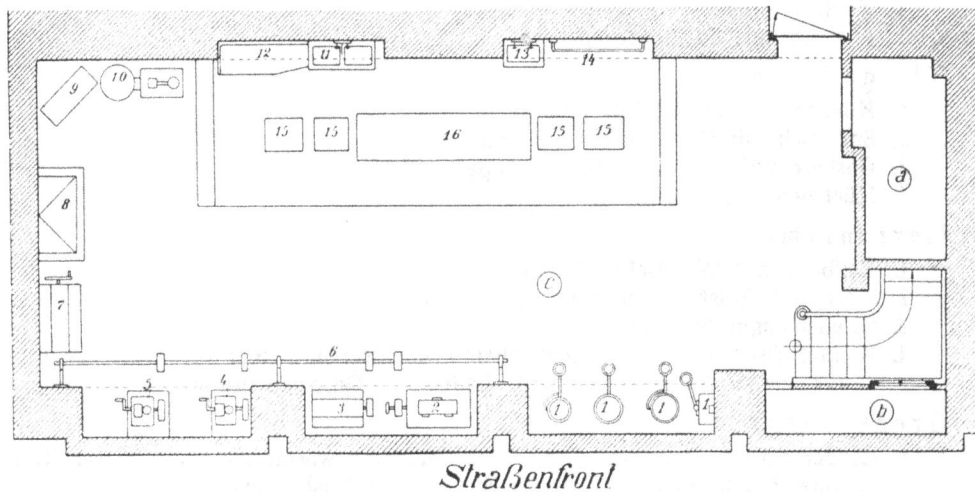

Straßenfront

Fig. 20. Auskunftsstelle für Gasverwertung in München: Plan.

Erläuterungen zum Plan der Auskunftsstelle für Gasverwertung in München.

Erdgeschoß.

a) **E i n g a n g m i t V o r p l a t z.**

1.⎫
2.⎬ Gasöfen zur Erwärmung von kleineren Zimmern.

3. Sitzbank.
4. Wärmeschrank für Speisen und Teller mit Gasheizung.
5. Gaskamin mit Kachelverkleidung.

6.⎫
7.⎬ Sitzgelegenheit.
8.⎭

9. Tisch mit Katalogen.
10. Kaffeeröstmaschine mit Gasfeuerung.
11. Tisch mit Buchdruckwalzenschmelzapparat und Waschmaschine mit Gasfeuerung.
12. Heizkörper, der mittelst eines automatischen Gaswarmwassererhitzers (Raum in Nr. 6) gespeist wird.
13. Ausstellungskasten, in welchem die Herstellung der Glühstrümpfe gezeigt ist.

14.⎫
15.⎬ Automatische Treppenhausbeleuchtung gezeigt in drei Systemen.
16.⎭

17. Offener Gaskamin.
18. Verschiedene Gaskamine.

b) **A u s s t e l l u n g s f e n s t e r l i n k s v o m E i n g a n g.**

1.⎫
2.⎬   Gasmotore in verschiedenen Größen.

c) **A u s s t e l l u n g s f e n s t e r r e c h t s v o m E i n g a n g.**

1. Handbügelmaschine mit Gasheizung.
2. Gasbügelofen.

d) **E i n e b ü r g e r l i c h e G a s k ü c h e.**

1. Gasherd mit Brat- und Backrohr.
2. Spültisch mit Kalt- und Warmwasserzuführungen.
3. Küchentisch mit Waffelback- und Grillapparat.
4. Küchenschrank.
5. Anrichte mit Spießbratapparat.

e) **K l e i n e K ü c h e.**

1. Küchentisch mit Gasbügelapparate.
2. Spültisch mit Gaswarmwassertherme.
3. Gasherd mit Bratrohr und Grillapparat.
4. Küchengeschirrstellage.

f) **H e r r e n z i m m e r.**

1. Eckbank mit Wandschränkchen.
2. Tisch mit Gasstehlampe und Gas-Zigarrenanzünder.
3. Offener englischer Gaskamin.
4. Kleines Tischchen mit automatischem Gasmesser und einer automatischen Löschuhr, die sich hauptsächlich für Läden mit Gasbeleuchtung eignet.

g) **G r o ß e G a s k ü c h e.**

1. Großer Gasherd mit Brat- und Backrohr, Tellerwärmer, Kaffeewassererhitzer.
2. Wärmeschrank für anzurichtende Speisen mit Gasheizung.
3. Konditoreibackofen mit Gasheizung.

4. Wärmeschrank mit Spießbratapparat.
5. Bratofen mit eingebauten Wärmeschrank.
6. Spültisch mit Kalt- und Warmwasserzuführung und angebauter Abtropfvorrichtung.
7. Küchenschrank.

h) Ausstellungsraum für Miet- und Automatengasapparate.
1. Tisch mit Bügel-, Grill- und Backapparate mit Gasheizung, darüber Hängevor-
richtung für Gasbeleuchtungskörper für mietweise Abgabe.
2. Tisch mit verschiedenen Gasherden.
3. Tisch mit einer vollständigen Automatengaseinrichtung.
4. Gasheizungsöfen in verschiedenen Größen.
5. Heizkörper.
6. Beleuchtungsrampe mit verschiedenen Gasbrennern und Zündern.

i) Vollständig eingerichtetes Bad mit Gasfeuerung.
1. Badewanne mit einem Wandgasbadeofen und einem stehenden Gasbadeofen mit
Wasserwärmeregler und Zapfstelle von einer Zentral-Gaswarmwasseranlage.
2. Bidet mit Kalt- und Warmwasserzuleitung.
3. Wäschewärmer.
4. Waschgelegenheit mit Kalt- und Warmwasserzuführung.
5. Verschiedene Gas-Wandbadeöfen.
6. Automatische Gaswarmwassertherme für den im Vorraum stehenden Heizkörper.
(Siehe *a* Nr. 12.)

> Das Warmwasser für diese Apparate wird von einem Junkers Fernwarm-wassererhitzer hergeleitet.

k) Bureau.
1. Garderobeablage.
2.
3. } Schreibpulte.
4.
5. Aktenregale.
6. Gasofen mit Kachelverkleidung.

l) Toilette.
1. Herrnklosett.
2. Damenklosett.
3. Waschgelegenheit mit Kalt- und Warmwasserzuleitung.

Vortrags- und Vorführungsraum.

a) Raum für Werkzeuge und Montagegeräte.
b) Besenkammer.
c) Vortragsraum.
1. Verschiedene Gasbadeöfen.
2. Waschmaschine für Motorbetrieb.
3. Wäschemange für Gasmotorantrieb.
4. Preßgasmotor.
5. Gasmotor 5 PS.
6. Transmission.
7. Gasheizplättmaschine.
8. Gasbügelofen.
9. Großer Gasofen zur Erwärmung größerer Räume.
10. Fernwarmwassergasautomat System Junkers mit Vorratsbehälter.
11. Spültisch.
12. Abtropfvorrichtung.
13. Ausguß mit Kalt- und Warmwasserzuführung.
14. Versuchs-Montierungsrahmen für Wandgasbadeöfen, darüber Beleuchtungsrampen.
15. Verschiedene Typen von Gasherde.
16. Vortrags- und Experimentiertisch.

Fig. 21. Auskunftstelle für Gasverwertung in München: Aussenansicht.

Fig. 22. Auskunftstelle für Gasverwertung in München: Herrenzimmer.

Fig. 23. Auskunftstelle für Gasverwertung in München: Mietapparatenraum.

Fig. 24. Auskunftstelle für Gasverwertung in München: Zimmer für Badeeinrichtungen.

Fig. 21 zeigt die Außenansicht der Münchener Auskunftsstelle für Gasverwertung. Die Räumlichkeiten befinden sich im Parterre und Souterrain. Im Keller ist ein Abteil als kleine Monteurwerkstätte für eigenen Bedarf eingerichtet. Das Parterre ist eingeteilt in die große Küche *g* (vergleiche Plan), das Herrenzimmer *f*, die mittlere Küche *d*, die kleine Küche *c*, den Mietapparatenraum *h*, das Badezimmer *i*, das Bureau *k*, die Toiletteabteilungen *l* und die beiden Gänge *a*.

In der großen Küche sind aufgestellt:

Ein großer Gasherd für Anstaltsküchen, ein Etagenbratofen für Rost- und Spießbraten, ein Konditoreibackofen, ein Kesselherd für Massenverpflegung, ein zweiteiliger Spültisch

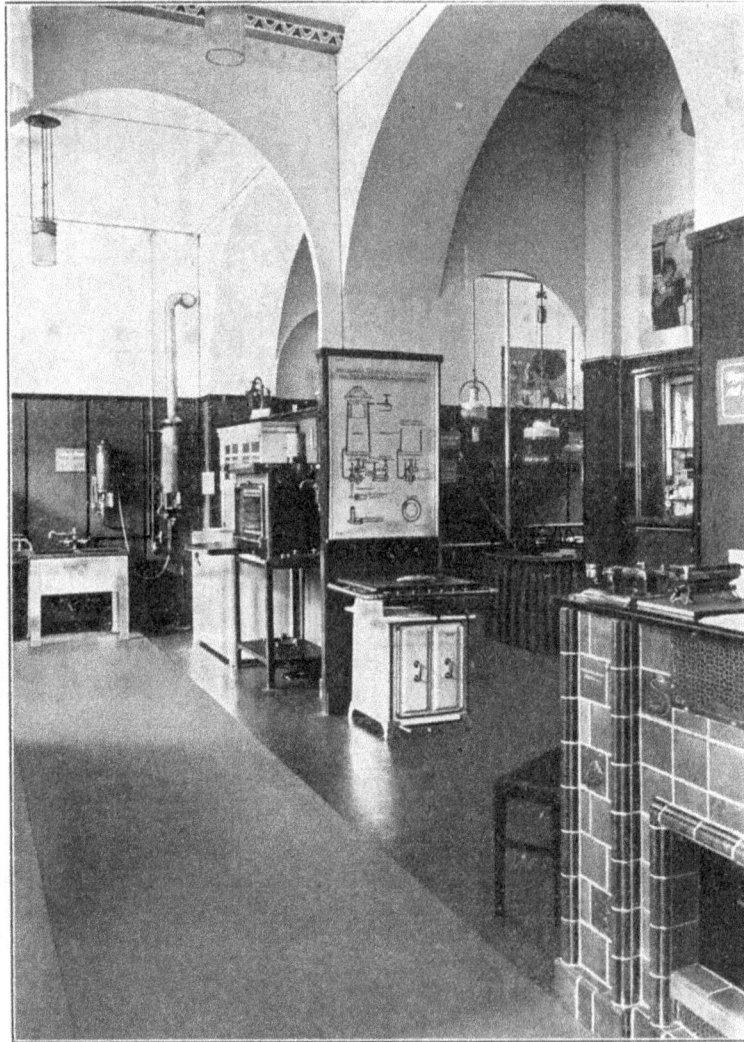

Fig. 25. Auskunftstelle für Gasverwertung in München: Hauptgang.

mit Anschluß an die Kaltwasserleitung und einen Heißwasserstromautomaten, eine Kaffeekochmaschine für 10 l Kaffee mit Gasheizung, dazu ein Milchwärmer und mehrere kleinere Spezialapparate, wie Waffeleisen u. dgl.

Fig. 22. Im Herrenzimmer, das durch eine gemütliche Ecke angedeutet wird, soll vornehmlich die behagliche Wirkung eines Gaskamines in Verbindung mit dem gedämpften Licht einer modernen Hängelampe mit Stoff behangen zur Geltung kommen. Daneben sind

Fig. 26. Auskunftstelle für Gasverwertung in München: Vortragsraum im Souterrain.

Fig 27. Auskunftstelle für Gasverwertung in München: Vorführungsraum im Souterrain.

noch ein kleiner vernickelter Grillapparat, ein Zigarrenanzünder, ein vernickelter Einloch-kocher mit Teemaschine und einige stilvolle Stehlampen ausgestellt.

Die beiden anderen Küchen zeigen Kocheinrichtungen für mittleren und kleineren Haushalt, samt verschiedenen Haushaltungsbügeleisen mit entsprechenden Erhitzern.

Fig. 23. Im Mietapparatenraum können sämtliche Apparate, welche mietweise ab-gegeben werden, angeschlossen an die Gasleitung, besichtigt werden. Auch eine vollständige Gasautomateneinrichtung (Münzgasmesser mit dazugehörigen Lampen, Herdplatten und Bügeleisen) ist hier gebrauchsfertig aufgestellt.

Fig 24. In dem Badezimmer werden die verschiedenen Systeme von Badeöfen im Ge-brauch vorgeführt: einfache Wandbadeöfen mit und ohne Zimmerheizung mit Bunsen und leuchtenden Flammen, mit Wasserheizschlangen oder Wasserbehältern, desgleichen Stand-badeöfen sowie Versorgung der Badewanne, des Waschtisches durch Stromautomaten und eine zentrale Heißwasserversorgungsanlage mit Boilervorlage (indirekte Erwärmung für hartes Wasser), welche im Winter auch an eine Heißwasserheizung mit Kesselfeuerung (Kohlen und Koks) angeschlossen werden kann.

In dem Bureau, in welchem die Arbeiten für die Auskunftsstelle erledigt werden, ist ein Gaskachelofen für Dauerheizung untergebracht, welcher mit einem Wärmeregler (System Samson) verbunden ist. Daneben ist die Wirkung einer kunstgewerblichen Hängelampe, einer praktischen Stehlampe und ein Wandkocher zu beobachten.

Fig. 25. In den Gängen sind verschiedene Arten von Heizöfen für Zimmerheizung, Wärmeschränke, einige gewerbliche Apparate wie Kaffeeröster, Handbügelmaschine, Wasch-automat u. dgl. zweckmäßig aufgestellt. An den Pfeilern der Gänge sind auf Holztafeln ver-schiedene Systeme der automatischen Treppenhausbeleuchtung montiert: Eine Multiplex-Nachtbeleuchtung mit automatischer Zündung und Löschung zu beliebig einstellbaren Zeit-punkten während der Abendstunden und Einschaltung der Dreiminutenbeleuchtung mittels Druckknöpfe nach beliebigem Bedarf bei Nacht vom Hauseingang oder den einzelnen Etagen aus. Desgleichen eine automatische Danubia-Treppenhausgasbeleuchtung zum automatischen Anzünden und Löschen zu vorausbestimmten Zeiten (automatische Zünd- und Löschuhr Danubia) in Verbindung mit einer Dreiminutenvorrichtung: mit Fernzündern System Kilch-mann, elektrischer Auslösung (Druckknopf) und Umgangsleitung mit Ascaniadose. Ferner eine Treppenhausgasbeleuchtung mit jeder Zeit zündender Dreiminuten-Schaltung und Aus-lösung durch pneumatischen Druckknopf.

An gewöhnlichen Fernzündungen werden im Gebrauch vorgeführt die Multiplex-, Perio- und Luftdruckzündung (Weinmann-Zürich).

Fig. 26 und 27. Im Souterrain befindet sich der Vorführungs- und Vortragsraum. Ein großer Hochdruckautomat mit indirekter Erwärmung für zentrale Versorgung, ein 5 PS-Fafnirmotor mit Kraftübertragung auf Wasch- und Bügelmaschinen (mit Gasheizung) und sonstige gewerbliche Apparate. Ein 1 PS-Fafnirmotor mit Kompressor und Preßgasleitung für Beleuchtungsapparate oder Heizung gewerblicher Apparate werden hier vorgeführt. Um den großen auf einem Podium stehenden Experimentiertisch führt eine entsprechende Gas-leitung mit reichlicher Anzahl von Hähnen zur beliebigen Gasentnahme. Wie in den Par-terreräumen, so sorgen auch hier kräftige Ventilatoren für ausgiebige Lüftung. An einem eisernen Rahmen können Badeöfen und Warmwasserapparate zum Ausprobieren und zur Vorführung provisorisch angebracht und an die Gas-, Wasser- und Abwasserleitung ange-schlossen werden.

Durchschnittlich alle 14 Tage findet eine Kochvorführung statt. Zur Erklärung und Vorführung kommen in erster Linie diejenigen Herde, welche von der Gasanstalt mietweise abgegeben werden. Vor allem handelt es sich hier, das Vorurteil zu beseitigen, daß der Gasherd nur zum Sieden und Dünsten oder zur gelegentlichen Bereitung des Frühstückes, Kaffees, Tees u. dgl. geeignet sei. Es wird daher hauptsächlich das Augenmerk des Publikums auf die Vorteile des Grillens, Bratens und Backens auf dem Gasküchenherd gelenkt. Zu diesem Zweck wird in der Regel ein kleiner Herd mit zwei Koch- und Wärmestellen, einem Bratrohr und einem Grillraum benützt. Einige Pfund Fleisch werden im Bratrohr gegrillt, darüber eine Mehlspeise, auf den Kochstellen Gemüse, Kartoffel und Kompott bereitet. Das Ganze stellt eine Mahlzeit für ca. 12 Personen dar. In dem Bratrohr eines ähnlichen Herdes oder in einem eigenen Backofen werden noch zwei Kuchen oder anderes Gebäck bereitet und dabei noch Waffeln auf verschiedenen Eisen (mit und ohne eigenem Brenner) gebacken. Die fertigen Speisen werden als Kostproben abgegeben. Während der Pause nach dem Koch-vortrag bis zum Verteilen der Kostproben werden eingehende Aufklärungen über Beschaffen-heit, Instandhaltung und Verwendung von Beleuchtungsapparaten und Fernzündungen ge-geben. Die Besucherzahl beträgt 50 bis 60 Personen (für den Vortrag), welche sich hatten vormerken lassen und dann schriftlich eingeladen wurden. Der Erfolg der Vorträge ist offen-sichtlich. Denn unmittelbar nach der Vorführung werden von den Zuhörern eine beträchtliche Anzahl der vorgeführten Apparate gemietet.

Ein Verkauf von Apparaten findet nicht statt. Hausbesitzern und Installateuren wird Auskunft gegeben über zweckdienliche Leitungsanlagen (Dimensionen der Leitungsröhren, Anschlüsse, Rohrweiten von Abzugsrohren usw. usw.), Gasmessergrößen, angenäherte Instal-lationskosten und der erforderlichen Formalitäten, welche mit der Gasanstalt zu erledigen sind, desgleichen über die Erleichterungen, welche die Gasanstalt bei Herstellung von Gas-einrichtungen in Privathäusern gewährt.

Empfehlungen von Installateuren oder eine Kritik ihrer Leistungen findet nicht statt, doch wird ein Verzeichnis der amtlich verpflichteten Installateure und Installationsgeschäfte mit Angabe ihrer Spezialität zur Einsichtnahme dem Publikum vorgelegt (täglicher Besuch durchschnittlich 150 Personen).

Bezüglich der ausgestellten Apparate, welche nicht mietweise abgegeben werden, ist es Aufgabe der Beamten, absolut objektiv zu beraten. Es gilt hier in erster Linie die Inter-essenten über die Leistungsfähigkeit, beiläufigen Anschaffungs- und Betriebskosten und sach-gemäße Behandlung des für den bestimmten Zweck erforderlichen Apparates aufzuklären. Die Herkunft des Apparates ist hierbei nebensächlich. Ist der Interessent durch die rein sachliche und fachmännische Auskunft überzeugt, daß ihm durch die Anschaffung eines be-stimmten Apparates wirtschaftliche Vorteile erwachsen, so erhält er die Adressen und Kata-loge derjenigen einschlägigen Firmen vorgelegt, welche der Gasanstalt Kataloge zur Ver-fügung stellten. In der Regel wendet sich der Interessent an ein Geschäft, welches ihm bereits bekannt ist. Wenn es auch vorkommt, daß gerade der vorgeführte Apparat die Kauflust des Interessenten erregt, so wird ein gerechter Ausgleich dadurch geschaffen, daß die Reihe der ausstellenden Firmen periodisch wechselt. Es bleibt daher jedem Aussteller unbenommen, sein Firmenschild an den Apparaten anzubringen. Installateuren oder Geschäftsinhabern steht es auch frei, Interessenten behufs Vorführung ihrer Apparate an die Gasanstalt zu verweisen. Der hierbei benötigte Gasverbrauch wird nicht berechnet. Die Gasanstalt ver-langt kostenlose Überlassung der Gegenstände zu Ausstellungs- und Vorführungszwecken, berechnet aber auch ihrerseits weder ein Platzgeld, noch nimmt sie eine Provision für Käufe, die durch die Ausstellung zustandekommen.

Stellen Grossisten oder Fabrikanten selbst aus, so wird Interessenten gegenüber be-merkt, daß jeder Installateur, jedes Installationsgeschäft oder einschlägiges Detailgeschäft den Ankauf und die Lieferung besorgt. Zu diesem Zwecke wird dem Interessenten das ge-wünschte Fabrikat nach Katalog genau notiert. Damit läuft das Geschäft in den früheren Bahnen, der Zwischenhandel wird nicht geschädigt, und der Installateur kommt nicht um seine Provision.

Den Fabrikanten gegenüber wird Sorge getragen auf vorhandene Mängel an Apparaten hinzuweisen, Verbesserungen anzuregen, unökonomische, konstruktiv fehlerhafte oder un-taugliche Apparate nicht zur Ausstellung zuzulassen.

In Gelsenkirchen ist der Ausstellungsraum eine dem Gaswerk und den vereinigten Installateuren gemeinsame Einrichtung, aus dem die Besucher Gegenstände nach Wunsch entnehmen und sie dann durch einen Handwerksmeister oder durch das städtische Gas-werk anbringen lassen können. In diesem Falle verbleibt aber der Nutzen an den ent-nommenen Gegenständen der Verkaufsstelle, und zwar kommt er in Gestalt der am Jahres-schluß erfolgenden Abrechnung der Gesamtheit der Installateure, deren Vereinigung mit dem Gaswerk zusammenarbeitet, zugute.

Besondere Aufmerksamkeit verwenden Gaswerke mit Recht darauf, daß ihre Dame weiter das Interesse für das Kochen auf Gas in die Schulen trägt und die Lehrerinnen, die

dort den Kochunterricht erteilen, auf dem Laufenden erhält in der Speisebereitung auf
Gas. In einer großen Anzahl von Städten wird jetzt auch schon das Kochen auf Gas in den
Haushaltungsschulen ebenso gelehrt wie das Kochen auf dem Kohlenherd, so auch in der
Reichshauptstadt.

Sehr eignet sich die Vorführung ganzer Schulklassen in Gaslehrküchen auf Aus-
stellungen dazu, das Interesse aller Besucher der Ausstellung auf das lebhafteste zu fesseln.
Eine solche musterhafte Vorführung fand ständig statt auf der Städtebau-Ausstellung
Düsseldorf 1912 (Fig. 28.) Sonst ist das Gas auf allgemeinen Ausstellungen noch dann

Fig. 28. Gaslehrküche auf der Städtebau-Ausstellung Düsseldorf 1912.

besonders wirkungsvoll, wenn Preßgas zur Beleuchtung Verwendung findet, weil die
schöne Farbe des Lichtes, das auch bei den größten Kerzenstärken mild bleibt, stets einen
nachhaltigen Eindruck hervorbringt. So war es z. B. auf der Internationalen Baufach-
Ausstellung Leipzig 1913.

Überleitend von allgemeinen Ausstellungen zu den besonderen Gasausstellungen
war die Ausstellung »Die Frau in Haus und Beruf«, Berlin 1912. Der Eingang zu dieser
Ausstellung war flankiert von zwei großen Pilonen von 9 m Höhe, die oben Gasfackeln tru-
gen mit einem stündlichen Gasverbrauch von je 80 cbm. Diese Gaspilonen haben sich als
ein wesentliches Mittel zur Anlockung des Publikums erwiesen durch den malerischen Feuer-
schein, in den sie die gesamte Ausstellungsfront tauchten. Auf dieser Ausstellung war besonders durchgebildet die Vorführung aller Arten von Wohnräumen, Schulküchen sowie

Schaufenstern mit Gasbeleuchtung. Die eindrucksvolle Wirkung der Ausstellung führte zu dem Vorschlage, eine Wanderausstellung einzurichten, die in gedrängter Form Ähnliches überall hinträgt. Dieser Gedanke hat sich als außerordentlich erfolgreich erwiesen.

In ganz großen Städten genügt die Vorführung der Wanderausstellung nicht, sondern es sind umfänglichere Veranstaltungen am Platze. Als solche haben besonders verdienstlich gewirkt die vom Verband deutscher Gas- und Wasserfachbeamten veranstaltete Ausstellung in Köln 1911 vom 3. bis 12. Juni 1911 (»Gasjournal« Nr. 26), Breslau 1912 vom 1. Juli bis 25. August 1912 (»Gasjournal« Nr. 35) und Frankfurt a. M. vom 23. August bis 7. September 1913 (»Gasjournal« 1913 S. 873). Kleinere Orte, in denen die Vorführung der Wanderausstellung zu große Ausgaben verursachen würde, haben häufig die Vorträge der Vortragsdamen sehr wirkungsvoll benutzt, um im Zusammenwirken mit ortsansässigen Handwerkern die von diesen geführten Gasverbrauchsgegenstände und noch andere, die von den Fabrikationsfirmen beigestellt wurden, vorzuführen.

---

6. Propaganda.

Die gesamte deutsche Gasindustrie hat sich zusammengeschlossen, um in der Zentrale für Gasverwertung, eingetragener Verein, eine Organisation zu schaffen, die überall für die Interessen des Gases und ganz besonders für die Gaspropaganda zu wirken bestimmt ist. Dieser Gedanke verdankt seine Entstehung Herrn Dr.-Ing. h. c. von Oechelhaeuser, der, damals Generaldirektor der Deutschen Continental-Gas-Gesellschaft in Dessau, im Jahre 1910 sogleich die lebhafte Zustimmung und Unterstützung der Herren Geheimer Rat Professor Dr. H. Bunte, Direktor Prenger, damals Vorsitzender des Deutschen Vereins von Gas- und Wasserfachmännern, Generaldirektor Körting der Berliner Werke der Imperial Continental-Gas-Association, und Geheimer Baurat Blum, Generaldirektor der Berlin-Anhaltischen Maschinenbau-A.-G., fand. Die Genannten sind als die eigentlichen Väter des Vereins zu betrachten, dem seither die Mehrzahl der deutschen Gaswerke und eine große Anzahl Firmen der Gasbranche, darunter die führenden, beigetreten sind. Die wesentlichen Bestimmungen der Vereinssatzungen sind:

§ 2.

Z w e c k.

Zweck und Aufgaben des Vereins sind die Förderung der Gesamtinteressen der Gasindustrie, insonderheit:

a) Durch Aufklärung des Publikums, der Presse und der Behörden die Verwendung des Gases für Licht-, Wärme-, Kraft- und insbesondere auch für Industrie- und Handwerkszwecke zu fördern,

b) den Vereinsmitgliedern und Behörden Mitteilungen sachlicher und statistischer Art zu machen über alle das Gasfach berührenden wirtschaftlichen und technischen Fragen,

c) den Mitgliedern des Vereins Ingenieure und Damen für Werbezwecke und Vorträge zu empfehlen oder zur Verfügung zu stellen,

d) Fachausstellungen größerer und kleinerer Art zu fördern und die Beteiligung bei internationalen Ausstellungen zu organisieren,

e) Verbindung mit den Behörden in ganz Deutschland zu unterhalten, um Einfluß auf behördliche, insbesondere polizeiliche, sowie auf gesetzgeberische, das Gasfach betreffende Maßnahmen zu gewinnen,

f) mit allen Fachvereinigungen, insbesondere mit dem Deutschen Verein von Gas- und Wasserfachmännern und seinen Zweigvereinen, sowie mit allen wirtschaft- lichen Vereinigungen der Gasindustrie zu den vorgedachten Zwecken enge Fühlung zu nehmen.

Ein wirtschaftlicher Geschäftsbetrieb ist ausgeschlossen.

§ 4.
Mitgliedschaft.

Mitglieder können werden:

a) die Eigentümer oder Unternehmer von Gaswerken, und zwar als Behörden, Firmen oder Personen,

b) Vereine, Firmen oder Personen, die der Gasindustrie förderlich sind.

Die Anmeldung erfolgt schriftlich beim Vorstand. Über die Aufnahme entscheidet der Geschäftsführende Ausschuß.

§ 5.
Jahresbeitrag. Stimmberechtigung.

In jedem Aufnahmeantrage ist die Höhe der jährlichen Beitragsverpflichtungen nach eigenem Ermessen anzugeben; der bei der Aufnahme vereinbarte Jahresbeitrag gilt für die Dauer der Mitgliedschaft als Mindestbeitrag.

Mangels Festsetzung eines höheren Betrages ist der jährliche Mindestbeitrag:

a) für persönliche Mitglieder M. 15,

b) für Gaswerke mit einer Jahresproduktion von weniger als 250 000 cbm M. 25,

c) für Gaswerke mit einer Jahresproduktion von 250 000 bis weniger als 500 000 cbm M. 50,

d) für Gaswerke mit einer Jahresproduktion von 500 000 cbm bis weniger als 750 000 cbm M. 75,

e) für alle übrigen Werke, Firmen und anderen Mitglieder M. 100.

Jedes Mitglied hat eine Stimme. Gemeinden sowie juristische Personen, Firmen oder Vereine üben das Stimmrecht durch ihre gesetzlichen oder bevollmächtigten Ver- treter aus.

Die Tätigkeit der Zentrale für Gasverwertung für die in § 2 c und d bezeichneten Auf- gaben ist bereits in dem vorhergehenden Kapitel berührt. Hier ist jetzt daher nur noch besonders zu behandeln die Arbeit, die sie leistet, um den Gaswerksleitern sonst noch bei der Gewinnung des Publikums für das Gas zur Hand zu gehen und wie sie sich auch selbst unmittelbar in dieser Werbearbeit betätigt. Für diese Zwecke besteht bei der Zentrale für Gasverwertung eine besondere Presseabteilung. Von ihr sind eine große Reihe von Pro- spekten, ferner Plakate, Postkarten und Broschüren hinausgegangen. Die Presseabteilung vertreibt ferner Verschlußmarken, Stundenpläne, Agenden; sie verleiht Films, Klischees sowie farbige Diapositive insbesondere für Lichtbildervorträge. Die Aufgaben der Propa- ganda, denen dieses Material zu dienen hat, sind bezeichnet worden in einem im Druck erschienenen Vortrage, den Herr Oberingenieur Albrecht von der Zentrale für Gasver- wertung auf der Tagung des Verbandes deutscher Gas- und Wasserfachbeamten zu Köln 1911 gehalten hat. Er nennt zuerst »Bedürfnisse wecken — Inserate«, wobei er darauf aufmerksam macht, daß die Reklame der Jahreszeit entsprechend gewählt werden muß. Er führt an, daß sich ein Abkommen mit den Zeitungen empfiehlt über die Schaffung einer »Gas-Ecke«, also daß, wie es das Gaswerk Potsdam getan hat, etwa in der rechten unteren Ecke der letzten Seite der Sonntagsnummer stets eine Mitteilung des Gaswerks erscheint. Hier werden Anleitungen für die Behandlung der Brenner, Kocher usw. gebracht; hier erscheinen Kochrezepte, kurz alles, was für die Hausfrauen von Interesse ist. Diese Inserate sind immer gleich groß, um das Einkleben in ein Sammelbuch zu erleichtern. Inserate sollen nicht langatmig gehalten werden, sondern lieber ein gutes Bild bringen; besonders wirkungsvoll sind humoristische Bilder.

Eng verbunden mit dieser inserierenden Tätigkeit sind r e d a k t i o n e l l e N o t i z e n in den Zeitungen. Als Anhaltspunkte hierfür hat die Presseabteilung der Zentrale für Gasverwertung eine große Anzahl von Artikeln verfaßt und versandt. Wirkungsvoll werden sie, die naturgemäß immer nur allgemeiner Art sein können, zumal durch Umgestaltung in solche mehr lokal gefärbter Art, und gehen am besten aus dem Amtszimmer des Direktors oder anderer besonders befähigter Beamten des Gaswerks an die Lokalpresse. Von Zeit zu Zeit sind den Zeitungen F l u g b l ä t t e r beizulegen. Zu den Flugblättern zählen auch kleine Gaskochbücher und Ähnliches, die sowohl von der Zentrale für Gasverwertung wie von einer Anzahl von Firmen herausgegeben werden.

Ständig kommen ohnehin in die Kreise der Gasabnehmer die Rechnungen. Sie eignen sich daher wie nichts anderes, gleichzeitig den Abnehmern Abbildungen und Empfehlungen sowie Anleitungen zu geben, die geeignet sind, für die Verwendung des Gases zu werben.

Bei besonderen Veranstaltungen empfehlen sich P l a k a t e an den Anschlagsäulen und an den Straßenecken. Finden Festlichkeiten statt, so sind Reklamepostkarten gern gesehen; aber künstlerisch müssen sie sein und womöglich humoristisch, dann werden sie vom Publikum in gewaltigen Mengen verbraucht. Eine gute Ausführung kann einem Interesse begegnen, das weit über die Grenzen Deutschlands hinausgeht. So ist es nötig geworden, die R e k l a m e p o s t k a r t e der Zentrale für Gasverwertung mit Tieren, denen eine Ente ein Plakat voranträgt, auf dem geschrieben steht: »Wir wollen auf Gas gebraten sein!« nacheinander in das Schwedische, Holländische, Polnische, Russische und Ungarische zu übersetzen. Eine andere Art von Postkarten von ausgezeichneter Werbekraft sind solche mit Mitteilungen, die sogleich eine angebogene Antwort-Postkarte haben, auf der um den Besuch eines Gaswerksbeamten oder der Gaswerksinspektionsdame gebeten wird.

––––––

Literatur-Übersicht.

Tarife, Gasbezugsordnung, Gasbezugserleichterungen.

A l b r e c h t. Gaspreise und Preise für elektr. Strom. J. f. G. 1914, S. 52. — Das Gasfeuer in Gewerbe und Industrie. Verlag R. Oldenbourg, München.

C e d e r k r e u t z, Frhr. v. »Wasser u. Gas« 1912, H. 18.

D e u t s c h e r V e r e i n v o n G a s- u n d W a s s e r f a c h m ä n n e r n. Die Abgabe und Verwendung des Leuchtgases. J. f. G. 1910.

G ö h r u m u. F l e c k. Zur Gastariffrage. J. f. G. 1913, S. 461.

G r e i n e d e r. Die Gastariffrage. J. f. G. 1912, S. 988.

H e i d e n r e i c h. 32. statist. Zusammenstellung der Betriebsergebnisse von 425 Gasanstaltsverwaltungen für 1910/11.

K a e s e r. Gaseinheitspreis oder Doppeltarif. J. f. G. 1900, S. 1129.

M e n z e l. Gastarif für Heizung. J. f. G. 1912, S. 97; J. f. G. 1912, S. 97.

M e r z. Vorzugspreise für bestimmte Gasverbrauchszwecke. J. f. G. 1901, S. 205 u. 594. — Gasmesser mit Wechselzählwerk. J. f. G. 1900, S. 277.

O e c h e l h a e u s e r. W. v. Zur Gastariffrage. J. f. G. 1901, S. 565, 593, 594, 947.

P e i s c h l e r. 11 Jahre Mietssystem des Gaswerks Innsbruck. J. f. G. 1909, S. 1076.

P e i t z. Ein neuer Gastarif. J. f. G. 1912, S. 1149.

S c h a a r s Kalender für das Gas- und Wasserfach. Verlag Oldenbourg.

S i e m e n s. Zur Gastariffrage. J. f. G. 1900, S. 129.

V e l d e, Dr. Tariffragen. J. f. G. 1913, S. 293.

V o ß. Gaspreise und Entwicklung des Gasverbrauches in Quedlinburg. J. f. G. 1900, S. 272.
Z e n c k e. Der Gaslieferungsvertrag 1908, Berlin.
Z. f. G. Gassteigeleitungen kostenlos. J. f. G. 1911, S. 1000.
Z. f. G. Gaseinrichtungstätigkeit der Gaswerke. J. f. G. 1911, S. 999.
Z. f. G. Anzahl der angeschlossenen Haushaltungen in Prozenten der überhaupt angeschlossenen Haushaltungen. J. f. G. 1912, S. 200.
Z. f. G. Ausführungen von Privatinstallationen durch die Gaswerke. J. f. G. 1912, S. 247.
Z. f. G. Erleichterungen der Gasversorgung der Häuser in Charlottenburg. J. f. G. 1910, S. 905.

Münzgasmesseranlagen und ihre wirtschaftliche Bedeutung.

B o r c h a r d t. Die volkswirtschaftliche Bedeutung des Gasautomaten. J. f. G. 1913, S. 889.
K l e b e. Direktes Inkasso bei Gasautomaten. J. f. G. 1910, S. 301.
K o b b e r t. Gasverkauf durch Automaten. J. f. G. 1909, S. 913.
K o b b e r t - S c h ä f e r - S t a v o r i n u s. Drei Abhandlungen über Gasautomaten. Verlag R. Oldenbourg, München.
L e m p e l i u s. Wie verschaffen wir dem Gase weiteren Absatz? Einheitspreis? Gasautomaten? J. f. G. 1910, S. 361.
L e m p e l i u s. Neuere Einrichtungen der Gasversorgung in ihrer Wirkung für die allgemeine Wohlfahrt. Verlag R. Oldenbourg, München.
S c h ä f e r. Gasautomaten in England und in Deutschland. J. f. G. 1909, S. 1017.
S c h ü r m a n n. Die Automatenfrage. J. f. G. 1907, S. 890.
Z. f. G. Erfolge der Münzgasmesser. J. f. G. 1911, S. 215.
Z. f. G. Die Bewährung des Münzgasmessers. J. f. G. 1911, S. 688.
Z. f. G. Erfolge der Münzgasmesser. J. f. G. 1912, S. 464, 576, 1192.
Z. f. G. Die mit Münzgasmessern erzielten Erfolge in Wittenberge. J. f. G. 1913, S. 148.
Z. f. G. Verbreitung der Gasautomaten. J. f. G. 1907, S. 472.

Abrechnung mit den Konsumenten.

A l t h e r. Buchführung des Gaswerkes Stadt St. Gallen. 1911.
I m m i s c h. Moderne Geschäftseinrichtungen in Elektrizitäts-, Gas- und Wasserwerken. 1913. Selbstverlag, Bielefeld.
K r a u s. Vereinfachungen der Feststellung von Gas- und Wasserabgabe unter Benutzung neuzeitlicher Hilfsmittel. J. f. G. 1911, S. 1132.
S c h ä f e r. Die Buchführung für Gasanstalten. Verlag R. Oldenbourg, München.
S c h i n z e. Organisation und Buchführung in Installationsgeschäften. Leipzig 1914.
S c h u m a n n. Geschäfts- und Buchführung für Gas- und Wasserwerke. Leipzig 1911.
V e i t h. Die Konsumverrechnung bei Licht- und Wasserwerken. J. f. G. 1913, S. 541.
W e l t i. Die Vereinfachung des Schreibwesens bei Gas- und Wasserwerken durch Adressographen. J. f. G. 1910, S. 1142.

Instandhaltung von Gaseinrichtungen.

Instandhaltung von Gasglühlichtanlagen durch Gaswerke. J. f. G. 1913, S. 315.

Aufklärung durch Vorträge, Schulen, Ausstellungen.

A l b r e c h t. Propagandakursus, Torminverlag, Berlin 1911.
A u s s t e l l u n g e n:
　B e r l i n. Beteiligung des Gasfaches an der Hygiene-Ausstellung. J. f. G. 1907, S. 41.
　B e r l i n. Das Gas auf der Ausstellung Die Frau in Haus und Beruf. J. f. G. 1912, S. 272.
　B o c h u m und H a g e n. Gasausstellung in —. J. f. G. 1910, S. 528.
　B r e s l a u. Gas- und Wasserfachausstellung in —. J. f. G. 1912, S. 880.
　D o r t m u n d. Der Erfolg der Gas- und Wasserfach.-Ausstellung. J. f. G. 1910, S. 516.
　D r e s d e n. Internationale Hygiene-Ausstellung. J. f. G. 1911, S. 838.
　F r a n k f u r t a. M. Gasausstellung. J. f. G. 1913, S. 873.
　K ö l n a. Rh. Gas- und Wasserfachausstellung. J. f. G. 1911, S. 628.
　Z. f. G. Gaswanderausstellung. J. f. G. 1912, S. 532.
N e t t e l b l a d t, Freifrau M. v. Erfahrungen in der Werbetätigkeit für das Gas. J. f. G. 1191, S. 1228.
O t h m e r. Gas und Hygiene. Verlag R. Oldenbourg, München.

Propaganda.

Albrecht. Gaswerk oder Elektrizitätswerk? J. f. G. 1912, S. 251.

Eberle. Wie kann die Rentabilität einer Gasanstalt durch gut geführten Außendienst gesteigert werden? J. f. G. 1913, S. 89.

Eberle. Wie kann die Rentabilität einer städtischen Gasanstalt erhöht werden? J. f. G. 1911, S. 1186.

Geitmann. Die wirtschaftliche Bedeutung der deutschen Gaswerke. Verlag R. Oldenbourg, München 1910.

Greineder. Der Wirtschaftswert von Gaswerken und Elektrizitätswerken. J. f. G. 1913, S. 301.

Greineder. Wirtschaftsstatistik der Gaswerke. J. f. G. 1913, S. 392.

Heim. Gas oder Elektrizität. Leipzig 1907.

Kämpe. Werbetätigkeit in Gaswerksbetrieben. J. f. G. 1912, S. 509.

Lempelius. Die Zentrale für Gasverwertung. J. f. G. 1910, S. 321.

Lempelius. Zwecke und Ziele der Zentrale für Gasverwertung. J. f. G. 1910, S. 1022.

Lempelius. Was ist Neues vom Gas zu melden? J. f. G. 1912, Nr. 43 u. 44.

Lempelius. Wir drei: die Elektrizität, die Zentrale für Gasverwertung und die deutsche Frau. J. f. G. 1910, Nr. 5.

Lux. Wirtschaftliche Bedeutung der Gas- und Elektrizitätswerke in Deutschland. Leipzig 1898.

März. Leitfaden für Gaskonsumenten. Leipzig 1895.

Meidinger. Gas und Elektrizität. Karlsruhe 1898.

Messinger. Steinkohlengas im Kampfe. R. Oldenbourg, München 1912.

Muchall. Anregungen im Interesse des Gasfaches. J. f. G., S. 333.

Othmer. Unsere Aufgaben in Kleinwohnungen. J. f. G. 1912, S. 1245.

Schäfer. Die angebliche Gefährlichkeit des Leuchtgases. Verlag R. Oldenbourg 1906.

Schäfer. Gasfragen der Gegenwart. Berlin 1901.

Schäfer. Gas oder Elektrizität.

Schäfer. Muß der Gasmotor dem Elektromotor weichen? R. Oldenbourg, München 1909.

Schäfer. Kein Haus ohne Gas. R. Oldenbourg, München 1909.

Schäfer. Neue Gaswerke in Versorgungsgebieten elektr. Zentralen. R. Oldenbourg, München 1910.

Schäfer. Das Gas im bürgerl. Haus. R. Oldenbourg, München 1912.

Schilling. Gas und Publikum. J. f. G. 1909, S. 531.

Schilling. Gasverwendung zu techn. und gewerbl. Zwecken. J. f. G. 1910, Nr. 20, 31 u. 35.

Schnabel-Kühn. Die Steinkohlengas-Industrie in ihrer Bedeutung für die Volkswirtschaft. Verlag R. Oldenbourg, München.

Steuernagel. Noch mehr Propaganda für das Gas. J. f. G. 1909, S. 913.

Trebst. Der sparsame Gasverbraucher. Verlag R. Oldenbourg, München.

Viehoff. Mittel zur Hebung des Gasverbrauches. J. f. G. 1911. S. 1000.

Wirth, Josefa. Was die Hausfrau vom Gas wissen muß. Selbstverlag, Dessau.

Z. f. G. Mitteilungen im J. f. G. 1910, 1911, 1912, 1913, 1914.

Z. f. G. »Überall Gas«. Kalender 1914 für Haushalt.

Z. f. G. »Überall Gas«. Kalender 1914 für Industrie und Gewerbe.

Z. f. G. »Überall Gas«. Für unsere Hausfrauen, für unsere Arbeit, für unser Licht.